Teubner Studienbücher der Geographie

E. Lichtenberger
Stadtgeographie
Band 1
Begriffe, Konzepte, Modelle, Prozesse

Teubner Studienbücher der Geographie

Herausgegeben von
Prof. Dr. Ch. Borcherdt, Stuttgart
Prof. Dr. C. Rathjens, Saarbrücken
Prof. Dr. E. Wirth, Erlangen

Die Studienbücher der Geographie wollen wichtige Teilgebiete, Probleme und Methoden des Faches, insbesondere der Allgemeinen Geographie, zur Darstellung bringen. Dabei wird die herkömmliche Systematik der Geographischen Wissenschaft allenfalls als ordnendes Prinzip verstanden. Über Teildisziplinen hinweggreifende Fragestellungen sollen die vielseitigen Verknüpfungen der Problemkreise wenigstens andeutungsweise sichtbar machen. Je nach der Thematik oder dem Forschungsstand werden einige Sachgebiete in theoretischer Analyse oder in weltweiten Übersichten, andere hingegen in räumlicher Einschränkung behandelt. Der Umfang der Studienbücher schließt ein Streben nach Vollständigkeit bei der Behandlung der einzelnen Themen aus. Den Herausgebern liegt besonders daran, Problemstellungen und Denkansätze deutlich werden zu lassen. Großer Wert wird deshalb auf didaktische Verarbeitung sowie klare und verständliche Darstellung gelegt. Die Reihe dient den Studierenden der Geographie zum ergänzenden Eigenstudium, den Lehrern des Faches zur Fortbildung und den an Einzelthemen interessierten Angehörigen anderer Fächer zur Einführung in Teilgebiete der Geographie.

Stadtgeographie

Band 1
Begriffe, Konzepte, Modelle, Prozesse

Von Dr. phil. Elisabeth Lichtenberger
o. Professor an der Universität Wien

Mit 109 Abbildungen und 13 Tabellen

B. G. Teubner Stuttgart 1986

Prof. Dr. rer. nat. Elisabeth Lichtenberger

Geboren 1925 in Wien, 1945 bis 1949 Studium Biologie, Geologie, Geographie und Geschichte in Wien, 1948 Staatsexamen Geographie und Geschichte in Wien, 1949 Promotion Geographie und Geologie in Wien, 1965 Habilitation für das Gesamtgebiet der Geographie, 1955 bis 1965 Assistent, 1965 bis 1968 Universitätsdozent am Geographischen Institut der Universität Wien, 1968 bis 1972 Gastprofessuren Kent (Ohio), Ottawa und Erlangen,
seit 1972 o. Prof. für Geographie, Raumforschung und Raumordnung am Institut für Geographie der Universität Wien,
seit 1983 Obmann der Kommission für Raumforschung der Österreichischen Akademie der Wissenschaften

CIP-Kurztitelaufnahme der Deutschen Bibliothek

Lichtenberger, Elisabeth:
Stadtgeographie / von Elisabeth Lichtenberger. –
Stuttgart : Teubner
(Teubner-Studienbücher der Geographie)
Bd. 1. Begriffe, Konzepte, Modelle, Prozesse. – 1986.
ISBN 3-519-03424-7

Printed in Germany
Gesamtherstellung: Passavia Druckerei GmbH Passau
Umschlaggestaltung: M. Koch, Reutlingen

Vorwort

Stadtforscher verschiedener Provenienz, Stadtplaner, Architekten und Kommunalpolitiker trafen sich auf dem 7. Kongreß der European Cultural Foundation im Jahre 1971 in den Niederlanden. Das Rahmenthema lautete: „Citizen and City in the Year 2000." Die babylonische Sprachverwirrung, die dabei entstand, zwang dazu, Inhaltsanalytiker zu Rate zu ziehen. Es ging darum, zumindest im nachhinein die Verständigungsschwierigkeiten zwischen Wissenschaftlern und Politikern offenzulegen, die Unvollständigkeit der Informationsinhalte sowie die Mengung von Utopie und Wirklichkeit aufzuzeigen und ein Klassifikationssystem von Problemhorizonten aufzustellen. Es ist begreiflich, daß aufgrund der wachsenden Komplexität der städtischen Wirklichkeit nicht nur von seiten der Planung der Ruf nach Überschaubarkeit der Städte, nach der Rückkehr zum menschlichen Maßstab ertönt. Auch alle in der Stadtforschung engagierten Wissenschaftler bemühen sich, überschaubare Bereiche – sei es durch sachliche oder räumliche Zerlegung – des Gesamtphänomens Stadt auszugrenzen. Man versucht, analytische Technologien zu entwikkeln, zur Erkenntnis schlechthin oder als Handlungsgrundlage, um den für den menschlichen Verstand nicht mehr durchschaubaren, daher auch nicht mehr abbildbaren und/oder berechenbaren komplizierten Gesamtverbund des städtischen Systems, d.h. von städtischer Gesellschaft und Organisation des physischen Stadtraums, zumindest sektoriell transparent zu machen.

Diese Vorbemerkung soll eine Vorstellung von den Schwierigkeiten geben, in einer Zeit exponentiell wachsender Flut wissenschaftlicher Publikationen und, als Pendant dazu, exponentiell abnehmenden Informationsanteils des Einzelwissenschaftlers einen *Überblick über ein Forschungsgebiet* zu geben. Mit der letzteren Aussage erhält die Beschreibung des persönlichen Standorts ihre Begründung und gleichzeitig ihre Notwendigkeit. Das Studienbuch ist von einem Autor geschrieben, dessen Interessen stets über die engere Fachdisziplin hinausgegangen sind. Forschungserfahrungen und Literaturkenntnisse aus dem angelsächsischen und französischen Sprachraum stehen zu Buche. Eingestanden sei das persönlich Faible für minutiöse Detailarbeit, und zwar sowohl dort, wo es das Instrument der Gestaltwahrnehmung im LORENZschen Sinn gestattet, Erkenntnisse über den Realobjektraum der Stadt und die städtische Gesellschaft zu gewinnen, als auch dort, wo durch Archivarbeiten die historische Vergangenheit von Städten neu entdeckt werden kann. Schon sehr früh bestanden Kontakte mit Stadtplanungsbehörden. Von deren Vertretern konnte gelernt werden, was normative Prinzipien für die Stadtentwicklung bedeuten. Dabei entstand die Überzeugung, daß die Stadtgeographie sehr wohl imstande ist, den Entscheidungsträgern wichtige theoretische Erkenntnisse und Resultate anzubieten zu Fragen der Stadterneuerung, der Slumsanierung, der Wohnungszusammenlegung, der Citybildung, der Planung von Geschäftszentren usf. Lehrjahre in Nordamerika brachten die Auseinandersetzung mit der analytischen Stadtgeographie, ein Semester in Erlangen diejenige mit dem Neomarxismus. Seit damals beschäftigt mich die Frage nach Konvergenzen von Stadtentwicklungen in der postindustriellen Gesellschaft sowie nach dem Einfluß von politisch-administrativen Systemen, Technologien usf. auf die räumliche Strukturierung von Städten. Wird sich die Stadt in einer perfekt verstädterten Gesellschaft schließlich zu einem „non-place“ wandeln? Diese Frage ist offen. Daß sie jedoch gestellt wird, steckt die Spannweite des Studienbuchs ab. Es bewegt sich zwischen der nüchternen Definition von Stadt und Agglomeration und dem Modell des Szenarios einer Stadt auf dem Wege von der arbeitsteiligen Gesellschaft zur Freizeitgesellschaft. Die Aussagen beschränken sich auf die Städte der westlichen Welt.

Der Umfang des Stoffs ließ es geboten erscheinen, im vorliegenden ersten Band nur jene Fragen zu behandeln, die sich direkt auf die Stadt und die Agglomeration beziehen. Einem zweiten Band bleibt die Darstellung der Mikro- und Mesoebene von Städten, d. h. von Wohnungen, Häusern, Assoziationen von Betrieben, Subkulturen der Gesellschaft usf., vorbehalten.

Herausgebern und Verlag danke ich für die Geduld mit einem Autor, der sich nicht entschließen konnte, ein schon vorhandenes Rohmanuskript in eine Buchform zu bringen, und zwar weil ihm die Entscheidung schwerfiel, „what to put in and what to leave out“. Grund dafür war das selbstgesetzte Anspruchskriterium, daß einerseits abgesichertes Grundlagenwissen und andererseits neue interessante Aspekte in noch unbetretenem Forschungsterrain die Inhalte des Studienbuchs bestimmen sollten.
Zum Abschluß darf ich meinen Mitarbeitern an der Kommission für Raumforschung der Österreichischen Akademie der Wissenschaften, darunter insbesondere Herrn Dr. Heinz Faßmann für die Erstellung des Manuskripts mittels EDV-unterstützter Textverarbeitung sowie meiner langjährigen Assistentin, Frau Dr. Dietlinde Mühlgassner, für die bewährte Hilfe beim Finish danken.

Wien, im Mai 1985 — Elisabeth Lichtenberger

Inhalt

Verzeichnis der Abbildungen

Verzeichnis der Tabellen

1 Einleitung

1.1 Die Aufgabe der Einleitung

Die Einleitung hat vier Aufgaben zu erfüllen. Die *erste* Aufgabe besteht darin, aufzuzeigen, wie das *Untersuchungsobjekt* der Forschung, die räumliche Organisation von Städten und städtischen Systemen, einem äußerst raschen Wandel unterliegt und welche Rückwirkungen von diesen Veränderungen auf die Forschung ausgehen. Damit sollen die Schwierigkeiten dargelegt werden, welche für eine geographische Stadtforschung bestehen, die sich als Begleitforschung von gesellschaftlichen Prozessen im stadträumlichen Kontext versteht.

Die *zweite* Aufgabe liegt darin, den bereits im Vorwort angesprochenen *pluralistischen Standort* des Studienbuchs offenzulegen. Dabei wird ein Verfahren angewandt, das sich auch sonst bei der Darstellung komplizierter Sachverhalte bewährt, nämlich diese auf Gegensatzpaare zu reduzieren. Der Paradigmenwechsel vom Stadtlandschaftsbegriff der klassischen Stadtgeographie deutscher und französischer Provenienz zur analytischen Stadtgeographie, welche in der angelsächsischen Welt entstanden ist, bietet hierzu die Voraussetzung.

Stadtgeographie ist eine Wachstumsdisziplin par excellence, gekennzeichnet durch

- fortschreitende Diversifizierung der Forschung,
- Abspaltung immer detaillierterer Fragestellungen,
- wachsende methodische Spezialisierung bei steigender Tendenz zum Methodenmonismus,
- Verlagerung der Forschung in Grenzbereiche zu Nachbarwissenschaften,
- zunehmende regionale Spezialisierung.

Es zählt zu den Anliegen der Disziplingeschichte, die genannten Entwicklungstendenzen nachzuzeichnen. Dieser historische Weg wird im folgenden nicht gewählt; es wird vielmehr ein Zugang beschritten, der die Verankerung der Stadtgeographie im Rahmen des Fachs offenlegt. Er verwendet den räumlichen Maßstab der Forschung dazu, die verschiedenen Richtungen der geographischen Stadtforschung in räumliche Bezüge einzuordnen. Damit ist die *dritte* Aufgabe der Einleitung umschrieben, in der die gegenwärtige *Forschungssituation* unter Bezug auf deduktive Theoriebildung, induktive Forschungsrealität und normative Zielsetzungen skizziert werden soll.

Als *letztes* sei schließlich der *Ariadnefaden* aufgerollt, dem das Studienbuch folgt; sein generelles Anliegen ist es, regelhafte Bezüge in der räumlichen Organisation von Städten und städtischen Systemen offenzulegen.

1.2 Die Veränderung der Stadt

Stadtforschung ist im wesentlichen immer *Großstadtforschung* gewesen. Diese Aussage schließt auch die Geographie ein. In den großen Städten verdichten und potenzieren sich alle Probleme und Konflikte der Gesellschaft. Ihr physischer Stadtraum offeriert gleichzeitig ein sehr viel interessanteres und vielfältigeres Untersuchungsterrain als der von kleinen und mittelgroßen Städten, da sich hier sowohl die in der Vertikalen stratifizierte Gesellschaft als auch die Einrichtungen des arbeitsteiligen Prozesses von Produktion, Verteilung, Dienstleistung usf. in Subarealen differenzieren. Assoziationen von sozialen Gruppen, Betrieben und Einrichtungen aller Art bieten sich einer Analyse an. Es ist das Wissen um große Städte, welches die Auswahl der Sachbezüge und diejenigen der konkreten Beispiele im vorliegenden Studienbuch strukturiert.

Große Städte sind aber nicht nur hinsichtlich der räumlichen Organisation außerordentlich komplexe, sondern ebenso außerordentlich dynamische Gebilde. Jede Wissenschaft, die sich mit ihnen beschäftigt, sieht sich daher vor das Problem gestellt, Begriffe, Konzepte und Fragestellungen entweder kontinuierlich oder, wie dies zumeist geschieht, schubweise zu revidieren. Aus den Veränderungen der städtischen Gesellschaft und des Stadtraums entstehen in rascher Folge neue Fragestellungen, und aufgrund des beschränkten Potentials wissenschaftlicher Forschung werden ältere Fragestellungen durch neue „Moderichtungen" verdrängt. Freilich erfolgen derartige Revisionen bzw. Verdrängungen stets nur unvollständig. Persistenzen bestehen nicht nur im physischen Raum der Stadt – sie bedingen hier, wie noch zu zeigen sein wird, die Kontinuität der kulturellen Tradition und gleichzeitig das Spannungsverhältnis zwischen tradierter baulicher Umwelt und aktuellen gesellschaftlichen Ansprüchen –, sondern derartige Persistenzen bestimmen auch die Stadtforschung.

Interessanterweise bietet gerade die analytische Stadtgeographie, die sich frei wähnt vom „historischen Ballast", ein besonders eindrucksvolles Beispiel. Schlägt man nämlich die angelsächsischen Lehrbücher der Stadtgeographie und/oder Stadtsoziologie auf, so findet man in ihnen das Erbe der sozialökologischen Schule von Chicago aus den zwanziger Jahren; es sind die idealtypischen Schemata der nordamerikanischen Städte der Zwischenkriegszeit, die nunmehr schon durch ein halbes Jahrhundert in der Wissenschaft weitergegeben werden, während die aktuelle Wirklichkeit der Metropolitan Areas, der aus Kernstädten und Suburbs bestehenden Agglomerationen, nicht abgebildet wird.

Als Grundbedingung für die Veränderung von Stadt und städtischen Systemen wird im folgenden der die gesamte gesellschaftliche Organisation umspannende Prozeß der *Verstädterung* aufgefaßt. Dieser Prozeß betrifft drei Aspekte des Siedlungssystems:

1. das Stadt-Land-Verhältnis,
2. das zwischenstädtische System und
3. das innerstädtische System.

Von besonderer Bedeutung ist der allmähliche Wandel des Stadt-Land-Gegensatzes zu einem Stadt-Land-Kontinuum; er vollzieht sich in Form einer

- *physiognomischen Verstädterung,* d. h. der Ausbreitung von städtischen Wohnbauformen, Einrichtungen und Flächennutzungen im ländlichen Raum,
- *funktionellen Verstädterung,* d. h. einer Ausbreitung sämtlicher Organisationsstrukturen von städtischer Produktion und Verteilung, einer Ausweitung der Verflechtungsbereiche der Arbeitsmärkte über die Pendelwanderung, der Dienstleistungsbereiche durch neue Verortungen von Einrichtungen, einer Entwicklung neuer Kommunikations- und Informationsnetze,
- *soziologischen Verstädterung* des ländlichen Raums, d. h. einer Angleichung von Normen und Werthaltungen der Bevölkerung hinsichtlich der generativen Struktur, der Organisationsformen der Arbeitswelt, der Haushaltsführung und des Konsumniveaus an diejenigen der städtischen Bevölkerung.

Selbstverständlich beeinflußt die Verstädterung auch die Strukturen der nationalen städtischen Systeme. Die Rang-Größen-Verhältnisse von Städten verschieben sich zugunsten von Hauptstädten, den Primatstädten bzw. von Großstädten im Zuge des Vorgangs der Vergroßstädterung bzw. eines Metropolitanisierungsprozesses, bei dem sich die Kernstädte mit Vororten umgürten und große Verdichtungsräume entstehen. Im Verlauf dieser Entwicklung differenzieren sich drei Grundtypen städtischer Systeme deutlich voneinander: metropolitane Systeme, zentralörtliche Systeme und an natürliche Ressourcen gebundene Reviere (vgl. Kapitel 4.1). Der Vorgang der Metropolitanisierung, der Umwandlung von Städten in Agglomerationen, erzeugt ein neues Siedlungssystem, Suburbia, auf Kosten der Kernstadt.

Damit ist der aktuelle Vorgang der *Entstädterung* (Desurbanisation) in der westlichen Welt angesprochen. Was sind seine Konsequenzen? Aufgrund von Suburbanisierung und „urban sprawl", d. h. der Zersiedlung des ländlichen Raums, beginnen sich die Städte aufzulösen. Sie zerfallen als physiognomische Einheiten. Eine Zukunftsvision erscheint am Horizont: Perfekte Telekommunikation und zeitsparende Verkehrstechnologien sind ihre Voraussetzungen. Nordamerika bietet die Szene. Dort wird die Stadt als räumlich abgrenzbares und definierbares System bereits in Frage gestellt. Sie wandelt sich zu einem „non-place".

Als erste Stufe hierzu hat B. J. L. Berry (1976) die vieldiskutierte *„Counterurbanisation" in den USA* beschrieben. Bei ihr sind städtische Infrastruktur und Dienste nahezu ubiquitär vorhanden. Die Aktivitäten einer perfekt verstädterten Gesellschaft verteilen sich dispers im Raum, da aufgrund der hohen Bewertung der Umweltqualität die zwischen den Verdichtungsräumen gelegene Peripherie zunehmend an Attraktivität gewinnt. Hand in Hand damit verschieben sich die räumlichen Disparitäten, d. h. die Ungleichheiten der Ausstattung mit Arbeitsplätzen, Dienstleistungen und Infrastruktur. Konnten noch zu Beginn des Jahrhunderts die Wirtschaftswissenschaftler feststellen, daß große interregionale sozioökonomische Disparitäten bestehen, so ist es im Laufe dieses Jahrhunderts zu einem Abbau der interregionalen Disparitäten und, komplementär dazu, zum Aufbau intrametropolitaner Disparitäten, d. h. zu Ungleichheiten zwischen den Kernstädten und Suburbs, gekommen. Ähnliche Tendenzen sind, wenn auch abgeschwächt und modifiziert, gegenwärtig bereits in Mittel- und Westeuropa festzustellen.

Was folgt daraus für die Forschung? Es ergibt sich, überpointiert, daß selbst Grundbegriffe wissenschaftlichen Arbeitens, und hierzu zählen als erstes die Definitionen von Städten, nur in der Vergangenheit gleichsam „sicher gespeichert" sind. In der Gegenwart überstürzen sich neue Begriffsbildungen für die wachsenden Agglomerationen. Sie sind durch sehr unterschiedliche Attribute und Schwellenwerte definiert und besitzen jeweils nur kurzfristig Gültigkeit. Stadtplaner und Stadtforscher sehen sich aufgrund der fortschreitenden Verstädterung und der neuen Bewegung der Entstädterung vor der „ewigen Aufgabe", immer wieder nach neuen Modellen von Stadt und Agglomeration zu suchen, nach optimaler Stadtgröße und Stadtgrößenverteilung zu fragen sowie neue Prognoseinstrumente zu entwickeln.

Nur scheinbar diesem Dilemma entkommt die analytische Stadtgeographie, wenn sie einige Aufgaben – z. B. Definition von Stadt und Agglomeration, Gewinnung von Stadttypen, Gliederung von Städten – aus dem Bereich idealtypischer Gegenstandskategorien in den von multivariaten Klassifikations- und Regionalisierungstechniken transferiert. Als grundlegend in diesem Zusammenhang kann das City Classification Handbook von B. J. L. BERRY (1972) genannt werden. Ziel der zahlreichen von B. J. L. BERRY, seinen Schülern und Mitarbeitern durchgeführten Faktorenanalysen von Städten und Stadtsystemen war es, die umfangreichen Merkmalsets zu Grunddimensionen städtischen Lebens zu verdichten. Mit diesem Problem der Grunddimensionen (Kategorien) beschäftigt sich Kapitel 2.3.

Verstädterungs- und Entstädterungsprozesse werden getragen von veränderten Technologien der Produktion, des Bauens und des Verkehrs. Auf diese Zusammenhänge wird daher besonders einzugehen sein. Von der unterschiedlichen Verkehrstechnologie sind – wenn auch unreflektiert – entscheidende Einflüsse auf den Forschungsstil der Stadtgeographie ausgegangen. Stadtgeographie war und ist im deutschen und französischen Sprachraum methodisch noch zum Großteil „Fußgängerkartographie" (vgl. Band II). Diese besitzt zweifellos dort ihre Vorzüge, wo auch sonst der Fußgänger das Feld beherrscht, wie im orientalischen Basar, in Geschäftsstraßen und im jüngsten „Produkt" der Stadtplanung, der Fußgängerzone. Ebenfalls aus dieser Erfahrungswelt stammt das sicher nur mehr partiell gültige Motto bei Stadtexkursionen: „Man folge dem Strom der Fußgänger, wenn man die wichtigsten Teile einer fremden Stadt kennenlernen will". Aufgrund des Wahrnehmungshorizonts von Autofahrern ist demgegenüber in Nordamerika die Image-Analyse (K. LYNCH, 1960) entstanden, ohne daß man sich dieses Zusammenhangs von seiten der hiervon ausgehenden Wahrnehmungsforschung bewußt geworden wäre. Die wahrgenommenen Elemente der physischen Gestalt der Stadt sind de facto Orientierungshilfen für die Bewegung des Autofahrers im Raum, wie dominante Vertikalstrukturen, „Landmarken", Leitlinien von Schnellstraßen und Knoten, zwischen denen amorph strukturierte „graue" Flächen liegen, welche der Aufmerksamkeit kaum Anreize bieten.

Ganz allgemein kann festgestellt werden, daß zwischen der Strukturierung von *Wahrnehmungsräumen* und der *Art der Fortbewegung* sehr wesentliche Rückkoppelungseffekte bestehen. Eine systematische und vor allem weltweit vergleichende Forschung in dieser Richtung steht erst am Anfang. Immerhin spricht viel dafür, daß gerade in Nordamerika die reduzierte Wahrnehmungsintensität des Pkw-Fahrers im Verein mit der Standardisierung von Aufschließung, Bauformen und Aktionsräumen – bei gleichzeitig enormer Mobilität der Bevölkerung und damit fehlender Identifizierung des einzelnen mit der physischen Realität einer bestimmten Stadt – die Loslösung vom Objektbezug und den Aufschwung einer auf statistischen Arealdaten beruhenden analytischen Stadtgeographie begünstigt hat.

Technologien determinieren Stadtentwicklung und städtische Systeme, werden ihrerseits jedoch ganz wesentlich von den *politischen Organisationsformen* gesteuert. Deshalb besitzt die genannte nordamerikanische Zukunftsvision der Stadt als „non-place" keineswegs die Funktion einer „self-fulfilling prophecy" für andere Stadträume der Erde, da sie politischen Liberalismus, ubiquitäre Bodenressourcen und den durch keine Restriktionen eingeschränkten Individualverkehr zur Voraussetzung hat.

Damit ist ein entscheidender Bezug angesprochen. Städte sind Produkte bestimmter gesellschaftspolitischer Systeme. Die Herausarbeitung der Unterschiede von Stadt und städtischem System im Privatkapitalismus, Staatskapitalismus und in den sozialen Wohlfahrtsstaaten der Dritten Welt zieht sich als roter Faden durch das Lehrbuch.

1.3 Der Pluralismus der Forschung in Wissenschaftstheorie und Ideologie

In der Einleitung wurde die gegenwärtige Pluralität der stadtgeographischen Forschung bereits auf das Gegensatzpaar von *klassischer* und *analytischer Stadtgeographie* reduziert. Selbst dem mit der Materie nicht vertrauten Leser ist eine rasche Zuordnung von Publikationen und Lehrbüchern zu der ersten bzw. zweiten Gattung möglich, brillieren die ersteren doch durch eine aus Geländeerhebungen und Kartierungen entstandene, zumeist sehr umfangreiche kartographische Dokumentation in großem Maßstab (vgl. die Zeitschrift ERDKUNDE), während sich bei letzteren die Ausstattung auf statistische Karten bzw. einfachste Skizzen beschränkt. Dadurch wird offensichtlich, daß die *analytische Stadtgeographie* die physischen Manifestationen sozialer, wirtschaftlicher und politischer Sachverhalte als Forschungsobjekte beiseitegeschoben hat und sie bestenfalls, wie z. B. Haustypen, als Beobachtungselemente verwendet, denen man ein Set von Merkmalen zuschreibt. Dabei lautet der generelle Anspruch der analytischen Stadtgeographie, die Interpretation der von der Gesellschaft gestalteten Stadtlandschaft durch die Frage nach der Gesetzmäßigkeit städtischer Systeme zu ersetzen. Hierzu ist von vorneherein einschränkend zu bemerken, daß man, sobald man das Konzept der Stadtlandschaft beiseiteschiebt und den Weg der analytischen Stadtgeographie einschlägt, kein städtisches System als solches mehr definieren kann, sondern nur spezifische Subsysteme mit mehr oder minder partiellen Perspektiven aufgrund von Theorien bzw. praktischen Zielsetzungen.

Folgt man einem *systemanalytischen Ansatz*, so werden die räumlichen Bezugseinheiten (wie Baublöcke, Zählbezirke usf.) mit Systemelementen gleichgesetzt, denen ein Set von Attributen (Merkmalen) zugeschrieben wird und deren Beziehungen untereinander mittels mathematisch-statistischer Methoden analysiert werden. Das methodische Problem der gleichzeitigen Analyse der Elemente und der Distanzen zwischen den Elementen blieb bisher ungelöst. In den meisten Modellen, wie z. B. in dem der Faktorenanalyse, werden die räumlichen Beziehungen zwischen den Elementen völlig vernachlässigt. Ein weiterer wesentlicher Unterschied zwischen der klassischen und analytischen Stadtgeographie besteht darin, daß die *kulturhistorische Perspektive* zugunsten eines aktualistischen Bezugs aufgegeben wird.

Mit diesem Aufzeigen des Gegensatzpaars von klassischer und analytischer Stadtgeographie wurden die anderen Entwicklungen, welche auf der Forschungsbühne in den letzten zwei Jahrzehnten abgelaufen sind, zunächst beiseitegeschoben. Sie stehen unter dem Vorzeichen eines Wandels von der *Geographie der Stadt* (physischen Struktur) in Richtung auf eine *Geographie der städtischen Gesellschaft und Wirtschaft*. Dabei sind verschiedene neue Moderichtungen auf den Markt gekommen. Politischen Parteien vergleichbar haben sich wissenschaftstheoretische Parteien gebildet. Inzwischen hat sich die Szene beruhigt. Man gelangt zur Einsicht, daß Theorien bzw. Theorieteile und theoretische Konzepte über die städtische Gesellschaft notwendig sind.

Dem Neomarxismus ist die Hinterfragung der Position von Wissenschaft und die Zurkenntnisnahme von Ideologien zu danken. Das unerschütterliche Vertrauen bedeutender Fachvertreter, wie P. SCHÖLLER, in den Stellenwert einer hermeneutischen Grundlegung der Forschung hat sich bewährt. Die Offenlegung gesellschaftspolitischer Ideologien hat ferner erneut eine ganzheitliche Betrachtung von Städten und Stadtsystemen ermöglicht. In der Verschiebung der Fragestellung von einer Geographie der Stadt im Sinne der physischen Gegenstandskategorie zur Geographie der räumlichen Organisation der Gesellschaft setzt sich die Einsicht durch, daß zuerst die Frage nach den Strukturen und Prozessen in der gesellschaftlichen Organisation gestellt werden muß, bevor die Frage nach dem stadträumlichen Kontext gestellt werden kann.

Zum Verständnis des Pluralismus der stadtgeographischen Forschung reicht es jedoch nicht aus, nur auf die Diversifizierung von *wissenschaftstheoretischen Grundpositionen* hinzuweisen, sondern es sind gleicherweise Basisideologien zu berücksichtigen, welche auf verschiedenen *weltanschaulichen Konzeptionen* beruhen.

Auf die Bedeutung politischer Systeme als Verbundschiene für eine ganzheitliche Betrachtung wurde bereits hingewiesen, ebenso darauf, daß die Frage nach den Unterschieden von Stadt und städtischen Systemen im Kapitalismus, Sozialismus und in den sozialen Wohlfahrtsstaaten in den Mittelpunkt des Buches gerückt werden. Daraus resultiert auch der enge Konnex zu Fragen der Stadtplanung und des Städtebaus. Bedeutung und gegenseitiges Verhältnis von Stadtplanung als Ordnungsaufgabe und Städtebau als räumlicher Gestaltung der Stadt sind abhängig von den politischen Organisationsstrukturen. Stets bestehen normative Zielsetzungen, zum Teil geleitet von utopischen Vorstellungen, für das Funktionieren von Stadt und städtischen Systemen, wodurch zwangsläufig bestimmte Teile desselben vernachlässigt werden und Disparitäten entstehen. Nur dort, wo liberalistische

Prinzipien die Verteilung von Bevölkerung und Kapital regulieren, können sich schließlich *antiurbane Präferenzmodelle* durchsetzen, wie dies in der westlichen Welt in Form der Counterurbanisation und des Take-off von Suburbia der Fall ist.

Im Zuge der fortschreitenden Entwicklung von Technologien im arbeitsteiligen Prozeß ist in der gesamten entwickelten Welt eine Freizeitgesellschaft entstanden, welche neue, bisher nicht vorhandene Raumansprüche stellt. Damit ist es notwendig geworden, *neue Stadtentwicklungsmodelle* zu entwerfen, in denen die Freizeitgesellschaft in das städtische System – zumindest partiell – integriert wird, so daß sie sich nicht, wie bisher, zur Gänze im ländlichen Raum separiert (vgl. Kap. 4.7).

Nicht nur institutionelle Ideologien von Staat, Parteien usf. strukturieren die Ausrichtung der Forschung; auch persönliche Ideologien des Wissenschaftlers, welche vom jeweiligen „Zeitgeist" geprägt sind, spielen zweifellos eine bisher unterschätzte Rolle. Im folgenden seien in starker Vereinfachung drei Typen herausgestellt. Einer idealistischen Philosophie verpflichtet, ging es dem Bildungsbürgertum in erster Linie um die Darstellung der *Gestalt der Stadt* und eine Erfassung des *historischen Details* unter Ausfilterung von allem Bodensatz an unerfreulichen, häßlichen und abgewohnten physischen Strukturen und ebenso unter Ausblendung der Probleme des Lebens von marginalen Gruppen sowie der Konflikte zwischen Gruppen und Institutionen.

Ein völlig anderer Bezug erfolgt, sobald im Zeichen des sozialen Wohlfahrtsstaats die Ansprüche einer städtischen Konsumgesellschaft an die Erfüllung der *Daseinsgrundfunktionen* zur Kenntnis genommen und diese säuberlich in *Flächennutzungsmuster* auseinandergelegt werden. In einem weiteren Schritt wird schließlich die Zeit als knappe Ressource entdeckt und eine *Allokationsstrategie von Einrichtungen* entwickelt, bei der es darum geht, möglichst viele Aktivitäten dem Nachfrager in günstiger Reichweite zu offerieren. Abgehoben von allen genannten stehen die sozialkritisch eingestellten Fachvertreter. Sie interessieren sich für *Konflikte* und *Benachteiligungen zwischen und innerhalb von Gruppen*. Es geht ihnen um die Aufzeigung von Disparitäten auf dem Gebiet der Wohnverhältnisse, der Arbeitsmarktsituation usf.

Der Pluralismus der stadtgeographischen Forschung wird jedoch nicht nur durch wissenschaftstheoretische Zugänge, politische und persönliche Ideologien differenziert, sondern durch die Verwendung von verschiedenen *Zeit- und Raum-Konzepten* noch weiter aufgefächert (vgl. Kap. 2.4–2.6).

Durch das Wachstum auf den Gebieten von Wissen, Technologie und Kapital verkürzen sich die „Zerfallszeiten" bei allen genannten Kategorien. Übertragen auf die physische Struktur von Städten bedeutet dies eine *Verkürzung der Lebenserwartung sämtlicher physischer Strukturen,* insbesondere eine raschere Überalterung der Bausubstanz, wie sie gerade bei sehr hohen Neubauraten, wie in den USA, auftritt, wo der Wohnbaubestand bei Beibehaltung des gegenwärtigen Bautempos in 40 Jahren reproduziert werden wird. Bei einer derartigen Beschleunigung der „Rotation", welche auch Industrie- und Bürobauten umfaßt, verliert die physische Struktur von Städten ihre stabilisierende Funktion in der Generationenfolge der städtischen Bevölkerung. Dadurch, daß das einzelne Mitglied der städtischen Gesellschaft ferner die Möglichkeit besitzt, sich selbst das notwendige bauliche Gehäuse zu schaffen, wird ererbter Besitz entwertet. Diese Aussage gilt vor allem dann, wenn die städtische Bevölkerung nicht oder nur mehr wenig zunimmt, wie es im westlichen Europa der Fall ist.

Gegen diesen Hintergrund einer Verkürzung der Reproduktionszeit nahezu aller vom Menschen geschaffenen Produkte wird auch die Veränderung der Zeitkonzepte in der Forschung verständlich. Das Periodenkonzept Max WEBERS und seiner Zeitgenossen setzt eine Stabilität der Gesellschaft und der von ihr erzeugten Umwelt voraus, die nicht mehr besteht. Der Zeitbezug der Forschung hat sich zu den rhythmischen Phänomenen der Verwendung der Zeit durch das Individuum im Tages-, Wochen- und Jahresablauf verschoben.

Der eigentliche Einbruch in die geographische Forschung über die Stadt und über die Stadtentwicklung selbst ist jedoch durch die *Veränderung der Raumbezüge* erfolgt. Die Fortschritte der Verkehrs- und Kommunikationstechnologie haben zu einer gewissen Substitution der räumlichen Distanz durch die Zeit geführt. Auf die utopische Konsequenz einer Stadt als „non-space" wurde bereits hingewiesen. Die in die biologische Existenz des Menschen eingebundene Territorialität in einem Fußgänger-Bereich wird damit zunehmend aufgegeben. Entsprechend den benützten technischen Medien weiten sich Aktions- und Wahrnehmungsräume aus und separieren sich vom Realobjektraum der Gegenstandskategorien.

Auf diesem Hintergrund ist es begreiflich, daß, verbunden mit einer Selbstverwirklichungsideologie des Individuums, die *Aktionsraumforschung* in der Stadtgeographie an Terrain gewonnen hat. Durch die Veränderung des Zeit-Raum-Bezugs haben sich nicht nur die Bewegungs- und Aktionssräume des einzelnen enorm erweitern können, sondern es hat auch die Okkupation durch städtische Nutzungen Ausmaße erreicht, welche kaum mehr durch obrigkeitliche Reglementierungen einzugrenzen, geschweige denn zu ordnen sind. Verkehrsplaner schneiden mittels Autobahnen den Stadtkörper wie einen Kuchen in Stücke, der Autoverkehr zerstört den traditionellen Kommunikationsraum der Straßen und Plätze. All dies ist ein Beleg dafür, daß die komplizierten städtischen Systeme in ihren Wirkungsmechanismen nicht mehr durchschaubar sind. Diese Feststellung ist gleichzeitig eine Frage an die Zukunft und führt zurück zum Vorwort.

Wo bleibt nun die *Stadtgeographie,* wenn sich andere Wissenschaftler, vor allem Bevölkerungswissenschaftler, Zukunftsforscher, Städtebauer und Stadtplaner, versammeln und über die *Zukunft europäischer Städte* beraten? Die Sorge ist berechtigt, daß auch die west- und mitteleuropäische Entwicklung den nordamerikanischen Weg des Stadtzerfalls einschlägt; wird doch mit Erschließung immer neuer Freizeitperipherien nicht nur der ländliche Raum zu einem Residualgebiet für Naturschutzparks und der Landwirt zum staatlichen Landschaftspfleger oder Kleinunternehmer auf dem Touristiksektor, sondern es wird gleichzeitig mit der Stadtflucht auf allen Ebenen des Wohnens, Arbeitens und der Freizeittätigkeiten zunehmend Kapital und Bevölkerung aus den Kernstädten abgezogen. Blight-Phänomene sind die Folge. Die Rentabilität der städtischen Infrastruktur von morgen und damit die Investitionen von heute sind in Frage gestellt. Haben wir bereits selbst ein antiurbanes Leitbild – ohne es zu wissen oder uns eingestehen zu wollen –, oder läßt die noch relativ „heile Welt" kleiner Universitätsstädte keine Denkanstöße entstehen? Sind jedoch Kleinstadt und Suburbia das neue Leitbild, so ist es nur eine Frage der Zeit, bis zum Verfall der ökonomisch marginalen ländlichen Räume, denen ökologische Attraktivität fehlt, auch der Verfall der ökologisch marginalen Teile von Kernstädten tritt, denen die ökonomische Attraktivität abhanden gekommen ist.

Weitere Probleme treten dazu. Während man noch fasziniert Segregationsprozesse bei Gastarbeitern untersucht, ist schon längst in aller Stille ein weit größerer Segregationsprozeß demographischer Art angelaufen, nämlich der nach Haushaltstypen, Altersklassen, nach erwerbstätiger, in der Ausbildung und im Ruhestand befindlicher Bevölkerung. Seine Konsequenzen im Hinblick auf die Auseinanderlegung der Standorte des Wohnens, der Versorgung, der Freizeitgestaltung sind noch nicht abzusehen, obwohl sie sich schon in Anfängen abzeichnen. Stadtgeographie in der umschriebenen Komplexität von Perspektiven hat die Frage nach der Zukunft unserer Städte bisher kaum gestellt. Sie sollte jedoch die Antwort auf die möglichen Alternativen nicht nur den zumeist aus Formalwissenschaftlern gemauserten Zukunftsforschern überlassen, sondern sich bei dieser Antwort beteiligen. Hierzu würde gerade die Verbindung von klassischem und analytischem Theorie- und Methodenverständnis hinsichtlich der Problemformulierung und des interkulturellen Vergleichs gute Voraussetzungen bieten. Allerdings ist die Bereitschaft nötig, sich aus der Sicherheit historischer und aktueller Erkenntnis in das Risiko einer Aussage in der Unsicherheit hinauszubegeben.

1.4 Die räumliche Bezugsebene der Forschung

Die bisherigen Ausführungen haben das Umfeld der Stadtgeographie durch Skizzierung der Veränderung des Untersuchungsobjekts selbst sowie der Basisideologien der Gesellschaft abgesteckt und den wissenschaftstheoretischen Pluralismus aufgezeigt. In der folgenden Darlegung geht es um die Präsentation der Hauptrichtungen der Stadtgeographie. Sie werden in einen Ordnungsrahmen eingefügt, der sich aus dem räumlichen Bezug der Forschung ergibt. Danach ist folgende *Gliederung der Forschungsrichtungen* möglich:

1. ohne explizit definierten Raumbezug,
2. im zwischenstädtischen System (Raum),
3. auf der Makroebene der Gesamtstadt (bzw. der Stadtregion),
4. auf der Mesoebene von Stadtvierteln und Stadtteilen,
5. auf der Mikroebene von Häusern, Betrieben, Haushalten.

Mit der Frage nach dem jeweiligen Theoriehorizont sei im folgenden die Darstellung eröffnet.

ad 1. Eine Durchsicht der Literatur führt zur Feststellung, daß mit der Verlagerung der Forschung zu Nachbardisziplinen hin und mit der verstärkten Bedeutung einer sozialkritischen Richtung im Sinne einer „engagierten" Geographie in zunehmendem Maße in den Aussagensystemen *auf den konkreten Raumbezug verzichtet* wird. Das heißt, die Forschung verbleibt vielfach in einem zweidimensionalen Informationsraum von Theorien, Sachinhalten und/oder zeitlicher Dimension. Dieser Verzicht auf den konkreten räumlichen Bezug kommt in erster Linie den Aussagen über die gesellschaftlichen Strukturen und Prozesse zugute, die, „befreit vom Raumkorsett", an Tiefgang gewinnen können. In einer Zeit, in der über die Massenmedien bei der Weitergabe von Informationen „Distanzen vernichtet" werden und punktuelles Wissen überhandnimmt, ist diese Tendenz durchaus verständlich. Dazu kommt ein weiteres, nämlich die Übernahme von Theorien aus Nachbardisziplinen, wie der Bevölkerungswissenschaft und der Nationalökonomie. Letztere verwenden entweder überhaupt nur abstrakte Raumbegriffe oder beziehen sich auf große räumliche Einheiten, wie Staaten und Länder.

Unter Bezug auf die Theorien gelangt man zur überraschenden Feststellung, daß diese sich stets, wie das folgende Schema zeigt, in einer spezifischen Maßstabsdimension etabliert haben.

Forschungsperspektiven der Stadtforschung von Geographen
Maßstabsdimension der Forschung

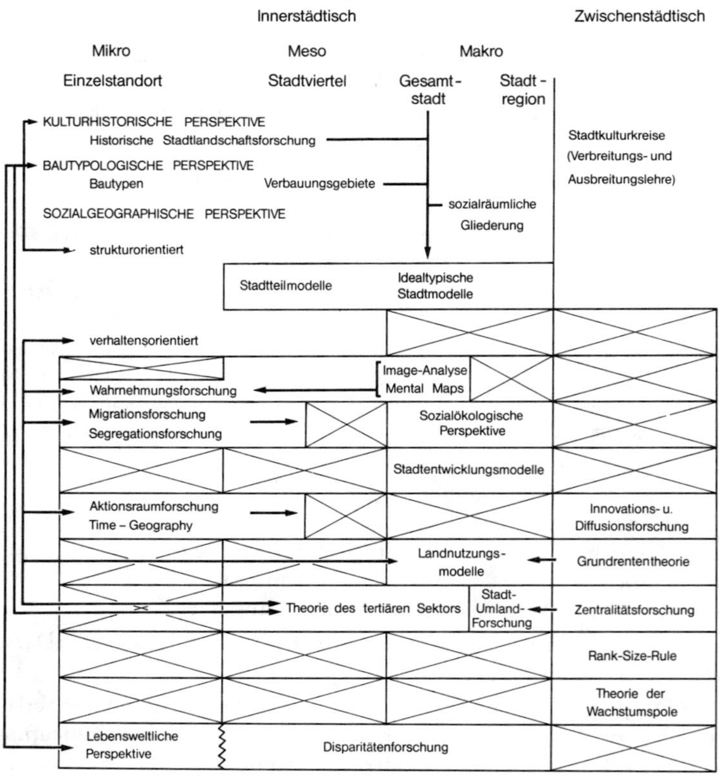

ad 2. Hierbei ist die Theoriebildung im zwischenstädtischen System im allgemeinen vorangegangen. Dies gilt sowohl für die kulturhistorisch-hermeneutische wie auch für die analytische Forschung. Das methodische Vorgehen, aus der Verbreitung spezifischer Erscheinungen auf deren Ausbreitung zurückzuschließen, geht bereits auf die sogenannte Bewegungs- und Verbreitungslehre von F. Ratzel zurück. Es hat einen tiefgreifenden Einfluß auf die mit räumlicher Methodik arbeitende Geschichts- und Kulturforschung, darunter auch die historische Stadtforschung, ausgeübt. In diesen Themenbereich gehören Untersuchungen über die Ausbreitung spezifischer Stadttypen, Stadtrechte und Grundrißformen von Städten über die Erde bzw. Kontinente hin. T. Hägerstrand hat dann in der Innovations- und Diffusionstheorie erstmals versucht, die Ausbreitung bestimmter Erscheinungen im Raum in einen als mathematische Funktion formulierbaren Zusammenhang zu bringen und verschiedene Modelle zur Simulation derartiger Ausbreitungsprozesse mit Sekundär- und Tertiärkernen der Diffusion zu entwickeln.

Auch in der analytischen Stadtgeographie besteht derart ein Theorievorsprung bei der Analyse zwischenstädtischer Systeme. Die Gründe hierfür liegen auf der Hand. Die einzelnen Elemente der Analyse (sprich: Städte) sind erstens fix verortet und zweitens durch nicht städtisch genutzte Flächen klar getrennt, so daß das immanente geographische Problem der Gliederung eines Kontinuums, dem sich die innerstädtische Forschung gegenübersieht, entfällt. Als weitere Vorteile sind die meist größere Zahl von pro Stadt zur Verfügung stehenden Merkmalen und ebenso die meist klar spezifizierbare Verknüpfung zwischen den Städten zu nennen.

Es erscheint von Interesse zu vermerken, daß die Graphentheorie, welche von L. Euler bei der Beschäftigung mit der Brückensituation der Stadt Königsberg entwickelt wurde, bisher nahezu ausschließlich in der Forschung im zwischenstädtischen System, nicht jedoch intraurban Anwendung gefunden hat. Dasselbe gilt für die Theorieansätze zur Stadtgrößenverteilung („Rank-Size-Rule"), die einerseits mit Theorien zur Wirtschaftsentwicklung und andererseits mit Kulturstufenmodellen in Verbindung gebracht wurden, sowie für regionalökonomische Theorien, insbesonders die Theorie der Wachstumspole. Ein umfassender Überblick über diese und weitere Theorien von Siedlungssystemen stammt von D. Bartels (1979).

Die wichtigste Theorie im zwischenstädtischen System geht auf W. Christaller (1933) zurück. Sie ist als *zentralörtliche Theorie* längst Allgemeingut der Regional- und Wirtschaftswissenschaften geworden und hat ebenso die Planungspraxis tiefgreifend beeinflußt. Im Rahmen der Teubner-Studienbücher ist ihr ein eigener Band gewidmet (G. Heinritz, 1979). Sehr verkürzt kann sie in ihrer Ideologie als „konsumentenorientierte Standorttheorie des tertiären Sektors" umschrieben werden. Der entscheidende geographische Fortschritt liegt jedoch in der erstmaligen Anwendung eines hierarchischen Organisationsmodells bei der Erforschung von städtischen Systemen.

Die Standortwahl des sekundären Sektors im zwischen- und innerstädtischen System konnte dagegen bisher nicht theoretisch befriedigend fundiert werden. Die Theorie der Industriestandorte von A. Weber enthält implizit die Annahme der räumlichen

Variabilität der Standorte von Betrieben entsprechend den Kostenstrukturen der verschiedenen Produktionsfaktoren (Rohmaterialien, Arbeitskräfte usf.) und setzt nicht, wie die Theorien des tertiären Sektors von W. CHRISTALLER und A. LÖSCH, eine Stabilität der räumlichen Standorte voraus.

ad 3. Aus dem zwischenstädtischen System sind insgesamt drei Theorien auf die *Ebene der Gesamtstadt* übertragen worden. An erster Stelle ist hierbei die zuerst von J. H. v. THÜNEN für die zentral-periphere Abfolge von Landnutzungszonen um eine Stadt im isolierten Staat entwickelte Grundrententheorie zu nennen, welche mehr als hundert Jahre später von W. ALONSO auf den städtischen Bodenmarkt übertragen wurde und seither zum Standardrepertoire der Stadtgeographie bei der Erklärung von zentral-peripher organisierten Landnutzungsmustern gehört. In der jüngeren Forschung wurden städtebauliche und sozialgeographische Fragestellungen in die Grundrententheorie eingebaut.

Die zunächst für den zwischenstädtischen Raum konzipierte zentralörtliche Theorie von W. CHRISTALLER (1933) fand eine Generation später als Partialmodell bei der Erklärung der innerstädtischen Hierarchie des Geschäftslebens Anwendung (H. CAROL 1960, B. J. L. BERRY, 1963, E. LICHTENBERGER, 1963). Hierbei wurden nur Teile der systematischen Theorie übernommen und distanzielle Elemente teilweise vernachlässigt.

Ebenfalls aus dem zwischenstädtischen Raum stammt die Innovations- und Diffusionstheorie. Sie fand, verknüpft mit einem Assoziations- und Sukzessionsmodell, bei der Erklärung der Citybildung und der Wohnbauentwicklung von Städten Verwendung.

Außer den genannten, aus dem zwischenstädtischen Raum „importierten" Theorien sind auf der Ebene der Gesamtstadt folgende Richtungen zu unterscheiden:

Die *sozialökologische Theorie* stellt im Hinblick auf den derzeitigen Bestand an Literatur wohl die bedeutendste Forschungsrichtung dar. Sie hat in jüngster Zeit auch in die historische Stadtforschung Eingang gefunden. Eine Rezeption und kritische Analyse findet sich in den Kapiteln 2.2.2 (Die Modelle der amerikanischen Sozialökologie) und 3.6.2 (Sozialraumanalyse und Faktorialökologie). In der angelsächsischen Welt wird die sozialökologische Theorie gleicherweise in Lehrbüchern der Soziologie wie in denen der Stadtgeographie behandelt. Sie bildet eine interessante Verknüpfung zwischen der ökonomischen Standorttheorie und einem biologischen Sukzessionskonzept im Sinn von CH. DARWINS „Kampf der Arten".

Durch die Verwendung von Arealdaten der amtlichen Statistik zählt sie zu den Spitzenreitern bei der Ausbreitung der analytischen Stadtgeographie über die Erde hin, da die hierfür benötigten statistischen Daten in den Entwicklungsländern, nicht zuletzt dank der Initiative der UNESCO, für immer mehr Städte, für immer kleinere Erhebungseinheiten und für immer mehr Merkmale pro Erhebungseinheit zur Verfügung stehen. Es muß jedoch herausgestellt werden, daß sich alle Aussagen der Sozialökologie auf einen *statistischen Datenraum* beziehen und in diesem die Aussagen über die Gesellschaft und den physischen Stadtraum zwangsläufig zusammenbinden, ohne daß es möglich wäre, gesellschaftliche Prozesse als Ergebnis von individuellem und gruppenspezifischem Verhalten sowie von institutionellen Entscheidungen von den im physischen Stadtraum ablaufenden Veränderungen zu trennen und ihre Wechselwirkung zu erklären.

Die *hermeneutisch arbeitende Stadtgeographie* hat eine Palette von weiteren gesellschaftlichen Sichtweisen auf der Makroebene eingebracht. Dazu zählen die mit gesellschaftspolitischen Konstellationen verknüpften unterschiedlichen Stadtmittekonzepte, ferner das heuristische Prinzip der Überlagerung von kulturellen und gesellschaftspolitischen Systemen mit der Konsequenz der Entwicklung von bipolaren Stadtstrukturen, der Zusammenhang zwischen dem zeitlichen Ablauf des Industrialisierungsprozesses und der Verortung der Industrie in der Landnutzung von Städten sowie der unterschiedliche räumliche Bezug von Arbeiten und Wohnen und von Öffentlichkeit und Privatheit im interkulturellen Vergleich. Mit der Einbringung der genannten gesellschaftlichen Sichtweisen ist es auch möglich, die eingeengte Perspektive zu durchbrechen, welche die Vertreter der Sozialökologie dazu veranlaßt zu meinen, daß mit der Übernahme von postindustriellen Technologien eine Konvergenz der Stadtentwicklung über die Erde hin eintreten werde.

Im Zusammenhang mit der „Entdeckung" des Wahrnehmungsraums ist die *Methode der „mental maps"* und der *Imageanalyse* zunächst von der Gesamtstadt ausgegangen, sie wurde jedoch in weiterer Folge auch für Stadtteile verwendet.

Im interdisziplinären Bereich zur mathematischen Modelltheorie hin sind sogenannte „*Stadtentwicklungsmodelle*" geschaffen worden. Ihre Aufgabe ist es, Entscheidungshilfen für die Stadtentwicklungsplanung zu bieten. Einem Simulationsmodell, in dem die Auswirkungen alternativer Varianten der räumlichen Stadtentwicklung durchgespielt werden, ist stets ein Prognosemodell vorgeschaltet, in dem Möglichkeiten und Grenzen des Bevölkerungs- und Wirtschaftswachstums für die Stadt als Ganzes prognostiziert werden. Infolge des notwendigen Zugriffs zu Datenbanken können derartige Modelle nur in großen interdisziplinären Forschungsinstitutionen oder bei Behörden gerechnet werden.

ad 4. Die *Mesoebene der Stadt,* welche, je nach Stadtgröße, Stadtteile, Stadtbezirke und Stadtviertel umfaßt, kann als das Eldorado der normativen Prinzipien bezeichnet werden. Städtebau und Stadtplanung haben in sektoraler Weise hier ihre Schaustücke von Fußgängerzonen, Altstadtsanierungen bis zu Shopping Centres und Industrial Estates entwickelt. Außerordentlich wichtig ist die normative Konzeption der Nachbarschaft (vgl. Kap. 2.7.5), welche ihrerseits verschiedentlich die Grundlage induktiver sozialgeographischer Analysen auf der Mesoebene gebildet hat. Für bestimmte Stadtteile, wie die City, ist eine eigene komplexe induktive Forschungsstruktur entstanden.

Es sei festgehalten, daß für die Mesoebene keine eigenen theoretischen Konzepte bestehen. Wohnquartiere und Stadtteile können nur unter Bezug auf die Gesamtstadt, d. h. als städtische Subsysteme, identifiziert werden. Wohl versucht neuerdings die sozialwissenschaftliche und volkskundliche Forschung, in der Stadt die Selbständigkeit derartiger Areale mit theoretischen Konstrukten, wie „Territorialität", „Identität" und „Heimat", zu erfassen. Voraussetzung für die Existenz derartiger „lebensräumlicher" Einheiten in der Stadt ist zumeist das Vorhandensein historischer topographischer Strukturen (ehemalige Dörfer, Vororte, Vorstädte), eine Dominanz des Fußgängerverkehrs, eine gewisse Immobilisierung traditioneller (eingesessener) Schichten und das Vorhandensein lokaler Kommunikationsorgane (Zeitungen, Vereine bzw. Institutionen, Kirchen und dgl.).

ad 5. Die *Mikroebene der Stadt* ist das Terrain der induktiven Forschung par excellence. Hier kommt es in der Primärforschung zu einem Methodenverbund zwischen geowissenschaftlichen Kartierungstechniken, sozialwissenschaftlichen Beobachtungs- und Befragungsmethoden und statistischer Analyse. Hierbei sondern sich die Forschungsrichtungen im Realobjektraum, Aktionsraum und Wahrnehmungsraum, denen jeweils eigene Kapitel gewidmet sind.

Eine Forschungsrichtung sei besonders herausgestellt, nämlich die *geographische Wohnbauforschung,* welche von Hugo HASSINGER vor dem Ersten Weltkrieg begründet wurde, als man in der Zeit des technischen Städtebaus um die Jahrhundertwende mittels der sogenannten „Stadtregulierung" ein allseits durchgängiges Rasterschema über den älteren Baukörper von Wien legen wollte. Mit mehreren engagierten Publikationen, darunter dem Kunsthistorischen Atlas der Residenzstadt Wien, hat H. HASSINGER in Österreich ein Fundament für die Bewegung des Denkmalschutzes geschaffen und im interdisziplinären Forschungsfeld von Stadtgeographie, Städtebau, Architektur und Sozialgeschichte die Basis für die Wiener Schule der Stadtgeographie gelegt.

Meines Erachtens zählt die geographische Wohnbauforschung mit allen Detailfragen von institutioneller Organisation der Bautätigkeit, d. h. Bauträgern, Kapitalbildung und Gruppierungen der Bevölkerung zu den ewigen Aufgaben der Stadtgeographie. Die Geographie wäre schlecht beraten, aus diesem Forschungsfeld herauszugehen, da gerade bei der Untersuchung persistenter baulicher Strukturen Geographen eine echte Chance besitzen, Entscheidungsträgern bei Fragen des Ensemble- und Denkmalschutzes, der Altstadterhaltung usf. Problemlösungen anzubieten. Die wissenschaftliche Beschäftigung mit den physischen Erscheinungsformen der Stadt schließlich liefert Schlüsselinformationen für verschiedene Prozesse (Dynamik des Geschäftslebens, Dezentralisierung der City; Commerical, Residential, Industrial Blight-Phänomene; Slumbildung, Versorgungsdisparitäten zwischen inneren Stadtteilen und Stadträndern, Prognosen für Umbauprozesse und dgl.).

Da die „normalen" Bedürfnisse der Stadtplanung im wesentlichen immer noch von der physischen Planung bestimmt werden, besteht eine Brücke von großer Tragfähigkeit von der Geographie zum Städtebau und zur Stadtplanung.

1.5 Der Faden der Ariadne

Dieser Abschnitt wurde geschrieben, um die Überlegungen des Verfassers bei der Auswahl und Anordnung des Stoffes offenzulegen. Dem Leser soll erläutert werden, warum mögliche Wege nicht begangen, manche Strecken eilig beschritten wurden, manche sehr steil und vielleicht mühsam zu begehen sind, wo abgesichertes Wissen besteht und wo sich Aussagen in Neuland hineinbegeben.

Die Problematik der Stadtgeographie als Wissenschaft beginnt bereits bei der ersten Grundlage wissenschaftlichen Arbeitens, nämlich der Erstellung einer *Terminologie*. Die weiter oben ausgeführten Unterschiede der Erkenntnisprinzipien von klassischer Stadtgeographie bzw. analytischer Stadtforschung kommen als Gegenpositionen in der Forschung bereits hier zum Tragen. Es erschien daher wichtig, sowohl Typologien als auch Klassifikationssysteme zu beschreiben und vor allem auf *kulturhistorische Stadttypen* einzugehen, welche in den angelsächsischen Lehrbüchern völlig vernachlässigt werden. Sie beruhen auf ganzheitlichen Vorstellungen und stehen im Zusammenhang mit den Entwicklungsstufen von Gesellschaft, Wirtschaft und politischen Organisationsformen. Auf sie wird im Lauf der Darstellung immer wieder Bezug genommen, da sie abgesichertes Wissensgut der historischen Stadtforschung darstellen. Stadtklassifikationen können dagegen keineswegs dauernde Gültigkeit beanspruchen, da sie auf statistischen Schwellenwerten beruhen, die mit der Veränderung der städtischen Gesellschaft und des arbeitsteiligen Prozesses einer Korrektur bedürfen.

Dem pragmatischen Bedürfnis der staatlichen Verwaltung, der Wirtschaft und der Planungspraxis sind schließlich die zahlreichen *Agglomerationsmodelle* zu verdanken, bei denen die Schwierigkeiten einer internationalen Nomenklatur und Standardisierung der Kriterien für die Abgrenzung noch wesentlich größer sind als bei der Festlegung der statistischen Untergrenze von Städten. Alle Modelle sind zwei Haupttypen zuzuordnen: Sie repräsentieren einerseits Gebiete gleicher Struktur und andererseits Verflechtungsbereiche.

Mit der Abbildung der Stadtregion in der Bundesrepublik Deutschland wurde eine graphische Brücke zum nächsten Kapitel geschlagen, nämlich der *Darstellung der Modelle* in der Stadtgeographie. Sie sind einerseits aus theoretischen Überlegungen und andererseits aus explorativer Forschung entstanden. Ihre Zielsetzung besteht darin, in äußerst vereinfachter Form wesentliche Aussagen über die räumliche Organisation der Gesellschaft und Wirtschaft graphisch darzustellen.

Da die Modelle der amerikanischen Sozialökologie zur Standardausrüstung von Lehrbüchern zählen, erschien es notwendig, eine kurze Darstellung auch in dieses Studienbuch aufzunehmen. Wichtiger war es dem Autor jedoch, von einem hermeneutischen Wissenschaftsverständnis aus weitere Modelle von Städten vorzustellen, ohne hierbei einen Anspruch auf Vollständigkeit zu erheben. Zur Demonstration der Bedeutung kulturökologischer Faktoren wurde das Gegensatzpaar der traditionellen orientalischen Stadt und der europäischen Bürgerstadt ausgewählt, welche beide forschungsmäßig sehr gut untersucht sind. Sie wurden im räumlichen Bezug von Arbeiten und Wohnen, in den Prinzipien der Segregation der Bevölkerung und im Verhältnis von Öffentlichkeit und Privatheit miteinander verglichen.

Die *historische Dimension* von Städten, welche die sozialökologische Modellbildung ausblendet, wird anhand des Beispiels der Städte in Europa in die Form eines *Perioden- und Stufenmodells* zur Erklärung von Stadttypen gebracht, welche jeweils bestimmten gesellschaftspolitischen Systemen zugeordnet werden, wie

- die Bürgerstadt dem mittelalterlichen Territorialstaat,
- die Residenzstadt dem Flächenstaat des Absolutismus,

- die Industriestadt dem Liberalismus,
- die Neue Stadt dem sozialen Wohlfahrtsstaat.

Überall dort, wo es aufgrund der zeitlichen Abfolge von gesellschaftspolitischen Systemen zu komplizierten Anlagerungen und Überlagerungen von spezifischen räumlichen Organisationsformen von Gesellschaft und Wirtschaft kommt, entstehen *bipolare Stadtstrukturen.* Zahlreiche Beispiele der Nebeneinanderlagerung von Städten bieten sich überall dort, wo im Zuge der Kolonialisierung durch das britische und das französische Empire und das Russische Reich neue Städte neben bestehenden gegründet wurden. Unabhängig von der Kolonialisierung und Entkolonialisierung sind bipolare Stadtstrukturen überall dort entstanden, wo Industrialisierung und Verwestlichung der Oberschicht in orientalischen Städten eine soziale und ökonomische Zweiteilung des Stadtraums zur Folge hatten.

Ein Zugang zur Erklärung der wichtigsten Grundtypen des Landnutzungsmusters der europäischen Städte ergibt sich bei der Berücksichtigung des unterschiedlichen Ablaufs von Industrialisierung und Verstädterung in den europäischen Staaten, wobei diese als *Innovationsprozeß* aufgefaßt werden, der von Großbritannien aus den europäischen Kontinent in West-Ost- und später in Nord-Süd-Richtung erfaßt hat. Unter Bezug auf den Stadtraum kommt dem Zeitpunkt der Anlagerung der Industrie an den älteren Stadtkörper entscheidende Bedeutung zu. Spezifische Landnutzungsmodelle sind das Resultat spezifischer Verstädterungsvorgänge.

Nun sind Modelle der Stadt nicht mehr zureichend, um die gegenwärtige Realität von städtischen Siedlungen abzubilden. Groß- und Mittelstädte sind zu Agglomerationen geworden. Eine *interkulturell vergleichende Agglomerationsforschung* steht jedoch erst in den Anfängen. Die Beispiele der Wiener Stadtregion und der Metropolitan Area von Chicago wurden vom Autor gewählt, weil die sozialökologische Stadtforschung von Chicago ausgegangen ist und Wien zu den sehr gut untersuchten Städten Kontinentaleuropas zählt.

In den beiden Kapiteln über Terminologie und Modelle unterscheidet sich das Studienbuch nur in der bewußten Akzentuierung der Unterschiede von analytischem und hermeneutischem Forschungsstil, nicht jedoch grundsätzlich von den bisherigen Lehrbüchern. Mit dem nächsten Kapitel, über die *Kategorien städtischer Systeme,* beginnt ein neuer Weg. Kapitel 2.3 ist hierzu der Wegweiser, an dessen konzentriert geschriebener Auskunft der eilige Leser auch vorbeigehen kann. Nur grundsätzlich sollte er wissen, daß im folgenden stets zwei Bezugsebenen, nämlich der physische Stadtraum und die städtische Gesellschaft, miteinander verknüpft werden. Im ersten Abschnitt über die Grundkategorien, in dem es um Größe, Dichte, Mobilität und Komplexität der Muster und Verflechtungen von Elementen sowie um deren Veränderungen geht, bewegt man sich weithin in einer Terra incognita der Forschung.

Der Einfluß der *Stadtgröße* als der Determinante des städtischen Systems ist bisher nur unzureichend untersucht worden, und wenn, dann ausschließlich in der angelsächsischen Literatur. Auch über die Zusammenhänge zwischen Stadtgröße und sozialen Desintegrationserscheinungen sowie Infrastrukturkosten wird im wesentlichen nur außerhalb der Geographie eine rege Diskussion geführt, wobei ganz allgemein die nachweisbaren Erscheinungen der Zerstörung der städtischen Umwelt und der sozialen Desintegration im Zusammenhang mit der Metropolitanisierung ins Treffen geführt werden. Die wissenschaftliche Frage nach der optimalen Stadtgröße ist bisher unbeantwortet, wenn auch normative Vorstellungen der Stadtplanung dahin zielen, aus Gründen des „menschlichen Maßstabs" Mittelstädte mit 50 000 bis 250 000 Einwohnern als optimale Stadtgröße anzusehen.

Bisher kaum beachtet in der Stadtgeographie wurde die *Dichte,* welche ein zentrales Konzept zur Beschreibung von Stadt und städtischer Umwelt darstellt, in der sozialwissenschaftlichen Forschung als theoretisches Konstrukt für die Erklärung von sozialer Marginalität in städtischen Gesellschaften verwendet wird, in der Standorttheorie eine exponentielle Funktion bildet und von seiten des Städtebaus und der Stadtplanung in ein normatives Instrumentarium umgesetzt wird.

Von den angeführten systematischen Kategorien wird die *Mobilität* (von Bevölkerung und Produktionsfaktoren) ganz entscheidend vom politischen System bestimmt, wobei allgemein festgestellt werden kann, daß hohe Mobilität ein Kennzeichen privatkapitalistischer Systeme darstellt.

Um allgemeine Kategorien, wie Größe, Dichte und Mobilität, auf die Erforschung des Stadtraums anwenden zu können, bedarf es *räumlicher Konzepte:*

1. Städte sind *zentrierte Systeme,* und ihrer Existenz liegt daher bis heute die Prämisse zugrunde, daß das Stadtzentrum der Ort bester Erreichbarkeit ist und gleichzeitig als Motor der Stadtentwicklung fungiert. In zeiträumlicher Perspektive wird dabei dem Stadtzentrum vom jeweiligen Gesellschaftssystem eine unterschiedliche Funktion zugeschrieben. Es ist ein Verdienst einer hermeneutisch arbeitenden Stadtgeographie, die Differenzierung dieser Funktionen herausgearbeitet zu haben.
2. Das zweite Konzept ist die *Zugänglichkeit* der Stadtmitte und des Stadtraums, wobei von der Verkehrstechnologie die entscheidenden räumlichen Strukturierungen ausgehen. So entspricht der Stadt des Fußgängers und des Warenverkehrs eine kreisförmige Struktur. Mit der Einrichtung von Straßenbahnen, welche bei den europäischen Städten meist von den Stadttoren ausgingen, setzte ein sternförmiges Wachstum ein. Die „Fingerkonzeption" des Städtebaus und der Stadtplanung hängt damit zusammen. Sicher ist jedenfalls, daß nur solange das Primat der öffentlichen Verkehrsmittel gewahrt wird, das Stadtzentrum der Ort der besten Zugänglichkeit im Stadtraum bleibt.
3. Zu den Basiskonzepten von Städten zählt die Vorstellung vom *Kern-Rand-Gefälle* (zentral-periphere Gradienten). Von der analytischen Stadtgeographie stammen die Gradienten der Bevölkerungsdichte und der Gradient der Bodenpreise, welcher auf der Theorie des städtischen Bodenmarkts beruht. Der soziale Gradient ist dagegen von der zentral-peripheren Organisation der städtischen Gesellschaft abhängig. Die hermeneutische Stadtgeographie bietet einen Einstieg zu seiner Erklärung.
4. Das vierte Basiskonzept beinhaltet die *räumliche Organisationsstruktur,* d.h. den hierarchischen bzw. komplementären Verbund von Elementen (Betrieben, Einrichtungen usf.).

Das Prinzip der *Komplementärität* wird hiermit erstmals in der Stadtgeographie verwendet und, eingeschränkt auf Fragen der Flächennutzung, behandelt. Der erste Zugang geht aus von den politischen Systemen des Privatkapitalismus, Staatskapitalismus und der sozialen Wohlfahrtsstaaten und fragt nach deren unterschiedlichen Regulativen hinsichtlich des Wachstums von Städten; der zweite Zugang geht vom Bedarf der Stadt an gesamtstädtischen Einrichtungen aus, und der dritte Zugang fragt nach den Konsequenzen des fortschreitenden arbeitsteiligen Prozesses, durch den immer neue Funktionen erzeugt werden, welche zum Teil spezifische Standortansprüche aufweisen.

Die *Hierarchie* ist ein Grundprinzip von Organisationssystemen aller Art in der Privatwirtschaft und in staatlichen Institutionen. In der Organisation des physischen Stadtraums ist eine hierarchische Ordnung immer wieder dort angestrebt worden, wo es möglich war, Städte oder Stadtteile planmäßig anzulegen. In der umfassenden zentralistischen Stadtplanung in den Ostblockstaaten sind daher von oben nach unten durchgezogene hierarchische Sprengelsysteme in der Stadtplanung durchaus gebräuchlich, während in den Städten der westlichen Welt Hierarchien in der räumlichen Organisation bereits eher die Ausnahme als die Regel darstellen. Dies hängt damit zusammen, daß Baugebiete, Aktionsräume der Bevölkerung, Mobilitätsräume und Wahrnehmungsräume, um nur einige Raumkategorien zu nennen, einander vielfach überlagern.

Bereits in der Einleitung wurde darauf hingeweisen, daß der Pluralismus der stadtgeographischen Forschung nicht nur durch die wissenschaftstheoretischen Basiskonzepte per se, sondern vor allem auch durch die Verwendung unterschiedlicher Begriffe und *Konzepte der Zeit und des Raums* weiter differenziert wird. Diesen wurde jeweils ein eigenes Kapitel gewidmet, da es als eine reizvolle Aufgabe erschien, die vorliegende Literatur auf konkrete Beispiele durchzumustern und dem Leser damit unterschiedliche graphische und verbale Aussagensysteme zur Verfügung zu stellen. Aus der Spannweite der verwendeten Begriffe und Konzepte der Zeit resultieren zum Teil Mißverständnisse in der Forschung, nicht zuletzt deshalb, weil die einzelnen Konzepte nicht miteinander kompatibel sind. Anders ist die Situation bei den *Raumbegriffen.* Hier müssen wir zur Kenntnis nehmen, daß alle institutionellen Entscheidungen, ebenso auch die über Kapitalinvestitionen, im *Realobjektraum* der Stadt fallen, der von der aktuellen Forschung häufig bereits negiert wird, da aufgrund einer Selbstverwirklichungsideologie des Individuums Aktionsräume das bevorzugte Forschungsterrain bilden, während sich sozialkritisch eingestellte Forscher dem Wahrnehmungsraum zuwenden. Die abstrakten Raumbegriffe sind dagegen ein Produkt der Nationalökonomie und Regional Science, was vielfach von Geographen bei Lektüre der einschlägigen Literatur viel zuwenig berücksichtigt wird.

Der dritte Zugang des Buches berücksichtigt schließlich *sachspezifische Determinanten von Strukturen und Prozessen im Stadtraum.* Hierbei werden unterschieden:

1. *politische Systeme,* d. h. die Teilung von Macht, übertragen in die räumliche Organisation der Stadt,

2. *normative Prinzipien des Städtebaus,* welche über die Stadtplanung auch vom politischen System bestimmt werden,
3. der *technologische Entwicklungsstand,* besonders die Technologien des Bauens und des Verkehrs, der Information und Kommunikation, und
4. der *Entwicklungsstand der nationalen Ökonomien,* reflektiert im Prozeß der Arbeitsteilung.

Der Vergleich der privatkapitalistischen Stadtstrukturen in den USA mit denen des Staatssozialismus und des pluralistischen Wohlfahrtsstaates dient als Auswahlkriterium für die graphische Ausstattung und die Aussagen des Textes, welche keineswegs Vollständigkeit beanspruchen, sondern nur das Interesse des Lesers wecken und Möglichkeiten neuer Erklärungszusammenhänge eröffnen möchten.

Der vierte Abschnitt des Buches unternimmt es schließlich, Prozesse auf der *Makroebene von Stadtsystemen* in Form von *Szenarien* anzubieten, und wagt damit einen utopischen Ausgriff in die Zukunft.

2 Begriffe, Modelle, Kategorien, Konzepte

2.1 Zur Terminologie von Stadt und Agglomeration

2.1.1 Probleme der Terminologie

Die Problematik der Stadtgeographie als Wissenschaft beginnt bereits bei der ersten Grundlage wissenschaftlichen Arbeitens, der Erstellung einer Terminologie und damit verbundener Typologien und Klassifikationssysteme.

Die eigenständigen Begriffe der „klassischen“ Stadtgeographie sind zumeist als Idealtypen definiert. Da interkulturell beachtliche Unterschiede nicht nur in der physischen Substanz der Städte, sondern ebenso in den konkreten Problemen und Prozessen von Stadt und städtischer Gesellschaft bestehen, ist es nicht möglich, die entsprechenden Bezeichnungen in ein allgemein akzeptiertes System einzuordnen. Regionaltypologien sind entstanden. Derartige Schwierigkeiten der Begriffsbildung werden vor allem bei Übersetzungen augenfällig (u. a. aus dem Deutschen ins Englische und vice versa). Sie seien anhand von zwei Grundbegriffen illustriert:

Deutsch	Englisch-Britisch	Amerikanisch
Stadt	Town	City
City	City-Centre	Central Business District (CBD)

Zur Erklärung sei angeführt, daß die Verwendung des Ausdrucks „City“ für den zentralen Geschäftsdistrikt im Deutschen auf das Beispiel der City of London bzw. Westminster zurückgeht.

Auch dort, wo dieselben Begriffe verwendet werden, bezeichnen sie häufig nicht die gleichen Sachverhalte. Vor allem prozessuale Begriffe, wie Citybildung oder Verslumung, können nur als allgemeiner Verständigungsrahmen gewertet werden, ähnlich wie dies bei prozessualen Ausdrücken der Morphologie der Fall ist (z. B. Erosion, Denudation). Um präzise Vergleiche anstellen zu können, bedarf es quantifizierbarer Daten.

Ein besonderes Dilemma besteht gegenwärtig darin, daß sich, den politischen Machtstrukturen entsprechend, demgemäße Forschungsstrukturen über die Erde legen und daher von Geographen sowohl aus dem angelsächsischen als auch dem deutschen Sprachraum mit Theorien, Begriffen und Wertmaßstäben in den Städten der Dritten Welt operiert wird, die diesen im Hinblick auf die dort bestehenden Sachverhalte und Prozesse häufig nicht gerecht werden können.

2.1.2 Das Definitionsproblem der Stadt

Die Stadt ist als multidisziplinärer Forschungsbereich von verschiedenen Wissenschaften definiert worden. Diese Definitionen enthalten systematische und räumliche Aussagen. Derart schließt einerseits der Stadtbegriff der Soziologie räumliche Merkmale ein, andererseits umfaßt der geographische Stadtbegriff soziologische und wirtschaftliche Kriterien.

Grundsätzlich ist zu unterscheiden zwischen einem historischen Stadtbegriff, der sich im wesentlichen an der vorindustriellen (europäischen) Stadt orientiert und bei dem aus Zweckmäßigkeitsgründen Kümmer- und Zwergformen auszuschließen sind, und einem aktuellen Stadtbegriff.

Der *historische Stadtbegriff* fußt auf dem politisch-rechtlichen und gesellschaftlichen Gegensatz von Stadt und Land. Das Symbol der ägyptischen Hieroglyphe für „Stadt" ebenso wie das Schema des römischen Castrums mit Straßenkreuz, Marktplatz und vier Insulae veranschaulichen drei räumliche Elemente (vgl. Abb. 1):

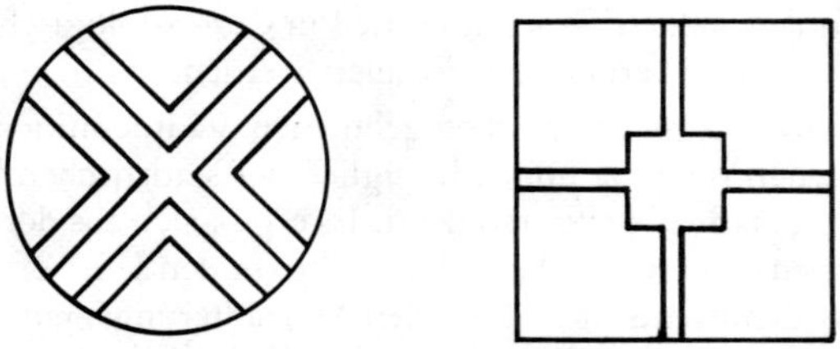

Abb. 1 Symbolik des historischen Stadtbegriffs (Pfeil, E., 1972, S. 3)

1. Die Umgrenzung durch eine Mauer entspricht der „Ganzheit" und räumlichen Geschlossenheit einer Gemeinschaft (community), die ein Wirtschafts- und Wehrverband war.
2. Straßenkreuz und/oder Marktplatz symbolisieren den Schnittpunkt von Verkehr und Handel und die Orientierung der Stadt um einen Mittelpunkt.
3. Die Gliederung der Stadt in Viertel (vier Insulae beim römischen Castrum) lebte in der mittelalterlichen Stadt als militärisch-administrative Gliederung fort.

Ein viertes Kriterium ist nicht direkt aus der Abbildung ersichtlich, nämlich die rechtliche Sonderstellung der Stadt, welche durch Hoheitsrechte, wie Gerichtsbarkeit, und Marktrechte spezifiziert werden kann.

Der *aktuelle geographische Stadtbegriff* enthält ebenso wie der historische Stadtbegriff *räumliche Kriterien:*

1. Die Anordnung der Stadt um einen Mittelpunkt,
2. das Kern-Rand-Gefälle (zentral-peripherer Gradient).

Andere Kriterien weisen Einschränkungen auf:

3. Das Kriterium der baulichen Sonderstellung der Stadt, definiert als Geschlossenheit der physischen Struktur, wird dahingehend eingeschränkt, daß diese nur mehr im Kern der Stadt überwiegen muß.
4. Der zur Kennzeichnung von baulichen, ökonomischen, ethnischen und sozialen Stadtvierteln verwendete aktuelle Viertelsbegriff hat sich völlig vom historischen, eine organisatorische Einheit der Stadt bezeichnenden Begriff gelöst.

Der aktuelle Stadtbegriff schließt ferner folgende *systematische* (sozioökonomische) *Kriterien* ein:

1. Die *Stadtgröße* wird durch die Einwohnerzahl definiert.
2. Die *Dichte* gilt als Ausdruck für die Intensität der Nutzung des Stadtraums. Auch hierbei handelt es sich nicht um eine absolute Meßgröße, sondern vielmehr um einen Komplex von Indikatoren für die kulturelle Differenzierung von Städten.
3. Dasselbe trifft für das *Kriterium der Erwerbsstruktur* der Bevölkerung (sekundärer, tertiärer und quartärer Sektor der Wirtschaft) zu, das die Grundlage funktioneller Stadtklassifikationen bildet. Es kann partiell in das soziologische Kriterium der Heterogenität der Bevölkerung transformiert werden.

Der geringe Informationsgehalt der oben gebotenen Stadtdefinition wird durch das Fehlen internationaler Vereinbarungen bezüglich der statistischen Untergrenze der Einwohnerzahl von Städten weiter reduziert. Es ergibt sich aus der Variationsbreite derselben, daß erstens Aussagen über Kleinstädte (in den USA bis 50 000 Einwohner) und zweitens damit Aussagen über den Verstädterungsgrad, d. h. den Anteil der in Städten wohnenden Bevölkerung an der Gesamtbevölkerung, international nicht strikt vergleichbar sind.

Um eine Vorstellung von der Spannweite zu geben, listet Tabelle 1 in aufsteigender Reihenfolge Beispiele auf.

Aus dieser sehr großen Spannweite bei den gegenwärtig gültigen statistischen Untergrenzen von Städten ist es auch verständlich, daß eine international einheitliche *Größenklassifizierung von Städten* fehlt.

Insgesamt haben sich im Laufe des Verstädterungsprozesses die Schwellenwerte von Klein-, Mittel- und Großstädten aufwärts verschoben. Während im Mittelalter im deutschen Sprachraum Städte mit 20 000 Einwohnern schon zu den „Metropolen" zählten und Kleinstädte nur 1000 Einwohner hatten, ist im späten 19. Jahrhundert im Zusammenhang mit der Industrialisierung die Untergrenze von Großstädten mit 100 000 Einwohnern festgelegt worden. Mit der Vergroßstädterung ist eine weitere Anhebung aller Schwellenwerte im Gange. Zuerst in den USA und im letzten Jahrzehnt auch in der Bundesrepublik Deutschland wurde die Obergrenze von Mittelstädten auf 250 000 Einwohner erhöht und diejenige von Kleinstädten von ursprünglich 20 000 auf 50 000 Einwohner hinaufgesetzt.

Tab. 1 Spannweite der Untergrenze der Einwohnerzahl städtischer Siedlungen in ausgewählten Staaten der Erde

Untergrenze der Einwohnerzahl städtischer Siedlungen	Detaildefinition	Staat
200	Gemeinden	Dänemark
1000	Cities, towns und villages, entweder incorporiert oder nicht incorporiert, einschließlich verstädterter Zonen von metropolitan areas	USA
2000	zusammenhängende Verbauung mit weniger als 200 m Abstand zwischen den Häusern oder Gemeinden, von denen der größere Teil der Bevölkerung zu einer aus mehreren Gemeinden bestehenden Agglomeration gehört.	Bundesrepublik Deutschland* Frankreich
5000	Gemeinden	Belgien
10 000	Munizipien	Spanien
30 000	städtische Munizipalitäten, welche auch ländliche Gebiete sowie städtische Verdichtungen einschließen können.	Japan

Nach United Nations, 1969, Demographic Yearbook

* Das Statistische Bundesamt verzichtet seit rund 15 Jahren auf eine Unterscheidung zwischen städtischer und ländlicher Bevölkerung, doch werden vielfach Daten für „Landgemeinden (unter 2000 Einwohner)" dargeboten.

Weitere von Staat zu Staat unterschiedliche Veränderungen brachten die Reformen der administrativen Landkarte. Die verfassungsrechtliche Situation wird im westlichen Kontinentaleuropa durch die Gemeindeverfassung bestimmt, wonach Gemeinden die untere, in vielen Belangen autonome Ebene der staatlichen Organisation darstellen. *Reformen der Gemeindeverfassung,* darunter Gemeindezusammenlegungen, haben nicht nur die ländlichen Gemeinden, sondern ebenso die Stadtgemeinden betroffen. In einigen europäischen Staaten, wie z. B. in Schweden, wurden gleichzeitig mit den Reformen auch die juristischen Unterschiede zwischen ländlichen Gemeinden und Stadtgemeinden aufgehoben und die tradierte rechtliche Sonderstellung von Städten beseitigt. Die Größenklassifizierung von Städten ist derart in der Größenklassifizierung von Gemeinden aufgegangen.

In Ermangelung einer Gemeindeverfassung werden in den USA drei Typen von stadtartigen Gebilden unterschieden („urbanlike areas"):

1. „urban places": Städte ohne eigene Administration mit mehr als 2500 Einwohnern;

2. „incorporated cities“: Städte mit mehr als 2500 Einwohnern, die eine eigene verwaltungsrechtliche Einheit bilden;
3. „urbanized areas“: Verdichtungsräume mit mehr als 50000 Einwohnern.

2.1.3 Typologien und Klassifikationssysteme von Städten: Grundsätzliche Bemerkungen

Die Definitionsprobleme der Stadt vermitteln bereits eine Vorstellung von den Schwierigkeiten, die sich für eine Einordnung von Städten in Typenserien bzw. Klassifikationssysteme ergeben. Diese Zweiteilung entspricht den Erkenntnisprinzipien von klassischer kulturhistorischer Stadtgeographie bzw. analytischer Stadtforschung. Die Literatur hierzu ist historisch und regional differenziert und überaus uneinheitlich. Um eine erste Orientierung über die wichtigsten derzeit gängigen Begriffe zu bieten, wurden diese in eine Matrix mit den Koordinaten:

1. Formale Ordnungsprinzipien (Typologien bzw. Klassifikationen) und
2. sachliche Bezugsbasis

eingeordnet (vgl. Abb. 2).

Die *kulturhistorischen Stadttypen* sensu stricto bilden das Kernstück der Typologie (vgl. 2.1.4). Sie beruhen auf ganzheitlichen Vorstellungen, wobei in die zumeist nicht operationalisierten theoretischen Konstrukte ein Bündel von Annahmen implizit eingeht oder aber an einzelnen oder mehreren Beispielen festgestellte Strukturen im Hinblick auf die politische Organisation, die physische Struktur und/oder das sozioökonomische „Funktionieren“ des jeweiligen städtischen Systems verallgemeinert werden.

Die meisten der in der Literatur als *„funktionelle Stadttypen“* bezeichneten Ordnungsbegriffe haben gleichfalls zuerst auf der Basis von Idealtypen eine Benennung erfahren (vgl. unten) und sind dann erst in Klassifikationssysteme eingebaut worden, wie die Industriestädte, Bergbaustädte usf. Einzelne Typenbegriffe, wie die Weltstadt und die durch militärische und kulturelle Funktionen gekennzeichneten Stadttypen, wurden dagegen nicht statistisch spezifiziert.

Stadtklassifikationen beruhen auf statistischen Schwellenwerten, die keineswegs dauernde Gültigkeit beanspruchen können, sondern mit der Veränderung der städtischen Gesellschaft und des arbeitsteiligen Prozesses einer Korrektur bedürfen. Die Klassifizierung von Städten nach sozialstatistischen und wirtschaftlichen Merkmalen besitzt auch praktische Bedeutung: Städte sind nämlich regionalwirtschaftliche Einheiten und damit Objekte der Regionalforschung und Regionalpolitik. Ihre Klassifizierung kann daher für politische Maßnahmen notwendig sein. Auch für die Standortpolitik von Unternehmen können Stadtklassifikationen eine Entscheidungshilfe darstellen, ebenso für das Marketing als Absatzgebiete für Konsumgüter. Es darf in diesem Zusammenhang darauf hingewiesen werden, daß das Handbuch für City-Manager in den USA als erstes Periodikum umfangreiche Klassifikationssysteme der US-amerikanischen Städte veröffentlicht hat und daß auf dieser Basis auch das Klassifikationshandbuch für Städte von B. J. L. Berry (1972) entstanden ist.

Bezugsbasis	Idealtypologien	Klassifikationen monothetisch	 polythetisch
Einwohnerzahl	Weltstadt	Zwerg- Klein- Mittel- Groß- Millionenstadt	
administrative Funktion	Hauptstadt		Zentrale Orte K7
wirtschaftliche Funktion	Ecumenopolis		
	Industriestadt	Industriestadt	K3
	Messestadt		
	Einzelhandelsstadt Großhandelsstadt Bergbaustadt Universitätsstadt Fremdenverkehrsstadt	Einzelhandelsstadt Großhandelsstadt Bergbaustadt Universitätsstadt Fremdenverkehrsstadt	
Verkehrs-funktion	Hafenstadt Brückenstadt Grenzstadt	Verkehrsstadt (D. Harris)	K4
Militärische Funktionen	Garnisonsstadt		
Kulturelle Funktionen	Pilgerstadt		
	Kulturhistorische Stadttypen (vgl. Kap. 2.1.4)		

Abb. 2 Typologien und Klassifikationen von Städten (Entwurf: E. Lichtenberger)

Die geographische Fragestellung bei der funktionellen Stadtklassifikation ist zweiseitig zu formulieren: Erstens erhebt sich die Frage nach dem Flächenbedarf und den räumlichen Konsequenzen der jeweils dominanten Funktion und damit nach der unterschiedlichen sozioökonomischen Gliederung, d. h. der inneren räumlichen Organisation von Städten unterschiedlicher Funktionen. Zweitens kann von der Hypothese ausgegangen werden, daß unterschiedliche Funktionsklassen von Städten mit unterschiedlichen Typen von Hinterlandsgebieten – oder mit ihrem Hinterland in unterschiedlicher Weise – assoziiert sind. Die Klassifikation von Städten aufgrund ihrer Funktion kann daher zur Formulierung von allgemeinen Sätzen über das räumliche Muster von Städten und die Beziehung zwischen Städten mit bestimmter Funktion und ihren Hinterländern führen.

Das klassische Beispiel hierfür bieten Theorie und Begriffe der *Zentralen Orte.* Nach W. Christaller (1933) werden darunter städtische Siedlungen verstanden, die in einem bestimmten Einzugsbereich zentrale Güter und Dienste anbieten. Es handelt sich um eine nachfrageorientierte Theorie, in der bereits in den 30er Jahren die Konsumgesellschaft vorweggenommen wird. Entsprechend den Funktionen von Markt, Verkehr und Verwaltung hat Christaller die Modelle mit einer unterschiedlichen Anzahl von Zentralen Orten (Zuordnungszahl = K-Wert) in den einzelnen Stufen der Hierarchie ausgestattet. Im folgenden hierzu seine Prämissen:

K 3 entspricht dem Modell der *Marktfunktion,* in dem die Entfernungen von den Nachfragern zu den Zentralen Orten ein Minimum sind.

K 4 entspricht dem Modell der *Verkehrsfunktion,* wonach eine optimale Verteilung der Zentralen Orte dann besteht, wenn soviele Zentrale Orte wie möglich durch Verkehrslinien zu größeren Städten berührt werden.

K 7 repräsentiert das Modell der *administrativen Funktion,* dem in der Planungspraxis der Vorzug eingeräumt wird. Danach kann die administrative Funktion am besten operieren, wenn eine möglichst klare Zuordnung von jeweils 6 niederrangigen Zentren zu einem höherrangigen Zentrum besteht (vgl. G. Heinritz, 1979).

In der Nomenklatur nehmen Zentrale Orte eine Sonderstellung ein insofern, als die Bezeichnungen für die einzelnen Ränge des zentralörtlichen Systems z. T. dem jeweiligen Verwaltungsaufbau des Staates entlehnt sind (z. B. Gerichtsorte, Bezirkshauptorte, Viertelshauptstädte in der zentralörtlichen Gliederung Österreichs von H. Bobek, 1978).

2.1.4 Kulturhistorische Stadttypen

Grundsätzlich stehen kulturhistorische Stadttypen im Zusammenhang mit den Entwicklungsstufen von Gesellschaft, Wirtschaft und politischen Organisationsformen. Im folgenden sei in aller Kürze auf die wichtigsten Typen eingegangen.

Die Anfänge des Städtewesens sind mit der kulturhistorischen Stufe der Entstehung von herrschaftlich organisierten Agrargesellschaften verknüpft. Die Herrschaft tritt in zwei Ausprägungen und dementsprechenden Stadttypen auf, nämlich den Tempelstädten, die stets mit einer Priesterherrschaft (zumeist einem Priesterkönigtum) verbunden sind, und den Burgstädten, die auf weltlichen Formen der Herrschaftsbildung beruhen. Tempelstädte und Burgstädte kennzeichnen die Hochkulturen der Alten Welt, Tempelstädte die der Neuen Welt. Von den *Tempelstädten* sind vielfach nur mehr Ruinenstädte erhalten (Vorderer Orient, Südostasien, Lateinamerika). Astronomische Kenntnisse der Priester und damit Kenntnisse über den für das Agrarjahr wichtigen Jahresgang der Witterung in wechselfeuchten Klimaten wurden in den Tempelbauten niedergelegt, deren Kanten – wie in Mexiko nachgewiesen werden konnte – zugleich als Grundlinien für das jeweilige System der ländlichen Flur dienten. Der Wissensvorsprung der Priester gab diesen die Möglichkeit, Regen vorauszusagen und Anweisungen bezüglich des Arbeitsablaufs zu treffen, Lagerhaltung und Verteilung von landwirtschaftlichen Produkten zu kontrollieren usw. In den seltenen Fällen von Siedlungskontinuität, wie in Indien, konnten Tempelstädte zumeist später zusätzliche Funktionen gewinnen (Administration, Industrie). In Tibet sind als Sonderform die Klosterstädte entstanden, die zugleich Wallfahrtsorte sind.

Auch die *Burgstädte* gehen auf die antiken Hochkulturen zurück (Vorderer Orient, Sumerer, Hethiter, Kreta, Indien). Aus dieser Zeit sind, ähnlich wie bei den Tempelstädten, zumeist nur Ruinenstädte vorhanden. Zum Unterschied von den Tempelstädten haben jedoch die Burgstädte wiederholt spätere „Neuauflagen" erlebt. Sie bildeten einen wichtigen Stadttyp der Feudalsysteme im mittelalterlichen Europa und in Japan.

Zum Kennzeichen der ersteren gehört die Niederlassung von Handwerkern und Kaufleuten zu Füßen der Burg, im Suburbium, zu dem der letzteren die Ansiedlung der Kriegerkaste, der Samurai. Unterschiedlich ist die Lage der Burg in der Stadt. Die Zentrallage der antiken Hochkulturen wird fortgesetzt von den Reichsbildungen von Reiternomaden (Tataren, Mongolen, Bulgaren), darunter in den Mandschu-Städten Chinas (Peking, Verbotene Stadt) und in der Hauptstadt des großbulgarischen Reiches im 10. Jahrhundert (Pliska, Großer Palast) sowie in den russischen Städten (Kremltyp überwiegend). Eine Randlage der Burg ist kennzeichnend für West- und Mitteleuropa sowie für das orientalische Städtewesen (Kasbah), d. h. bei allen Stadttypen, in denen der Markt bzw. der Basar die zentrale Position in der Stadt einnehmen.

In der politischen Organisation deutlich abgesetzt vom älteren Städtewesen vollzog sich die Entwicklung der griechischen *Polis*. E. Kirsten (1956) hat den Vorgang des Synoikismus, d. h. der Zusammensiedlung aus älteren Vorsiedlungen, als Schutzmaßnahme und zur Machterhöhung ausführlich dargestellt. Wichtig dabei war eine Demokratisierung derart, daß größere Bevölkerungskreise in den Genuß der Gleichberechtigung kamen und eine Selbstverwaltung entstand, während andererseits das Land in der Hand von städtischen Grundbesitzern verblieb, welche dieses mit Sklaven bearbeiteten. Plato hat eine Zahl von 5000 Bürgern (Haushalten) als Idealgröße der Polis angesehen. Auf ihn geht auch die Vorstellung von der Überschaubarkeit von Städten zurück, welche in den Utopien des Städtebaus und der Stadtplanung bis heute nachwirkt. Auch die Idee der Nachbarschaft, auf die noch zurückgekommen wird, wurzelt darin. Wie von H. Bobek (1959) betont wurde, unterscheidet sich die Polis durch den rentenkapitalistischen Wirtschaftsstil ganz entscheidend von dem des produktiven Kapitalismus der mittelalterlichen Bürgerstädte Nordwesteuropas.

Die Anlage von *Planstädten* gehört zu den politischen Instrumenten von Reichsbildungen. Es gibt daher mehrere Perioden von Stadtgründungen in der Geschichte, in denen zahlreiche Planstädte mit regelmäßigem Grundriß und für bestimmte Aufgaben geschaffen wurden. Zu ihnen zählen u. a. Verwaltungsstädte und Festungsstädte. Im 5. Jh. v. Chr. hat Hippodamus von Milet mit dem Rechteckschema einen neuen Idealtyp der Stadt geschaffen, der mehr darstellt als nur die Präzisierung einer geometrischen Grundrißanlage. Er entspricht vielmehr einer politischen Organisation, welche durch ein rationalisiertes Verhältnis von politischer Macht und Stadtbewohnern definiert werden kann, gekennzeichnet durch öffentliche Kontrolle und Sicherheit der Straßen und Plätze. Diesen wird nicht nur ein größerer Flächenanteil zugemessen, sondern sie erhalten überdies repräsentative Funktionen. Wenn auch die Lage der öffentlichen Bauten mit dem Zentrum der Stadt zusammenfällt, so ist doch der ökonomische Raum in Form des Marktes nicht von vornherein mit dem Zentrum identisch.

Als beherrschendes Phänomen treten uns planmäßige Stadtgründungen zuerst im Hellenismus entgegen bzw. dann in den großen Reichsbildungen um die Zeitenwende, dem Römischen und dem Chinesischen Reich. Sie werden schließlich in den Gründungsstädten des europäischen Mittelalters und in der Neuzeit fortgeführt und mit der europäischen Kolonisation in die Neue Welt „exportiert".

Der Begriff der *Kolonialstadt* wird im allgemeinen für zwei verschiedene Sachverhalte verwendet:

1. Für die im Zuge von Reichsbildungen in eroberten Gebieten neu gegründeten Städte. Hierzu gehören u.a. die Colonia der Römer (Köln), die ostdeutsche Kolonialstadt und die spanische Kolonialstadt in Lateinamerika.
2. Für Städte, die von europäischen Kolonialmächten im Anschluß an bereits bestehende Städte angelegt wurden. In China war dies in einzelnen Vertragshäfen der Fall, in Indien gaben die Cantonments, britische Truppenlager, den Anstoß zur Erweiterung bestehender und zur Gründung neuer Städte, in Nordafrika entstanden die villes nouvelles der französischen Kolonialmacht abgesetzt von der Medina, der arabischen Altstadt.

Die *europäische Stadtentwicklung des Mittelalters* beruht auf der *Bürgerstadt*. Diese umfaßt als idealtypischer Begriff je ein Set von Frühformen und ebenso von Spätformen, wobei es zunächst einzelne Funktionen waren, die bestimmte Frühformen erzeugten, während die gleichsam komplette Idealstadt aufgrund des Zusammenschlusses von drei Funktionen entstanden ist:

1. Die *Pfalzen* gehen auf befestigte Königshöfe, die Verwaltungszentren des königlichen Grundbesitzes, zurück, in denen sich der König periodisch oder episodisch aufhielt.
2. *Bischofsstädte* als Organisationszentren bildeten sich vielfach in den Überresten von provinzialrömischen Städten.
3. Periodische Fernhandelsmärkte, sogenannte *Wiks,* wurden von wiking'schen und friesischen Wanderkaufleuten ab dem 7. Jahrhundert im Nord- und Ostseeraum gegründet.

Von entscheidender Bedeutung wurde der Zusammenschluß der politischen (herrschaftlichen) Funktion mit der Marktfunktion. Dies geschah derart, daß sich Kaufmannsniederlassungen im Schutze von Burgen bildeten bzw. daß sich in den baulichen Resten römischer Städte Burgsiedlung und Wik miteinander verbanden. Zum Unterschied vom Mediterrangebiet, wo der Contado, das ausgedehnte Stadtumland, im Besitz der Bürger war, blieb die Stadtgemarkung der Bürgerstadt klein, die Existenzgrundlage der Bürger bildeten Gewerbe und Handel. Je nach den wirtschaftlichen Funktionen sondern sich daher *Fernhandelsstädte,* im besonderen *Messestädte,* von den *Gewerbestädten* sowie von den Übergangsformen zur ländlichen Siedlung mit landwirtschaftlicher Zusatzfunktion, den *Ackerbürgerstädten.* Von wenigen Ausnahmen abgesehen, besaßen alle Bürgerstädte entsprechend ihrer Größe zentrale Funktionen für das engere Umland und waren daher auch immer Zentrale Orte. In der Spätphase der mittelalterlichen Stadtgründung, als ein Überbesatz mit Städten im Vergleich zum wirtschaftlichen Potential des Agrarraums eintrat, entstanden *Minderstädte,* bei denen entweder von vornherein mindere Rechte vergeben wurden oder vergebene Stadtrechte aufgrund des zu geringen wirtschaftlichen Potentials, d. h. des zu kleinen Umlands, bedeutungslos blieben.

Auf weitere historische Stadttypen Europas, nämlich die Residenzstadt, die Industriestadt und die Neue Stadt, wird in Kapitel 2.3.4 noch ausführlich eingegangen.

2.1.5 Funktionelle Stadtklassifikationen

Während historische Stadttypologien in der Kulturgeschichte der Menschheit gleichsam „sicher" gespeichert sind, können Klassifikationen von Städten jederzeit – je nach neu auftretenden wissenschaftlichen Ordnungsgesichtspunkten und entsprechenden praktischen Fragestellungen – beliebig erzeugt werden. In methodischer Hinsicht lassen sich drei Stufen fortschreitender Verbesserung von Stadtklassifikationen unterscheiden:

1. Bei der ersten Stufe, der *monothetischen Taxonomie,* wird die funktionelle Spezialisierung durch die Konzentration der Arbeitskräfte in einer bestimmten Beschäftigungsgruppe identifiziert. Hierbei werden die „Schwellenwerte" auf der Basis der Analyse von Städten bestimmt, welche sich als „Idealtypen" zu erkennen geben. In dieser Richtung liegt die Arbeit von W. Harris (1943), die auf den Volkszählungsdaten von 1930 für die USA beruht. Harris unterscheidet (vereinfacht):

- Industriestädte: 74% der Gesamtbeschäftigten in der Industrie,
- Einzelhandelsstädte: 50% der Gesamtbeschäftigten im Einzelhandel,
- Großhandelsstädte: 20% der Gesamtbeschäftigten im Großhandel,
- Verkehrsstädte: 11% der Gesamtbeschäftigten im Verkehr,
- Bergbaustädte: 15% der Gesamtbeschäftigten im Bergbau,
- Universitätsstädte: Studenten mindestens 25% der Gesamtbevölkerung,
- Fremdenverkehrs- und Ruhestandsstädte: kein befriedigendes Kriterium.

2. Es wird versucht, mittels der Benützung des arithmetischen Mittels oder sonstiger Lageparameter die *„Normalstadt"* des betreffenden Staates zu erfassen und als Vergleichsmaß für die anderen Städte zu verwenden. In einigen Studien werden auch Dispersionsmaße verwendet, um nicht signifikante Variationen ober- und unterhalb des Mittels zu identifizieren. Andere Klassifikationen erfassen Spezialisierungen durch die Benützung des Medians, von Quartilen oder Dezilen und beziehen sich damit mehr auf die Rangordnung der Werte, weniger auf ihre Größe.

Auf E. L. ULLMANN/M. F. DACEY (1962) geht der *„Diversifikationsindex“* zurück:

$$D = \Sigma_i \left[\frac{(P_i - M_i)^2}{M_i}\right] \Big/ \frac{(\Sigma_i P_i - \Sigma_i M_i)^2}{\Sigma_i M_i}$$

i = jede Beschäftigtengruppe
P_i = Prozentanteil in jeder i-Gruppe
M_i = Minimalerfordernisse für jede i-Gruppe
Σ_i = Summe aller Gruppen

J. N. MATILLA und W. R. THOMPSON haben einen „Index der Überschußbeschäftigten“ als Spezialisierungsindex vorgeschlagen:

$$S = ei - \frac{et}{Et} Ei$$

ei = die regionalen Beschäftigten in der Industrie
et = die gesamten regionalen Beschäftigen in Industrie und sonstigen wirtschaftlichen Tätigkeiten
Ei = die nationalen Beschäftigten in der Industrie
Et = die gesamten nationalen Beschäftigten in allen Industrie- und sonstigen wirtschaftlichen Tätigkeiten

3. Der dritte Schritt führt zu den *multivariaten statistischen Klassifikationssystemen.* Es ist hier nicht der Raum, um auf die Problematik von multivariaten Klassifikationsverfahren im Detail einzugehen (vgl. BAHRENBERG-GIESE, 1985). Ganz allgemein ist nur dann ein sinnvolles Ergebnis bei multivariaten Stadtklassifikationen zu erzielen, wenn erstens eine sorgfältige Abgrenzung der Merkmalsträger vorgenommen wird und zweitens die Merkmale *problemadäquat* ausgewählt werden. Dies bedeutet in weiterer Konsequenz, daß hierfür eine theoriebezogene Hypothesenbildung notwendig ist.

Als derzeit gebräuchlichste statistische Verfahren werden Clusteranalyse und Faktorenanalyse verwendet. Hierzu zwei Beispiele: H. TH. FORST hat 1974 mittels einer hierarchischen Clusteranalyse (WARD) insgesamt 91 kreisfreie Städte der Bundesrepublik Deutschland mit mehr als 50000 Einwohnern untersucht. Hierbei wurden im Dendrogramm vier Hauptgruppen und zwei kleinere Ausreißergruppen, die sich anhand der Gruppenmittelwerte der Merkmale recht deutlich voneinander sondern, spezifiziert. Das interessante Hauptresultat der Clusteranalyse bietet die Skizze der räumlichen Verteilung der sechs Gruppen, die sich zu einem beachtlichen Teil als regionale Stadttypen definieren lassen: Die Gruppe 1 umfaßt die Städte des Ruhrgebiets, die Gruppe 3 besteht im wesentlichen aus west- und nordwestdeutschen Städten, und die Gruppe 6 konzentriert sich auf den Süden der Bundesrepublik Deutschland (vgl. Abb. 3).

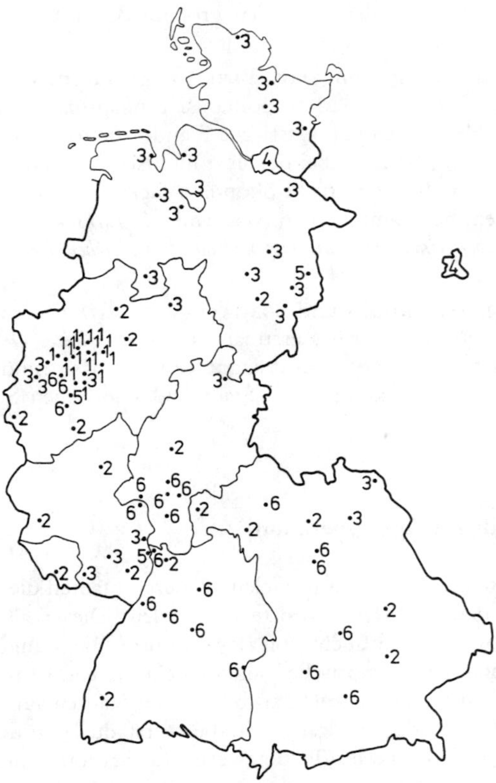

Abb. 3 Räumliche Verteilung von funktionellen Stadttypen in der Bundesrepublik Deutschland (Forst, H. Th., 1974, S. 40)

Zu interessanten, allgemein wichtigen Aussagen führen die zwei umfangreichen Faktorenanalysen von B. J. L. Berry (1962) und J. K. Hadden und E. F. Borgatta (1965), die sich eine funktionelle Klassifikation der US-amerikanischen Städte zum Ziele gesetzt haben.

1. Es überrascht nicht, daß sich in beiden Analysen die Größe der Stadt als entscheidende Determinante zu erkennen gibt, die von Berry als „Rang" (im Hinblick auf die summierte Wohn- und Arbeitsbevölkerung) definiert wird.

2. Die wirtschaftlichen Existenzgrundlagen der Städte erweisen sich als unabhängig von anderen städtischen Phänomenen, unter denen der sozioökonomischen Struktur, dem Altersaufbau und der ethnischen Struktur trotz der geringeren Zahl

von in die Analyse eingehenden Variablen größere Bedeutung zukommt als der wirtschaftlichen Existenzgrundlage der Städte.

3. Insbesondere die Untersuchung von BERRY zeigt aufgrund der Reihung der Faktoren deutlich, daß in einer im Metropolitanisierungsprozeß befindlichen Gesellschaft nur mehr in kleinen Städten klassische Standortfaktoren, wie Rohstoff- und Arbeitskraftorientierung (letztere bei der Textilindustrie), Gültigkeit besitzen und diese auch durch Einrichtungen nicht-ökonomischer Art, wie Universitäten und militärische Anlagen, bestimmt werden, während *mit wachsender Stadtgröße die Mengung der wirtschaftlichen Funktionen ansteigt und das Kennzeichen der Metropolitan Areas bildet.*

Mit der Gliederung von HADDEN und BORGATTA nach *Kernstädten* und *Suburbs* bzw. *unabhängigen Kleinstädten* ist überdies erstmals ein *übergeordnetes Organisationsprinzip* des US-amerikanischen Städtesystems erkannt worden, das grundsätzliche Bedeutung für die weitere Entwicklung von „Stadt und städtischen Systemen" besitzt (vgl. Kapitel 4).

2.1.6 Von der Stadt zur Agglomeration

Im Zuge der Industrialisierung hat in vielen größeren Städten die Verbauung über die Stadtgrenze hinausgegriffen. Vororte entstanden. Dieser als *Suburbanisierung* bezeichnete Vorgang der Stadtflucht von Bevölkerung, Wohnungen und Betriebsstätten weist allerdings eine historische Tiefenschichtung auf. Er reicht als *Vorstadtbildung* schon in das Mittelalter zurück, als bei großen Städten außerhalb der Stadtmauern, jedoch auf der Stadtgemarkung – Straßenvorstädte längs der Ausfallstraßen entstanden und störende Gewerbe (Textilgewerbe, Lederverarbeitung) und Einrichtungen (Schlachthäuser, Spitäler) angesiedelt wurden. Im 18. Jahrhundert umgürteten sich nahezu alle großen Städte bereits mit Vorstädten, welche im 19. Jahrhundert im Zusammenhang mit der Entfestigung bei der sogenannten „Stadterweiterung" mit der Altstadt vereint wurden. Außerhalb des Stadtgebietes entstanden *Vororte,* z. T. aus Vorsiedlungen (Dörfern, Kleinstädten), z. T. planmäßig angelegt, ebenfalls bereits im 18. Jahrhundert. Das Hauptwachstum der Vororte erfolgte allerdings erst im 19. Jahrhundert im Zusammenhang mit der Errichtung der Massenverkehrsmittel.

Für Art und Umfang des Vorgangs der Suburbanisierung ist die jeweilige *Eingemeindungspolitik* des Staates entscheidend. Grundsätzlich stehen sich hierbei zwei Extreme gegenüber:

1. die vorauseilende administrative Stadterweiterung, bei der ausgedehnte Agrarflächen als Baureserveland in das Stadtgebiet eingegliedert werden (Beispiele: Drittes Reich, zahlreiche Ostblockstaaten);
2. eine „Versteinerung" historischer Stadtgrenzen infolge lang andauernder restriktiver Eingemeindungspolitik (Extrembeispiele: Frankreich, Belgien, USA).

Überall dort, wo die Eingemeindung mit der Expansion der städtischen Siedlungen nicht Schritt halten konnte, sind neue städtische Gebilde entstanden, welche im folgenden unter dem Dachbegriff der *Agglomeration* zusammengefaßt werden.

In den betreffenden Staaten der westlichen Welt, allen voran in den USA, hat seit der Jahrhundertwende der Suburbanisierungsvorgang, von den Millionenstädten ausgehend, in der Größenordnung von Städten immer tiefer nach unten ausgegriffen. Großstädte und selbst Mittelstädte sind zu Agglomerationen geworden, so daß im allgemeinen nur mehr Kleinstädte als Städte im engeren Wortsinn bezeichnet werden können und andererseits in den Agglomerationen Kernstädte und Suburbs sich als soziale Organisationssysteme zunehmend voneinander sondern.

Mit dem Vorgang der Bildung von Agglomerationen, welcher – dem angelsächsischen Sprachgebrauch folgend – auch als *Metropolitanisierung* bezeichnet wird, wurden gleichzeitig funktionelle Differenzierungen zwischen den Städten stark abgebaut, so daß die Zuweisung von Städten zu bestimmten Funktionstypen im großen und ganzen nur mehr bei Kleinstädten und kleinen Mittelstädten sinnvoll ist.

Aus dem Bedürfnis der staatlichen Verwaltung, der Wirtschaft und der Planungspraxis sind zahlreiche *Agglomerationsmodelle* entstanden.

Die Schwierigkeiten einer internationalen Nomenklatur und Standardisierung der Kriterien für die Abgrenzung von Agglomerationen sind noch wesentlich größer als diejenigen bei der Festlegung einer statistischen Untergrenze für Städte. Die derzeit gängigen *Abgrenzungskriterien* für Agglomerationen schließen z. T. an die bereits oben angeführten Kriterien des Stadtbegriffs an. Hierzu zählen:

1. städtebauliche Kriterien, wie Geschlossenheit und Dichte der Bebauung (Wohndichte, Richtwerte für die Zahl der Wohnungen oder Gebäude, Höchstwerte für den Abstand),
2. Bevölkerungskriterien, wie Bevölkerungszahl, Bevölkerungsdichte, Bevölkerungsentwicklung,
3. tolerierte nicht-städtische Erwerbsstruktur der Bevölkerung, d.h. Höhe der Agrarquote,
4. Pendlerverflechtung, Einzugsbereiche von Zeitungen, Einzelhandelsgeschäften in der Kernstadt usf.

Als weitere Schwierigkeit ergibt sich ferner, daß es sich bei Agglomerationen um wachsende räumliche Gebilde handelt, deren Grenzen in regelmäßigen Abständen nachgeführt bzw. bei denen die Schwellenwerte von Merkmalen, welche in der Definition Verwendung finden, korrigiert werden müssen. Ein weiterer Unterschied kommt hinzu, nämlich die vom politischen System abhängige Struktur und Größe von administrativen Einheiten der untersten Ebene. Die Größe der Gemeinden in den europäischen Staaten ist je nach dem Stand der administrativen Reformen sehr unterschiedlich. In den USA fehlen Gemeinden. Hier bildet das County die unterste Einheit, das etwa mit einem „Kreis" gleichgesetzt werden kann.

2.1.7 Conurbations, SMSAs, Stadtregionen in der Bundesrepublik Deutschland

Grundsätzlich gibt es zwei Haupttypen von Agglomerationen, nämlich

1. Gebiete gleicher Struktur und
2. Verflechtungsbereiche.

Sie beruhen einerseits auf strukturellen städtebaulichen Kriterien und andererseits auf Kriterien sozioökonomischer Verflechtung. Als Hauptvertreter im angelsächsischen Sprachraum können Conurbations und Metropolitan Areas einander gegenübergestellt werden.

Die *„Conurbations“* in Großbritannien stellen das älteste Beispiel für die Abgrenzung von Agglomerationen dar (C. B. Fawcett, 1922). Sie werden definiert durch die zusammenhängende städtische Bebauung (Wohnhäuser, Fabriken, Hafenanlagen, Parks, Spielflächen) für eine Einwohnerzahl von mindestens 50 000. 1950 wurde zusätzlich eine lückenlose Besiedlungsdichte von 250 Einwohnern pro km² festgelegt. Aus dieser Definition ergibt sich, daß die Satellitenstädte jenseits des Grüngürtels von London bereits außerhalb der Conurbation „Greater London“ liegen.

Für den sozioökonomisch definierten Stadtregionstyp haben die *Standard Metropolitan Statistical Areas* der USA das Vorbild abgegeben. Die seit 1960 gültige Definition der SMSAs umfaßt Aussagen über die Kernstadt und die Suburbs. Als Bezugsgrundlage dienen Counties (vgl. Abb. 4). Als *Kernstadt* werden aufgefaßt eine Stadt mit 50 000 oder mehr Einwohnern oder zwei Städte, welche aneinandergrenzen und in sozioökonomischer Hinsicht eine einzige Gemeinschaft mit einer Bevölkerung von zumindest 50 000 Einwohnern bilden, wobei die kleinere Stadt zumindest 15 000 Einwohner haben muß. Wenn zwei oder mehr aneinanderschließende Counties jeweils eine Stadt von 50 000 Einwohnern besitzen und diese Städte weniger als 20 Meilen (von Stadtgrenze zu Stadtgrenze gemessen) voneinander entfernt liegen, so werden sie zu einer Einheit zusammengefügt, vorausgesetzt, daß es eindeutig feststeht, daß sie wirtschaftlich und sozial integriert sind.

Hinsichtlich der *Zuordnung des Umlandes* gelten für die Counties folgende Merkmale:

Zumindest 50% der Arbeitskräfte des County müssen in nicht-landwirtschaftlichen Betrieben tätig sein. Das County muß zumindest eine der folgenden Bedingungen erfüllen:

a) 50 oder mehr Prozent der Bevölkerung, welche in kleineren administrativen Einheiten leben, müssen eine Dichte von 150 Personen pro Quadratmeile erreichen, und zwar in einer ununterbrochenen Kette von kleineren administrativen Einheiten, welche von der Kernstadt radial ausgeht.

b) Die Zahl der nicht-landwirtschaftlich Beschäftigten im County muß zumindest 10% der Zahl der nicht-landwirtschaftlich Beschäftigten im County betragen, welches die größte Stadt des Gebietes enthält und

c) das County muß als Wohnplatz eine nicht-landwirtschaftliche Arbeitsbevölkerung von zumindest 10 000 umfassen.

Ein County wird ferner integriert, wenn

a) mindestens 15% der Beschäftigten, welche im County wohnen, in dem County oder den Counties, welche die Kernstädte enthalten, arbeiten oder
b) mindestens 25% derjenigen, welche im County arbeiten, in dem County oder den Counties, welche die Kernstädte enthalten, wohnen.

Sofern derartige Daten nicht vorliegen, werden folgende Ersatzinformationen benützt: Verbreitungsgebiet von Tageszeitungen, Analyse der Einkäufe und Verdienstanteile von Einzelhandelsgeschäften in Kernstädten, offizielle Verkehrszählungen über das Ausmaß des Verkehrs zwischen Kernstädten und Counties usf.

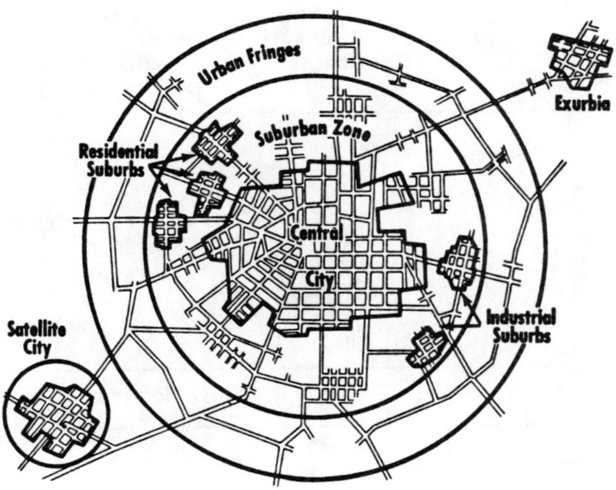

Abb. 4 Idealtypische Struktur der Metropolitan Area (Friedrichs, J., 1977, S. 169)

Die Definition der SMSA wurde nur deshalb in solcher Ausführlichkeit geboten, da sie das Konzept der Stadtregion in der Bundesrepublik Deutschland beeinflußt hat. Ferner sei festgehalten, daß die SMSAs in erster Linie dazu dienen, von seiten der amtlichen Statistik Informationen über die Bevölkerung, Industrie, Wohnverhältnisse usf. für die Entscheidungen der gesamtstaatlichen Verwaltung, aber ebenso auch für die der Wirtschaft bereitzustellen.

Als Instrument zur Beobachtung des Agglomerationsprozesses und für Planungszwecke wurde in der Bundesrepublik Deutschland von O. Boustedt (1953) das

Modell der Stadtregion entwickelt. Diese wird als eine sozioökonomische Einheit aufgefaßt, wobei die Bewohner des Umlandes über die Pendelwanderung mit den Arbeitsstätten der Kernstadt verbunden sind. Zum Unterschied von den SMSAs wurde eine feinere zonale *Untergliederung des Umlandes* vorgenommen. Hierfür wurden folgende *Merkmale* verwendet:

Tab. 2 Merkmale und Schwellenwerte für die Abgrenzung der Stadtregionen der Bundesrepublik Deutschland

1950 und 1961				
Benennung der Zonen	Bevölkerungsdichte	%Anteil d. landw. Berufstätigen	%-Anteil d. Auspendler in das Kerngebiet	
			an den Erwerbspersonen	a. d. Gesamtzahl der Pendler
1. Ergänzungsgebiete	> 500	< 10	–	–
2. Verstädterte Zonen	–	< 30	> 30	> 60
3. engere Randzonen	–	< 50	> 20	> 60
4. weitere Randzonen	–	50–60	> 20	> 60

O. Boustedt, 1975, S. 343

1971				
Benennung der Zonen	Einwohner-Arbeitsplatzdichte	%Anteil d. landw. Berufstätigen	%-Anteil d. Auspendler in das Kerngebiet	
			an den Erwerbspersonen	a. d. Gesamtzahl der Pendler
1. Ergänzungsgebiete	> 600	–	–	
2. Verstädterte Zonen	> 250	–	–	
3. engere Randzonen	–	–	> 25	
4. weitere Randzonen	–	< 50	> 25	

Akademie für Raumforschung 1984

1. Die *Bevölkerungsdichte* (Einwohner je km²) zur Kennzeichnung der baulichen Verstädterung der Gemeinden,
2. der *Anteil der landwirtschaftlichen Erwerbspersonen* zur Kennzeichnung des Grades der sozialen Verstädterung der Gemeinden,
3. der *Anteil der Auspendler* in Richtung des städtischen Kerngebietes, und zwar gemessen an den gesamten Erwerbspersonen und an der Gesamtzahl der Auspendler, zur Kennzeichnung der Verflechtungsintensität des Umlandes mit dem Kerngebiet,
4. die *absolute Zahl der Einpendler* zur Ermittlung der Gravitationszentren, d.h. der Kernstädte und Kerngebiete.

Die Benennung der Umlandzonen, Merkmale und Schwellenwerte für 1951 und 1961 sowie für 1970 sind aus Tabelle 2 ersichtlich.

1971 wurden *Änderungen bei den Indikatoren und Schwellenwerten* durchgeführt.

1. Der Rückgang der Agrarbevölkerung reduzierte die Aussagekraft der agraren Erwerbsquote. Im Ergänzungsgebiet und in der verstädterten Zone wurde daher auf diesen Indikator überhaupt verzichtet, der ausschließlich, und zwar mit einem Schwellenwert von 50%, zur randlichen Abgrenzung der Stadtregion Verwendung fand.

2. Die Zunahme der Pendlerbewegung führte zur *Hinaufsetzung der Pendlerquote* in der engeren und weiteren Randzone von 20 auf 25%.

3. Angesichts der Unzulänglichkeit des Indikators der Bevölkerungsdichte wurde die *Einwohner- und Arbeitsplatzdichte* eingeführt (EAD), und zwar wurde durch die Schwellenwerte von 600 bzw. 250 EAD das Ergänzungsgebiet von der verstädterten Zone bzw. letzteres von der Randzone abgehoben.

4. Beibehalten wurde die *Mindestgröße von 80000 Personen* für die Definition einer Agglomeration.

Abb. 5 bietet eine idealtypische Darstellung der Agglomerationen in der Bundesrepublik Deutschland nach O. BOUSTEDT. Die *„Kernstadt"* (= Verwaltungsgebiet der zentralen Stadtgemeinde) und das *„Ergänzungsgebiet"* werden zum sogenannten *„Kerngebiet"* zusammengefaßt, für welches die Einpendler der Gemeinden des sonstigen Umlandes berechnet werden. Für die Ausweisung des Kerngebietes war die zumeist unmittelbar außerhalb der Stadtgrenze erfolgende Ansiedlung von Betriebsstätten maßgebend. Im Verbund der Agglomeration unterscheidet O. BOUSTEDT, je nach dem Grad der Abhängigkeit von der Kernstadt, folgende *Stadttypen außerhalb des Kerngebiets:*

1. *„Nebenstädte":* Sie besitzen zwar noch zentrale Funktionen von geringer Reichweite, haben jedoch bereits den physiognomischen Charakter von peripheren Stadtteilen angenommen.

2. *„Satellitenorte":* Sie sind in der Randzone der Stadtregion gelegen. Ihr Einzugsbereich wird von dem der Kernstadt überlagert. Von den Auspendlern (20–30% der Erwerbspersonen) arbeiten 90% im Kerngebiet.

3. *„Trabantenstädte"*: Sie liegen außerhalb der Stadtregion in einer Entfernung von 20–50 km, besitzen städtebauliche Selbständigkeit, einen eigenen Pendlerbereich (mit Einpendlerüberschuß) und ebenso einen eigenen Wirtschaftsbereich. Die Mindestzahl der Einwohner beträgt 10 000 bis 20 000. Von den Auspendlern (unter 20% der Erwerbspersonen) pendelt mehr als die Hälfte ins Kerngebiet aus.

   Da, wie oben angeführt, die „satellite towns" in Großbritannien außerhalb der Conurbationen liegen, werden in der Literatur die Begriffe Satelliten- und Trabantenstadt auch häufig im umgekehrten Sinne zu O. Boustedt gebraucht.

4. Selbständige *„Nachbarstädte"* liegen in noch größerer Entfernung als die Trabantenstädte und besitzen nur lockere Bindungen an die Kernstadt.

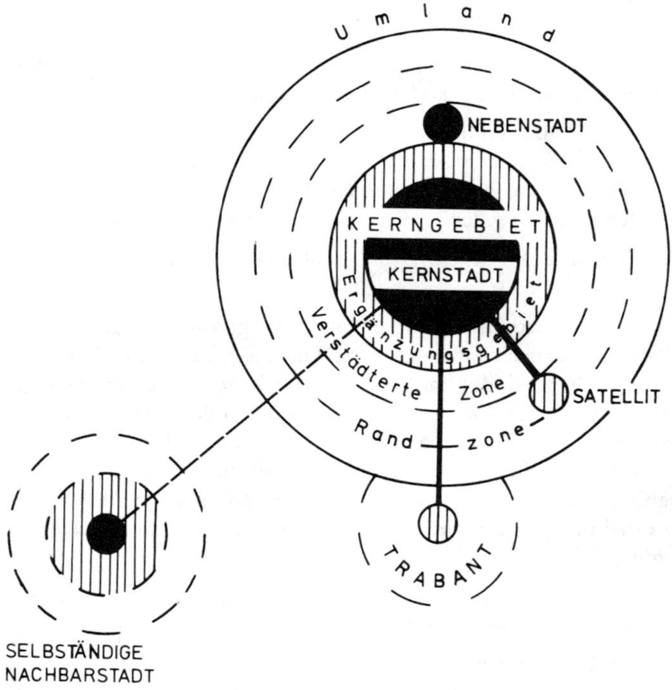

Abb. 5 Idealtypische Struktur der Stadtregion in der Bundesrepublik Deutschland (Entwurf: E. Lichtenberger, nach: Boustedt, O., 1970)

Neben dem Modell der Stadtregion werden in der Literatur und der Planungspraxis noch weitere Abgrenzungen von Agglomerationen sowie andere Bezeichnungen verwendet: G. ISENBERG hat 1957 den Begriff der *„Ballungsräume“* eingeführt, um polyzentrische Verstädterungsformen zu kennzeichnen. Diese werden definiert durch eine Einwohnerzahl von mindestens 500 000 Menschen auf einer Fläche von 500 km². Der Begriff *„Verdichtungsräume“* ist aus einer Kombination von Ballungsräumen und Stadtregionen entstanden. Zwei Kriterien dienen zur Kennzeichnung:

1. Die zonale Differenzierung beruht auf der Einwohner- und Arbeitsplatzdichte (EAD), der Dichte der Wohn- *und* Arbeitsbevölkerung (der nicht-landwirtschaftlichen Betriebe). Folgende Schwellenwerte trennen vier Zonen:
   a) EAD über 1250
   b) über 750
   c) über 330
   d) bis 330
2. Als Maßzahl zur Kennzeichnung der Belastung wird die relative Bevölkerungszunahme verwendet (CHR. BORCHERDT, 1983).

Durch den räumlichen Wandel der Organisationsformen der städtischen Gesellschaft sind Abgrenzungen und Gliederungen von Agglomerationen stets nur von kurzfristiger Dauer. *Bemühungen um die Neuorganisation des Agglomerationsmodells in der Bundesrepublik Deutschland* für die 1985 geplante Großzählung sind derzeit von zwei Seiten aus im Gange. Die Vorschläge der Akademie für Raumforschung und Landesplanung (1984) haben die ambitionierte Zielsetzung eines multidimensionalen Indikatorenaufgriffs, bei dem bisher nicht berücksichtigte städtebauliche Kriterien, wie Bebauungsart und -höhe, die Differenzierung der Arbeitsstätten ebenso wie prozessuale Vorgänge (u. a. Citybildung) berücksichtigt werden sollen. Die Möglichkeit des Zugriffs auf kleinräumig aggregierte Daten führt dazu, daß die Gemeindegrenzen beiseite geschoben werden sollen. Damit würde auch die Stadtgrenze selbst und ebenso der Begriff der Kernstadt aufgegeben werden. Eine zweite, von der Bundesanstalt für Landesplanung und Raumforschung in Bad Godesberg ausgehende Konzeption zielt auf die Bestimmung negativer Verdichtungsfolgen in Agglomerationsräumen und will damit einen Beitrag zur planungsbezogenen Bestimmung von Problemräumen leisten bzw. der Planungspraxis allgemein akzeptierbare Neuabgrenzungs- und Gliederungsvorschläge der Agglomeration unterbreiten. Die Fülle der Indikatoren führt mit Notwendigkeit zur Verwendung multivariater Verfahren. Das Problem der Abgrenzung und Gliederung der Agglomerationen bindet damit ein in das allgemeine theoretische Problem der Gewinnung von regionalen Taxonomien, auf das in diesem Zusammenhang nicht eingegangen werden kann (M. FISCHER, 1982).

2.2 Modelle von Stadt und Agglomeration

2.2.1 Allgemeine Bemerkungen

Raummodelle von Städten sind einerseits aus theoretischen Überlegungen und andererseits aus explorativer Forschung entstanden. Nichtsdestoweniger bestehen Gemeinsamkeiten. Beide Grundformen von Modellen haben die Zielsetzung, in äußerst vereinfachter Form wesentliche Aussagen über die räumliche Organisation der Gesellschaft und Wirtschaft graphisch darzustellen. Nahezu allen Modellen fehlt:

1. die konkrete Raumausstattung, d. h. lagebedingte Unregelmäßigkeiten, topographische Details und der Maßstabsbezug,
2. der Bezug auf Grundkategorien, wie Größe und Dichte,
3. ein konkreter Zeitbezug,
4. die Berücksichtigung von externen Determinanten, wie gesellschaftspolitischen Systemen, Richtlinien des Städtebaus und der Stadtplanung, und des Entwicklungsstands von Technologien.

Unter Bezug auf die Stadtdefinition können ferner folgende formale Kriterien der Modelle angeführt werden:

1. Es handelt sich stets um *zentrierte Modelle,* bei denen ein spezifisches Stadtmitte-Konzept eingebracht wird.
2. Die Verwendung des Konzepts des *Kern-Rand-Gefälles* erfolgt – ohne Definition der Schwellenwerte der spezifischen Parameter – in Form eines Zonenmodells.
3. Die *Inkompatibilität (Unvereinbarkeit) von Nutzungen bzw. Bevölkerungsgruppen* wird in ein Sektorenmodell transponiert.
4. Die *räumliche Überlagerung von Gesellschaftssystemen* findet in bipolaren bzw. dualen Modellen einen Niederschlag. Alle Modelle enthalten Aussagen über bestimmte Organisationsprinzipien der städtischen Gesellschaft. Dazu zählen Informationen über das Vorherrschen von Arbeiten oder Wohnen, eine grobe Differenzierung der Arbeitsstättenstrukturen (z. B. City, Industriegebiete) und der Wohnbevölkerung. Dort, wo der sozialen Segregation Dominanz zugeschrieben wird, ist die Verwendung eines dreistufigen sozialen Modells mit Unterscheidung von Oberschichten, Mittelschichten und Unterschichten (Grundschichten) gebräuchlich.

2.2.2 Die Modelle der amerikanischen Sozialökologie

Die Modelle der amerikanischen Sozialökologie zählen zum Standardrepertoire von Lehrbüchern. Es ist daher hier eine Kurzfassung möglich. Die *sozialökologische Richtung* unterscheidet sich in zwei wesentlichen Punkten von der sozialgeographischen Stadtforschung, und zwar durch

1. die räumliche Aggregierungsebene der Analyse, die aus vorgegebenen statistischen Einheiten besteht, welche als solche im Hinblick auf die Kriterien der Abgrenzung nicht mehr „hinterfragt" werden. Das Aggregationsniveau der Daten ist somit von der Qualität der amtlichen Statistik abhängig.

2. Das Fehlen eines direkten Bezugs zur physischen Struktur der Stadt, selbst wenn in einzelne sozialökologische Analysen Variable über die physische Struktur eingehen.

In der sozialökologischen Theorie sind *zwei Konzeptionen verbunden:*

1. Die Prinzipien des *Privatkapitalismus* mit einer Laissez-faire-laissez-aller-Politik, wonach Stadtentwicklung als ein sich selbst steuernder Prozeß aufgefaßt wird und die Mechanismen durch die ökonomische Konkurrenz in einer arbeitsteiligen Organisation gesteuert werden.

2. Ein *Sozialdarwinismus,* wonach gesellschaftliche Prozesse analog zu biologischen durch das „Recht des Stärkeren" bestimmt werden. Im Hinblick auf die Qualität von Standorten erfolgt ein Transfer des sozialen Ranges in die räumliche Dimension. Die attraktivsten Standorte im Stadtraum werden jeweils von den Oberschichten besetzt und andererseits Grundschichten in marginale Positionen abgedrängt. Aus den Ursachen und Bedingungen des Wettbewerbs entsteht *soziale Kontrolle,* bei der von oberen Sozialgruppen die Regeln gesetzt werden. Diese soziale Kontrolle löst *Konflikte* aus, da sich einzelne Gruppen nicht beugen. Zur Vermeidung von Konflikten erfolgt eine soziale Anpassung von Gruppen (*Akkommodation*) bzw. eine individuelle Angleichung (*Assimilation*).

Folgende *raumrelevante Begriffe* wurden von der Sozialökologie geprägt:

1. der Grundbegriff der *Segregation* (vgl. Kap. 3.6);
2. analog zur Pflanzensoziologie wird die Abfolge von Gruppen auf einem Standort als *„Sukzession"* bezeichnet;
3. der Begriff der *„Invasion"* umfaßt das Eindringen von anderen Bevölkerungsgruppen in einen Stadtraum (z. B. Gastarbeiter);
4. wenn es zur *„Dominanz"* einer Gruppe kommt, so kann diese Kontrollfunktionen im betreffenden Areal übernehmen.

Weitere Begriffe beziehen sich darauf, daß Bevölkerungen und Nutzungen in ungleicher Weise im Raum verteilt sind. Hierher gehören die Begriffe der *„Konzentration"* und *„Dekonzentration"*. Unter Bezug auf die Stadtmitte wird der Begriff der *„Zentralisierung"* bzw. *„Dezentralisierung"* von Gruppen und Einrichtungen verwendet. Letzterer Begriff enthält die auf E. W. Burgess und R. E. Park (1925) zurückgehende Grundannahme, daß jede Entwicklung vom Stadtzentrum ausgeht und dessen Ausdehnung und Wachstum die Stadtentwicklung determiniert.

Im Zusammenhang mit der Sozialökologie hat sich als spezifische Technik die *Factorial Ecology* herausgebildet, welche die angelsächsischen stadtgeographischen Lehrbücher absolut beherrscht. Aus folgenden Gründen stößt ein Vergleich der Ergebnisse auf formale Schwierigkeiten: Es bestehen Unterschiede

1. in der Dimensionierung der Teilgebiete,
2. in den Zielsetzungen, d.h. in Zahl und Art der ausgewählten Variablen,
3. in den Rechenmodellen.

Der geringe Zeitaufwand bei der Durchführung einer Faktorenanalyse, verglichen mit dem für die Primärforschung in sozialgeographischen Arbeiten notwendigen, sehr viel größeren Zeitaufwand, hat den weltweiten Boom der Faktorenanalyse zweifellos ganz entscheidend begünstigt.

In der amerikanischen Sozialökologie wurden zwischen 1925 und 1945 drei *Modelle* entwickelt:

1. das Zonenmodell von E.W. Burgess und R.E. Park (1925),
2. das Sektorenmodell von H. Hoyt (1936) und
3. das Mehrkernemodell von C.D. Harris und E.L. Ullman (1945).

Alle Modelle beziehen sich implizit auf die Situation der nordamerikanischen Städte in dem umschriebenen Zeitraum vor der massiven Suburbanisierung. Sie bieten damit nur ein Abbild der Kernstadt, nicht dagegen der Metropolitan Area. Zunächst eine kurze Beschreibung der Modelle (vgl. Abb. 6):

ad 1. Das *Zonenmodell von E. W. Burgess und R. E. Park* ist ebenso wie alle anderen Modelle um den Stadtkern zentriert, der im Falle von Chicago als „Loop“ bezeichnet wird. In der Literatur wird auch der Begriff *Central Business District* (CBD) sowie, nur unscharf davon abgegrenzt, der Begriff „Downtown“ verwendet. Der CBD wird als Mittelpunkt der Stadt in wirtschaftlicher, kultureller und politischer Hinsicht aufgefaßt. Er ist der Standort des tertiären Sektors. Im Hinblick auf die Wohnbevölkerung war bereits in der Zwischenkriegszeit (1918–1939) der extrem hohe Anteil von ledigen Männern und Zuwanderern auffällig. An den CBD schließen 3 Zonen an: Die sogenannte *Übergangszone* (zone in transition) ist eine Zone des Verfalls und der Verslumung. Sie war in der Gründerzeit die Industriezone der Stadt, in der nunmehr die Fabriken leerstehen, ohne daß sich jemand darum kümmert. Die Sozialstruktur ist gekennzeichnet durch Desintegration, d.h. hohe Kriminalitätsrate, hohe Rate von Geisteskrankheiten, Kleinhaushalte, sehr hohe Mobilität der Bevölkerung, hohen Anteil von Massenquartieren aller Art, Viertel, in denen sich Prostitution und Rauschgift ebenso wie das Vergnügen konzentrieren. Unter der Bevölkerung überwiegen arme Leute, alte Menschen und Nicht-Weiße.

Daran schließen *Arbeiterwohngebiete* an. Die Bauobjekte stammen aus der Zeit um die Jahrhundertwende. Die ursprünglichen Einfamilienhäuser wurden meist aufgeteilt, die Hausbesitzer sind absente Landlords (Slumlords), die Bausubstanz ist wenig gepflegt. In den großen Zuwanderungswellen segregierten sich hier viertelsweise Portugiesen, Italiener, Griechen, Polen, Ungarn, Mexikaner, Puertoricaner usw.

Daran schließen *Einfamilienhausgebiete* an, in denen sich die Mittelschichten besser behaupten konnten. Hier gibt es längs der Hauptverkehrsstraßen ein „Ribbon Development“ von Geschäften und Geschäftszentren.

ad 2. Das *Sektorenmodell von H. Hoyt.* Während Burgess von der grundlegenden Hypothese der Verdrängung von Nutzungen vom Zentrum zur Peripherie ausging

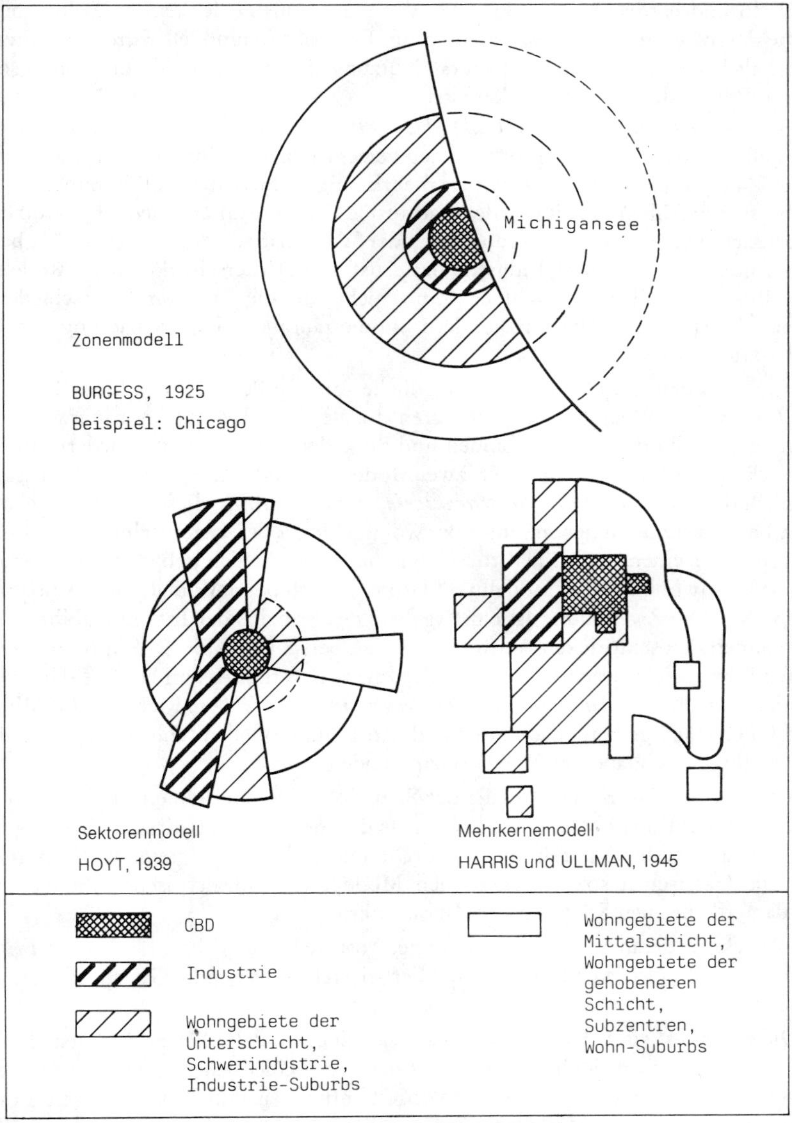

Abb. 6 Sozialökologische Modelle und die Zweiteilung der Stadtstruktur (nach: PARK, R. E., BURGESS, E. W., 1925, S. 51; HOYT, H., 1939, HARRIS, C. D., ULLMAN, E. L., 1945)

und damit versuchte, ein gesamtstädtisches Modell zu konzipieren, richtete sich das Interesse von HOYT von vornherein auf die Veränderung der Lage von Oberschichtquartieren. Er untersuchte 30 US-amerikanische Städte für den Zeitraum von 1900 bis 1936 und entdeckte ein sektorales Verteilungsmuster der teuren Wohngebiete sowie deren zentral-periphere Verlagerung. Das Sektorenmodell wurde in weiterer Folge als Partialmodell auch auf andere Nutzungen angewendet, darunter insbesonders auf die Industrie- und Verkehrsflächen.

ad 3. Das *Mehrkernemodell von C. D. HARRIS und E. L. ULLMAN* geht von der Vorstellung aus, daß es entsprechend den verschiedenen Anforderungen von städtischen Nutzungen a priori zu einer mehrkernigen Stadtstruktur kommen muß, wobei sich in Abhängigkeit von der Stadtgröße Distrikte unterschiedlicher Nutzung spezifizieren lassen, wie Regierungscity oder Wirtschaftscity („civic center“, „business center“), Hafenviertel, Industrieviertel usf. Zum Unterschied von den Modellen von BURGESS und HOYT geht es somit nicht um die Verortung verschiedener Sozialschichten im Stadtraum, sondern um die räumliche Differenzierung des Arbeitsstättensektors.

Die auf den ersten Blick so unterschiedliche formale Struktur der Modelle hat in der Literatur das Bemühen hervorgerufen, zonale und sektorale Anordnungsprinzipien bei Stadtmodellen zu verbinden und diese derart weiter aufzugliedern. Bisher übersehen wurde die Möglichkeit, zwei Modelle zu einer übergeordneten Aussage, nämlich der von *zweigeteilten Stadtstrukturen,* zu vereinen. Zu dieser Aussage gelangt man bei einer Zusammenfassung von Wohngebieten der Grundschicht und Industriegebieten einerseits und Mittelschicht- und Oberschichtgebieten andererseits, und zwar sowohl bei dem Modell von HOYT als auch beim Modell von HARRIS und ULLMANN. Die Zweiteilung ist ein Ergebnis des Prinzips der Inkompatibilität, das zur diametralen sektoriellen Anordnung von Oberschichtgebieten und Industriegebieten führt. Nicht beachtet wurde in der Literatur ferner das im HARRIS–ULLMAN-Modell enthaltene *asymmetrische Entwicklungsprinzip des CBD* in Richtung auf Mittel- und Oberschichtgebiete, das in den anderen Raummodellen fehlt, bei dem es sich jedoch um ein allgemeingültiges Prinzip handelt.

Der heuristische Wert der Modelle der Sozialökologie wurde nie in Frage gestellt. Ebenso besteht heute weitgehend Konsens darüber, daß eine direkte Übertragung der Aussagensysteme auf andere kulturelle und politische Systeme nicht möglich ist. Die klassischen sozialökologischen Modelle sind idealtypische Abbilder der nordamerikanischen Städte in der Zwischenkriegszeit.

Im Anschluß daran sei versucht – ohne Anspruch auf Vollständigkeit –, *weitere Modelle von Städten zu* präsentieren. Hierbei stehen folgende Gesichtspunkte zu Buche:

1. Die *kulturökologische Kontrastierung* zwischen der mittelalterlichen Bürgerstadt und der orientalischen Stadt auf der Basis des unterschiedlichen räumlichen Bezugs von Arbeiten und Wohnen sowie von Öffentlichkeit und Privatheit. Mit diesen kulturökologischen Modellen wird gleichzeitig der Nachweis erbracht, daß es schlichtweg falsch ist, von „vorindustriellen“ Stadtmodellen zu sprechen, wie dies u. a. in der angelsächsischen Stadtforschung weitgehend geschieht.

2. Die Abfolge von *gesellschaftspolitischen Systemen* und Stadtmodellen am Beispiel Europas,
3. das Phänomen der Überlagerung von kulturellen und gesellschaftspolitischen Systemen mit der Konsequenz der Entwicklung von *bipolaren Modellen,*
4. der Zusammenhang zwischen dem zeitlichen Ablauf des Industrialisierungsprozesses und der *Verortung der Industrie* in der Landnutzung von Städten,
5. der interkulturelle Kontrast in der Entwicklung von Städten zu *Agglomerationen* in Nordamerika und Kontinentaleuropa.

Ziel der Ausführungen ist es ferner, die Einengung der Sichtweise zu durchbrechen, welche sich nicht zuletzt aufgrund der technischen Perfektionierung der Sozialökologie in Form der Factorial Analysis eingestellt hat. Ferner soll die Auffassung von deren Vertretern revidiert werden, welche der Meinung sind, daß mit der Übernahme von postindustriellen Produktionsweisen und Technologien eine Konvergenz der Stadtentwicklung über die Erde hin eintreten wird.

2.2.3 Kulturökologische Stadtmodelle

Zur Demonstration der Bedeutung kulturökologischer Faktoren wurde das Gegensatzpaar der traditionellen orientalischen Stadt und der europäischen Bürgerstadt ausgewählt. Beide Stadttypen reichen in der baulichen Persistenz in die Gegenwart herauf, wenn auch im gesellschaftlichen Bedingungsrahmen inzwischen Wandlungen eingetreten sind. Folgende Bezugssysteme seien verglichen:

1. der räumliche Bezug von Arbeiten und Wohnen,
2. die Prinzipien der Segregation der Bevölkerung,
3. das Verhältnis von Öffentlichkeit und Privatheit.

Die im wesentlichen mit der Industrialisierung einsetzende *Trennung von Wohnungen und Arbeitsstätten* zählt zu den entscheidenden Erklärungsmustern der europäischen Stadtentwicklung. Vielfach wird in eurozentrischer Perspektive angenommen, daß mit dem fortschreitenden arbeitsteiligen Prozeß analoge Vorgänge weltweit abgelaufen sind und ablaufen müssen. Hierbei wird übersehen, daß zwischen dem europäischen Städtewesen und dem orientalischen Städtewesen grundsätzliche Unterschiede bestehen.

Die traditionelle *orientalische Stadt* ist nämlich durch eine „perfekte“ *Separierung der Wohnungen und Arbeitsstätten* gekennzeichnet. Damit ist also ein Zustand gleichsam vorweggenommen worden, der erst in der modernen Ideenwelt der Stadtplanung und in der konkreten nordamerikanischen Stadtentwicklung wieder, wenn auch nur partiell, erreicht wird. Demgegenüber zählt es seit jeher zur kulturellen Besonderheit der orientalischen Stadt, daß die ökonomischen Funktionen der Produktion, der Lagerhaltung, des Handels, der Finanzierung usf. im Basar zusammengefaßt waren. Die Gründe für die Entstehung des Basars als eigenständige Kulturleistung des islamischen Mittelalters sind noch nicht völlig offengelegt. Ob die Zusammenfassung aller Arbeitsstätten der Wirtschaft dadurch determiniert wurde, daß die islamischen Herrscher die Kontrolle über die ökonomischen Funktionen der Stadt, nicht zuletzt aufgrund von finanziellen Einnahmen, in der Hand behalten wollten, mag dahingestellt bleiben. E. WIRTH (1974) hat in seiner bahnbrechenden Arbeit über den *Basar* ein ökonomisches Modell desselben entworfen. Entsprechend der Stadtgröße erfolgt eine Dezentralisierung von lokalen Basaren. K. DETTMANN (1969) hat diese im Modell einer traditionellen orientalischen Stadt festgehalten (vgl. Abb. 7).

Zum Unterschied von der orientalischen Stadt ist die *europäische Bürgerstadt* durch die *Einheit von Arbeiten und Wohnen im Bürgerhaus* gekennzeichnet. Politisch-organisatorisch unterscheidet sich die Bürgerstadt vor allem dadurch von der orientalischen Stadt, daß Kaufleute und Handwerker die sozial tragenden Schichten waren. Sie hatten auch meist weitgehende Befugnisse städtischer Selbstverwaltung und Autonomie. In den europäischen Kleinstädten hat sich an dieser Situation grundsätzlich bis heute nicht viel geändert. Die im Basar kleinzügig zusammengedrängte Assoziation von Branchen weitet sich in der europäischen Bürgerstadt über den gesamten Stadtraum aus. Hierbei bestehen zwischen der europäischen Bürgerstadt und der orientalischen Stadt überraschende Ähnlichkeiten überall dort, wo in großen Städten nicht nur die Zahl der Branchenarten, sondern ebenso die Zahl ihrer Vertreter wächst. Zum viertelweisen Zusammentreten, d. h. der Ballung spezifischer Branchen, gehörte jedoch schon früh die Streuung von – an die lokale Kundenklientel gebundenen – Gewerben. Ballung und Streuung als generelle Standortprinzipien von Handel und Gewerbe kennzeichnen damit bereits die mittelalterliche Bürgerstadt Europas. Die Bildung von Subzentren ist an das Entstehen von Vorstädten geknüpft.

Die *Segregationsprinzipien* der beiden Stadttypen unterscheiden sich ebenfalls ganz wesentlich voneinander. In der europäischen Bürgerstadt dominiert die soziale Segregation. Das soziale Prestige wird am Vermögen (an Häusern, Grundstücken, Kapital), an den jeweiligen Berufen und der Ratsfähigkeit gemessen. Die Stadtmitte ist der Sitz der bürgerlichen Eliten. Zur Stadtmauer hin besteht ein zentral-peripheres Gefälle, das sich auch in der baulichen Gestaltung (Bauhöhe, Größe der Parzellen, Aufwendigkeit der Fassaden usf.) äußert. Die Viertelsbildung der orientalischen Stadt wird dagegen durch die extreme Abkapselung von Stammesgruppen, ethnischen und religiösen Gruppen gekennzeichnet. Das ethnische Segregationsprinzip dominiert.

Weitere entscheidende Unterschiede bestehen aufgrund des *Verhältnisses von Öffentlichkeit und Privatheit*. Das Straßensystem der europäischen Bürgerstadt demonstriert mit der allseitigen Durchgängigkeit der Straßenzüge, welche auch die antike Stadt gekennzeichnet hatte, daß Sicherheit und Ordnung innerhalb der Stadt gewährleistet waren. Die Institution der Bürgergemeinde war ein Rechtsverband und ein Wehrverband und übte ferner eine straffe soziale und ökonomische Kontrolle über die Aktivitäten der Bürger, darunter auch über die Bautätigkeit, aus. Der öffentliche Raum verzahnte sich mittels der Durchgangsrechte durch die großen Höfe mit der Privatsphäre, die de facto recht beschränkt war (vgl. Band II).

Demgegenüber hat die *Privatsphäre* in der *orientalischen Stadt* ein viel stärkeres Gewicht (E. WIRTH, 1975). Danach besteht in der Grundrißanlage von orientalischen Städten eine Zweiteilung in mehr oder minder planmäßig angelegte Durchgangsstraßen und Sackgassen. Diese besitzen eine spezifische Rechtsqualität, sie stehen nämlich nicht im öffentlichen Eigentum, sondern gehören den Anrainern.

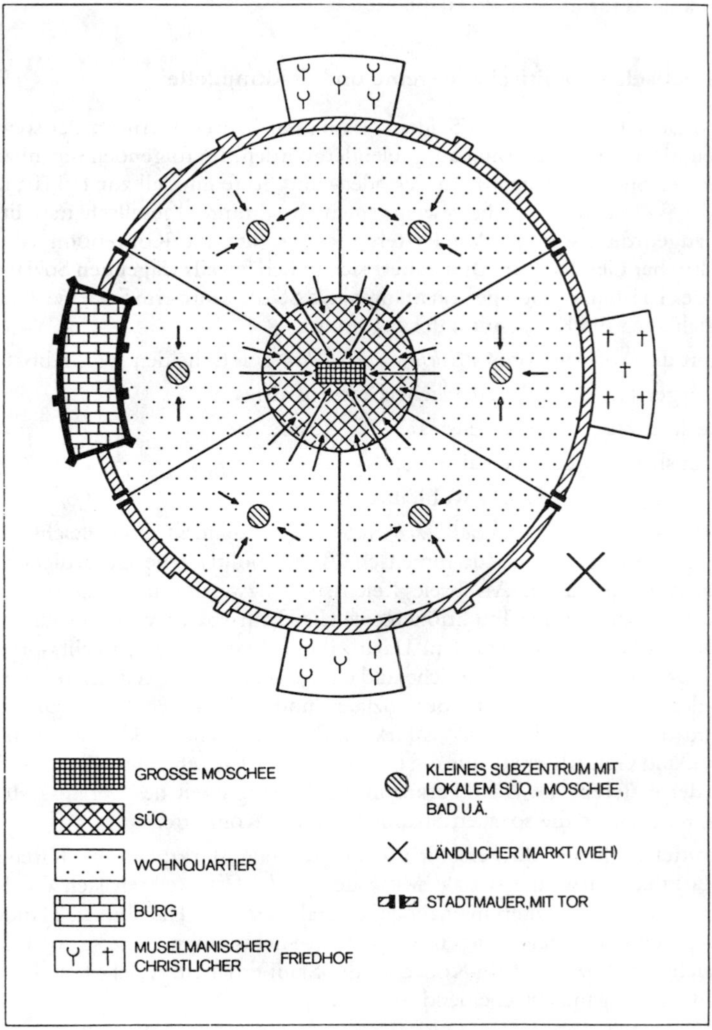

Abb. 7 Das Modell einer traditionellen orientalischen Stadt
(nach: DETTMANN, K., 1969, S. 203)

E. Wirth erklärt ihre Entstehung mit der inneren Unsicherheit der Städte und einer Geschichte, die gekennzeichnet ist durch Meuterei und Plünderungen durch fremdländische Soldateska der städtischen Garnisonen, die Kämpfe rivalisierender Stadtherren, die Überfälle von Nomaden usf. Absperrung der Zugänge zu den einzelnen Quartieren war durchaus üblich. Die Präsentation des Reichtums nach außen hin im „Fassadenkult" der Bürgerstadt fehlt; das Innenhofhaus ist ein Hort der perfekten Wahrung der Privatsphäre.

2.2.4 Gesellschaftspolitische Systeme und Stadtmodelle

Die historische Dimension von Städten ist im aktualistischen Ansatz der sozialökologischen Modellbildung völlig ausgeblendet worden. Im folgenden sei anhand des Beispiels der Städte in Europa ein Perioden- und Stufenmodell zur Erklärung von Stadttypen verwendet, welche jeweils einem bestimmten gesellschaftspolitischen System zugeordnet werden. Mit letzterem ändert sich die Konzeption von Stadt und städtischer Gesellschaft. Dies äußert sich in den jeweils tragenden Sozialschichten und der Existenzgrundlage von Städten. Da Städte zentrierte Systeme darstellen, ändert sich auch die Konzeption der Stadtmitte.

Man kann die Abfolge von *4 Modellen von Städten* unterscheiden (vgl. Abb. 8):

1. Die Bürgerstadt des mittelalterlichen Territorialstaates,
2. die Residenzstadt des Flächenstaates des Absolutismus,
3. die Industriestadt des Liberalismus,
4. die Neue Stadt des sozialen Wohlfahrtsstaates.

Die *mittelalterliche Bürgerstadt des Territorialstaates* entstand in ihrer gleichsam kompletten Idealform aus dem Zusammenschluß von politisch-herrschaftlicher Funktion und Marktfunktion. Als Freie Reichsstadt bzw. als Stadtstaat in Flandern und Italien besaß sie alle Funktionen, welche dann später vom absolutistischen Flächenstaat übernommen wurden. Dazu zählten Verteidigung, Rechtssprechung, Kontrollfunktionen über die bauliche und ökonomische Tätigkeit der Bürger sowie verschiedene Aufgabenbereiche der sozialen und technischen Infrastruktur. Entsprechend den Basisfunktionen – Markt und gewerbliche Produktion – bildeten Kaufleute und Gewerbetreibende die tragenden sozialen Schichten. Aus den Bestrebungen der ersteren, die Handwerker in die Abhängigkeit des Verlagssystems zu bringen, resultierten die sozialen Spannungen und Konflikte.

In der mittelalterlichen Bürgerstadt war der zentrale Marktplatz mit Kirche, Rathaus, Markthalle usw. die soziale Mitte der Stadt. Hier reihten sich die Häuser der führenden Geschlechter aneinander. Überall dort, wo Hausbesitz, Handel und Gewerbe noch eine Einheit bilden, wie dies in Kleinstädten zumeist noch der Fall ist, hat sich das „Soziale-Mitte-Konzept" der Stadt erhalten, welches die Denkmalschutzbewegung ganz entscheidend unterstützt.

Als wichtiges Erbe wären ferner zu nennen: ein vielfältiger Aufgabenbereich der Stadtbehörden, Fortleben zünftischer Verfassungen und besitzbürgerlicher Verhaltensweisen.

Der *Flächenstaat des Absolutismus* schuf neue Stadttypen im außerökonomischen Bereich, darunter die Residenzstadt. Neue soziale Schichten (Adel, Beamtentum und Offiziersstand) waren die Träger. Repräsentative Wertmaßstäbe nicht nur im Städtebau, sondern auch in den Verhaltensnormen städtischer Bevölkerung, ferner eine Vielfalt von nichtökonomischen Motivationsstrukturen zählen zu den persistenten Phänomenen.

Großbritannien ergriff die Führung in der *liberalistischen Periode* und schuf den Prototyp der *Industriestadt.* Die Bodenspekulation bestimmte die Spielregeln, der Standort der Fabrik die Lage. In Fußgängerdistanz entstanden die Arbeitersiedlungen. Vielfach wurde erst im nachhinein die notwendige Infrastruktur eingebracht und ein juristischer Formalrahmen durch die Anwendung von Bauordnungen über diese Siedlungen gestülpt, bei denen lange Zeit in der Stadtgeographie die Frage offen blieb, ob man berechtigt sei, sie zu den Städten zu zählen.

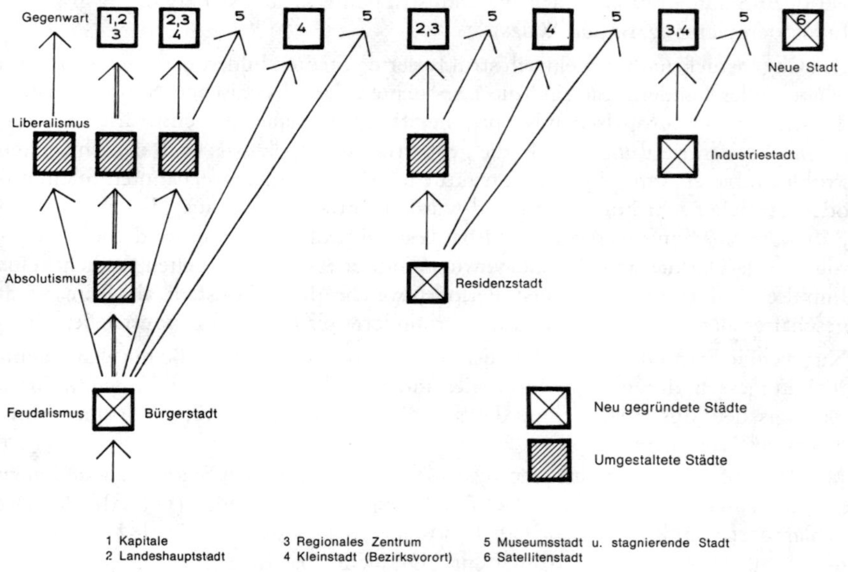

Abb. 8 Der Stammbaum der europäischen Stadttypen (Lichtenberger, E., 1972a, S. 6)

In Großbritannien hatte die Industrialisierung die schlimmsten Auswüchse von Spekulationen und Massenelend geschaffen. Hier entstand auch das Konzept der *Neuen Stadt,* getragen von der Überzeugung der Notwendigkeit einer Verbesserung der Lebensbedingungen der städtischen Bevölkerung. Es ging um mehr als die planmäßige Zuordnung von Menschen zu Arbeitsstätten; es ging um die Befriedigung der Daseinsgrundfunktionen der Bevölkerung, d. h., bezogen auf die Einwohnerzahl, um eine Ausweisung bestimmter Flächen für Wohnen, Arbeiten, Erholen, Verkehr, Geschäftswesen, Schulwesen und dergleichen.

Da bereits im Mittelalter ein dichtes Netz von Städten entstanden war, blieb wenig Raum für Neuankömmlinge, außer wenn sie durch neue Aktivitäten einen virtuellen Lebensraum gewinnen konnten. Spätere städtische Konzepte erscheinen daher hauptsächlich als zusätzliche Entwicklungen bzw. Umstrukturierungen bereits bestehender Strukturen. Die Varianten für diesen wiederholten Vorgang von Überlagerung und Neugründung sind aus Abb. 8 ersichtlich.

Die aus dem Mittelalter stammenden *Kleinstädte* und die Festungen der Renaissance- und Barockperiode gehören zu den einfachen Fällen der „Ein-Perioden-Stadt". Zumeist ohne Verbindung mit modernen Transportsystemen sind sie schwer betroffen vom Problem der Kleinstädte in einer verstädterten Massengesellschaft, besonders in abgelegenen ländlichen Gebieten mit starker Abwanderung. Zu den „Ein-Perioden-Städten" zählen auch die Industriestädte in im Niedergang begriffenen Industrierevieren (z. B. Süd-Wales).

Das Gegenstück zu diesen einfach strukturierten Städten bilden die *Hauptstädte* von Staaten oder Ländern. Sie sind die Exponenten der europäischen Nationalstaaten, die Zentren der europäischen Kultur, die Stätten, in denen sich europäischer Urbanismus konzentriert und sowohl die großartigsten Aspekte als auch die schwersten Probleme bietet. Ihre physische Struktur hat Anteil an allen genannten Stadtperioden, ist daher sehr kompliziert und wurde mehrfach umgebaut. Hauptstädte und *„Museumsstädte"* mit wertvollem Altbaubestand profitieren vom modernen Städtetourismus. Die meisten der kleinen und mittleren Städte erhielten freilich keine Impulse in der absolutistischen Periode, welche die Hauptstadt als Primatstadt geschaffen hat, und stagnierten für Jahrhunderte bis herauf zur industriellen Zeit.

Nur wenige Stadttypen des Liberalismus können sich in der Größe mit den Hauptstädten messen, darunter die Industriestädte Großbritanniens, die freilich in ihrem ökologischen Muster stärker mit den amerikanischen Städten verwandt sind als mit denen des Kontinents.

Mit der Abfolge von politischen Systemen und historischen Stadttypen sind auch grundsätzliche *Änderungen der Stadt-Land-Beziehungen* verbunden (vgl. Abb. 9). Das Schlagwort vom Wandel des Stadt-Land-Gegensatzes zu einem Stadt-Land-Kontinuum wurde bereits in der Einleitung gebraucht. Das begriffliche Gegensatzpaar stammt aus dem Mittelalter, als Stadt und Land sich nicht nur als Siedlungseinheiten, sondern Bürger und Bauer sich auch als Lebensformgruppen prinzipiell unterschieden. Zwei Gesellschaften haben sich damals im Raum klar separiert, waren andererseits aber in vielfältiger Weise, vor allem durch Wirtschaftsbeziehungen, funktionell verknüpft. Ursprünglich standen beide in Abhängigkeit vom feudalen Oberbau des Adels. Während jedoch die Grundherrschaft über die ländlichen Gemeinden bis zur Grundentlastung, beginnend mit der Französischen Revolution, aufrechtblieb, ist es einer ganzen Anzahl von Städten in der Zeit der Desorganisation der Feudalgewalten gelungen, sich aus dieser Abhängigkeit zu befreien. Es entstanden die Freien

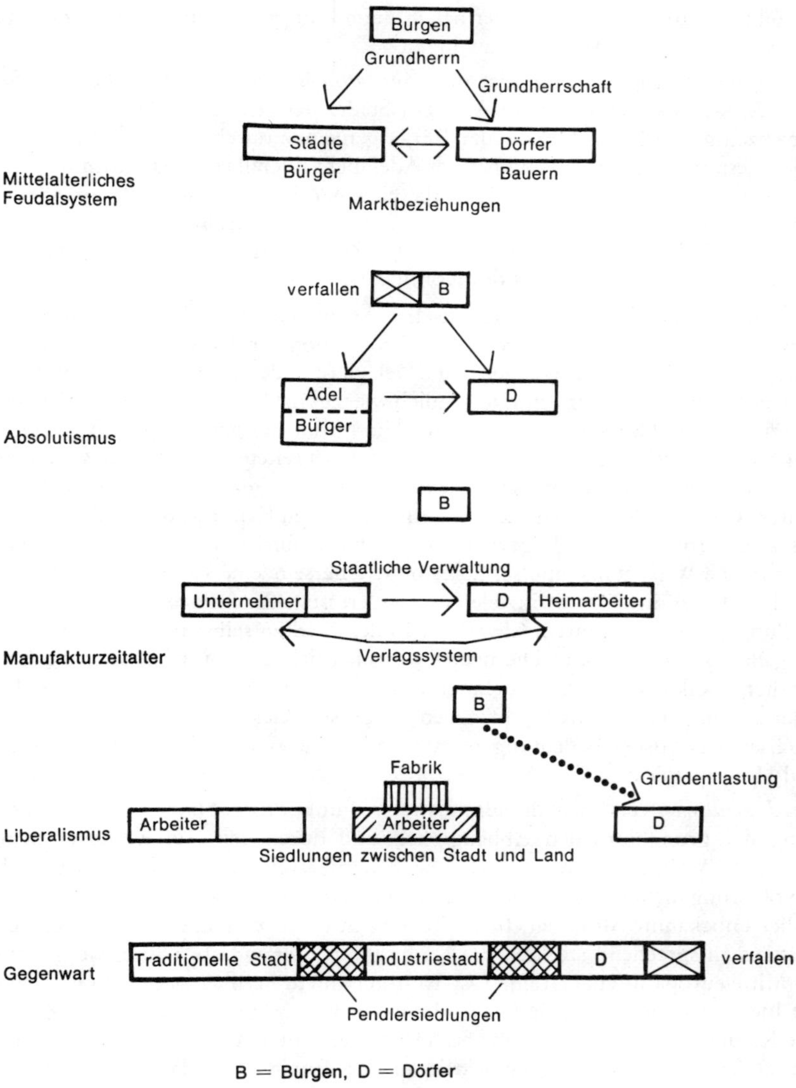

Abb. 9 Der Wandel der Stadt-Land-Beziehungen (Lichtenberger, E., 1972a, S. 5)

Reichsstädte in Deutschland, die „villes franches" in Frankreich, die „Villa Franca" in Italien, die „freetowns" in Großbritannien. Die Siedlungsdreiheit von Burg, Stadt und Dorf gelangte freilich nicht überall im mittelalterlichen Abendland zur Ausbildung. Im Mediterrangebiet haben die mächtigen Stadtrepubliken den Adel schon damals in ihre Mauern gezwungen.

Im übrigen Europa brachte erst der *Absolutismus* einen Wandel. Die Schaffung des *Flächenstaates* subordinierte Adel *und* Städte der zentralistischen Staatsgewalt. Gleichzeitig wurde das Gefüge der Bürgergemeinde durch die Urbanisierung des Adels gesprengt. Allerdings wurde der Adel nicht überall stadtsässig. Im Raum des deutschen Altsiedellandes, im Machtbereich der Hansestädte und vor allem in Großbritannien verblieb er auf dem Lande. Darauf ist es zu einem gut Teil zurückzuführen, daß das englische Städtewesen im Zeitalter der Industrialisierung einen anderen Weg einschlug als das des Kontinents.

In einer späteren Phase der absolutistischen Ära waren die großen Städte nicht mehr imstande, ihren Bedarf an gewerblicher Produktion für den eigenen Konsum und den Fernhandel selbst zu erzeugen. Eine Delegierung der gewerblichen Fertigung an die ländlichen Siedlungen erfolgte, ähnlich wie dies die Fernhandelsstädte Flanderns, Oberitaliens und Süddeutschlands bereits im Mittelalter getan hatten. Mittels eines zum Teil staatlich reglementierten *Verlagssystems* breitete sich das *Manufakturwesen* aus. Ein neues Netz von wirtschaftlichen Abhängigkeiten legte sich nunmehr über weitere Gebiete, als dies in einzelnen mittelalterlichen Exportgewerberäumen Europas schon früher der Fall gewesen war. Die ländliche Siedlung erhielt hiermit wesentliche Wachstumsimpulse. So erfolgte einerseits eine Erweiterung der bestehenden Dörfer durch Neustiftzeilen und andererseits die Anlage von Heimarbeitersiedlungen mit halbagrarem Charakter. In den Städten selbst trat eine Differenzierung des Bürgertums ein: Die neuen wirtschaftlichen Führungskräfte, die Großhändler, Bankiers und Unternehmer des Manufakturwesens, formierten sich zu einer „zweiten Gesellschaft", die neben der „ersten Gesellschaft", der Aristokratie, wachsende politische Bedeutung gewann und sich in eigenen Stadtvierteln von Adel und Hof separierte.

Der *Liberalismus* verstärkte die administrative Funktion der Städte durch die Beseitigung der grundherrlichen Abhängigkeit und durch den Aufbau neuer Schul-, Gerichts-, Wohlfahrtssprengel usf. Die Bauernbefreiung brachte der bäuerlichen Bevölkerung nicht nur das Eigentumsrecht an Grund und Boden, sondern auch eine bisher unbekannte Mobilität. Ihrer Stellung in der Hierarchie des zentralörtlichen Systems entsprechend steckten die Städte ihr Hinterland ab. Durch weiträumige, im Mitteleuropa in erster Linie Ost-West-gerichtete Fernwanderungen entstanden die Industriereviere. Zentrierte Wanderungen verstärkten die regionalen Zentren. Die Kapitalen erhielten nicht nur das Heer ungelernter Arbeiter aus agrar übervölkerten Gebieten, wie es gegenwärtig in den Entwicklungsländern der Fall ist, sondern auch den handwerklich geschulten und intellektuellen Nachwuchs der Klein- und Mittelstädte.

Brachte der Liberalismus bereits eine gewisse Aufweichung der dörflichen Strukturen im städtischen Umland, so vollzieht sich heute, im Zeichen des *sozialen Wohl-*

fahrtsstaates, mit einer weiter ausgreifenden Arbeitsmarktsphäre der großen Städte und der darauf fußenden Pendelwanderung der Übergang zu dem bereits oben apostrophierten Stadt-Land-Kontinuum. Die ursprünglich vielfach zwischen Stadt und Land stehenden Industriesiedlungen avancieren weitgehend zu Städten. Zweitwohnungswesen und Fremdenverkehr tragen wesentlich zur immer stärkeren städtischen Durchdringung des ländlichen Raumes bei. Daraus ergibt sich andererseits eine wachsende Benachteiligung der ökologischen und ökonomischen Randgebiete des agraren Siedlungsraumes. Eine Entsiedlung desselben ist zwangsläufig die Folge.

2.2.5 Bipolare Stadtmodelle

Bipolare Stadtstrukturen entstanden und entstehen grundsätzlich überall dort, wo es aufgrund der zeitlichen Abfolge von gesellschaftspolitischen Systemen zu komplizierter Anlagerung und *Überlagerung* von entsprechenden Stadttypen, d.h. spezifischen räumlichen Organisationsformen von Gesellschaft und Wirtschaft, kommt. Voraussetzung hierfür ist eine Standortkontinuität, wie sie bei europäischen Städten vielfach gegeben ist, deren Anfänge ins Mittelalter (und oft bis in die Antike) zurückreichen.

Auf die Abfolge von politischen Organisationssystemen der europäischen Geschichte, welche klar definierte Stadttypen zur Ausformung gebracht haben, wurde bereits eingegangen. Besonders eindrucksvolle bipolare Stadtstrukturen sind überall dort entstanden, wo mittelalterliche Bürgerstädte in der Zeit des Absolutismus zu Residenzen des jeweiligen Herrscherhauses wurden. Dort verschmolz die ältere Bürgerstadt mit der *„Fürstenstadt"*, und angelagert an das Schloß gelangte ein adeliger und höfischer Stadtsektor zur Ausbildung (vgl. Abb. 10). Aufgrund der absolutistischen Machtstrukturen erfolgte ein Transfer des Besitzes an Grund, Boden und Häusern von der alten bürgerlichen Elite an die neue Elite des Adels und des Hofes. Das Bürgertum wurde vielfach aus der Stadt in den Vorstadtraum abgedrängt, gleichzeitig damit jedoch die Qualität der Stadtmitte als sozialer Mitte verstärkt.

Die Bipolarität des Sozialsystems äußert sich im Vorstadtraum als sektorales Prinzip, indem längs der Ausfallsstraßen Gewerbevorstädte, in den Interstitien in attraktiver Lage die Sommerpaläste des Adels entstehen. Nur im neu aufgeschlossenen Gelände kommt es zu einer flächigen Segregation nach ständischen Prinzipien, während in der Stadt die vertikale und horizontale Differenzierung der Miethäuser eine Integration verschiedener Stände unter einem Dach zur Folge hat. Auf diese integrative soziale Funktion des älteren kontinentaleuropäischen Miethauswesens sei hier nur hingewiesen. Sie wird in Band II im Detail belegt. Die bipolare Struktur der Stadt führt schließlich in weiterer Konsequenz in der Citybildung des 19. Jahrhunderts zur *Zweiteilung in Wirtschafts- und Regierungscity.*

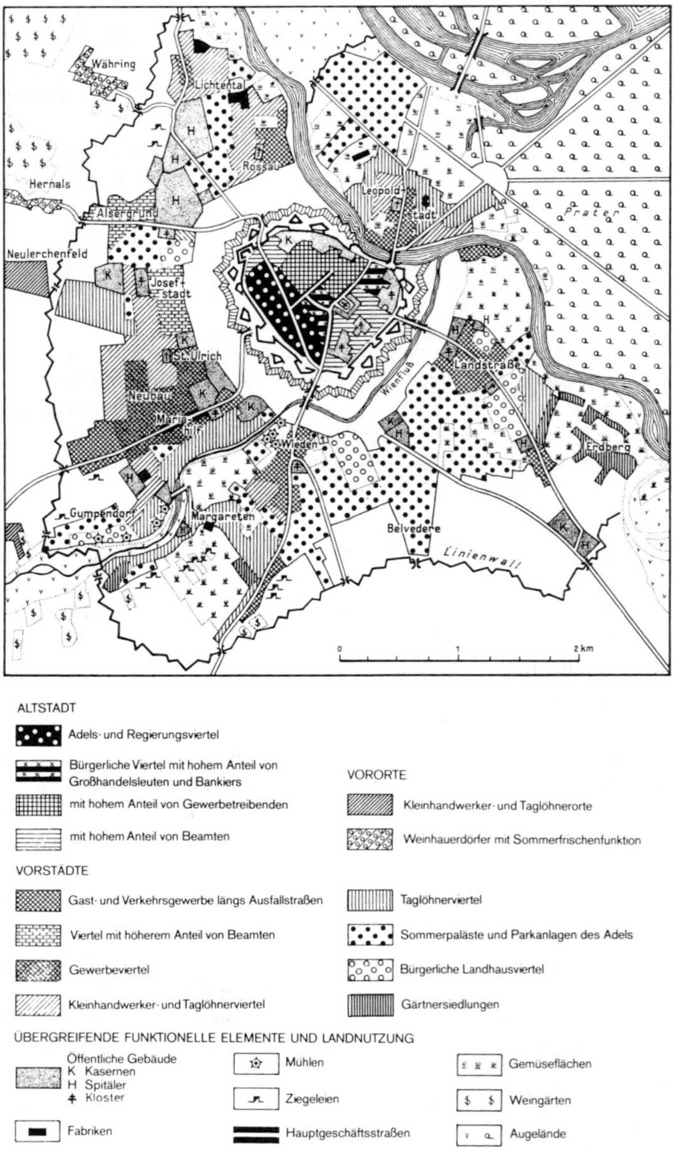

Abb. 10 Die Bipolarität von Bürgerstadt und Fürstenstadt: das Beispiel von Wien 1770 (LICHTENBERGER, E., 1967, S. 198)

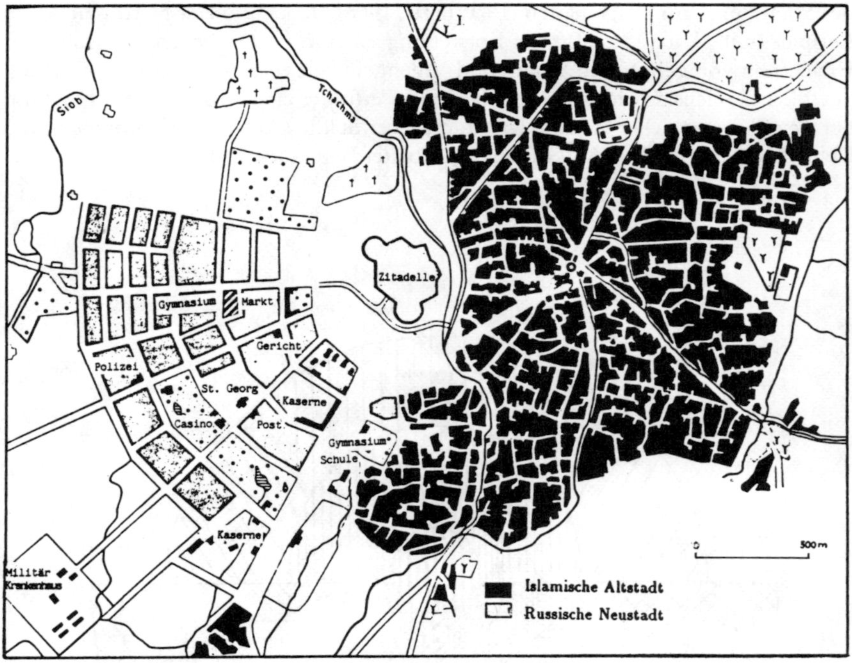

Abb. 11 Die Nebeneinanderlagerung von orientalischer Stadt und russischer Neustadt: Das Beispiel von Samarkand Ende des 19. Jahrhunderts (Giese, E., 1979, S. 153)

Für die *Nebeneinanderlagerung* von Städten bieten sich besonders eindrucksvolle Beispiele überall dort, wo im Zuge der Kolonialisierung durch das Britische und Französische Empire und das Russische Reich Neustädte neben bestehenden Städten gegründet wurden. Als Beispiel wurde Samarkand am Ende des 19. Jahrhunderts ausgesucht (vgl. Abb. 11). Die von einem breiten Glacis umgebene russische Zitadelle dominiert und separiert zugleich die orientalische und die neugegründete russische Stadt. Wie in den Fürstenstädten des Absolutismus sind Offiziere und Beamte die wesentlichsten Träger der russischen Macht; die öffentlichen Einrichtungen (Kasernen, Militärspital und Gymnasium) lassen dies deutlich erkennen.

Unabhängig von der Kolonialisierung und Entkolonialisierung sind bipolare Stadtstrukturen überall dort entstanden, wo Industrialisierung und Verwestlichung der Oberschicht in orientalischen Städten eine soziale und ökonomische Zweiteilung des Stadtraums zur Folge hatten (E. WIRTH, 1968). Teheran bietet hierfür ein gutes Beispiel (vgl. Abb. 12). Mit der Entstehung einer City westlichen Typs und der Errichtung von gehobenen Wohn- und Villengebieten verband sich die Abwertung des Basarbereichs sowie der Altstadt, und es erfolgte eine Auseinanderschichtung der Bevölkerung. Über die Bipolarität indischer Städte (Altstadt – Cantonment und Civil Lines) hat F. DETTMANN (1969) gearbeitet (vgl. auch B. HOFMEISTER, 1980).

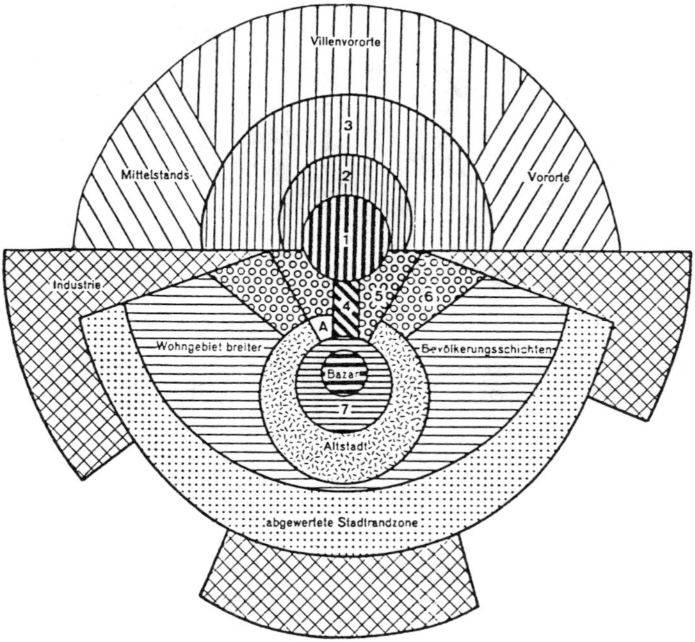

Neues Zentrum: 1 Kern der westlichen City, Hauptgeschäftsstraßen westl. Typs; 2 Randzone, jüngster Cityvorstoß in gehobenes Wohngebiet; 3 Bereich moderner dichter Wohnbebauung

Übergangszone: 4 ältere Geschäftsstraßen, abgewertet und „rückorientalisiert"; 5 überrollte ältere Peripherie der Stadt mit frühen zentralen (Regierungs-)Funktionen; 6 übrige ältere Villenzone

Altes Zentrum: Bazar und Palastbezirk (Ark = A) sowie 7 Bazarrandbereich, jüngere funktionelle Ausweitung des Bazars

Abb. 12 Die Bipolarität der orientalischen Stadt: das Beispiel von Teheran (SEGER, M., 1978, S. 209)

2.2.6 Industrialisierungsprozeß und Landnutzungsmodelle

Ein Zugang zur Erklärung der wichtigsten Grundtypen des Landnutzungsmusters der europäischen Städte ergibt sich bei der Berücksichtigung des unterschiedlichen Ablaufs von Industrialisierung und Verstädterung in den europäischen Staaten. Industrialisierung und Verstädterung werden danach als Innovationsprozeß aufgefaßt, der, von Großbritannien ausgehend, in einer West-Ost-Bewegung und einer späteren Nord-Süd-Bewegung den europäischen Kontinent grundlegend verändert hat. Unter Bezug auf den Stadtraum kommt auch dem Zeitpunkt der Anlagerung der Industrie an den älteren städtischen Baukörper entscheidende Bedeutung zu.

Untersucht man den Verstädterungsprozeß der europäischen Staatenwelt, so lassen sich drei *Verstädterungstypen* erkennen, für welche Großbritannien, Deutschland und Finnland als Repräsentanten gelten können (vgl. Abb. 13).

In *Großbritannien,* dem Mutterland der modernen Fabrikindustrie, setzte die Stadtwanderung am frühesten ein; um die Mitte des 19. Jahrhunderts lebte bereits über die Hälfte der Gesamtbevölkerung (!) in Städten mit mehr als 2000 Einwohnern. Dementsprechend explosionsartig wuchsen auch viele städtische Siedlungen während der ersten Hälfte des 19. Jahrhunderts. Es ist begreiflich, daß Großbritannien daher mit allen Problemen der Verstädterung, der Wohnungsnot, der Überalterung des Baubestandes und der Slumbildung am frühesten konfrontiert wurde.

Abb. 13 Verstädterungstypen von ausgewählten europäischen Staaten (LICHTENBERGER, E., 1972a, S. 17)

Verglichen mit Großbritannien vollzogen sich Industrialisierung und Verstädterung in *Deutschland* mit einer Phasenverschiebung von nahezu einem halben Jahrhundert. Die Hauptverstädterungsphase fällt hier in die zweite Hälfte des 19. Jahrhunderts, genauer gesagt in die Dezennien zwischen 1870 und 1910, und damit in die Periode, die auch als Hoch- und Spätgründerzeit bezeichnet wird. Seit dem Ersten Weltkrieg hat Deutschland im Verstädterungsprozeß jedoch gegenüber Großbritannien aufgeholt und dieses heute erreicht.

Finnland stellt den Prototyp eines Staates mit junger Verstädterung dar. 1910 wohnten erst 6% seiner Bevölkerung in Siedlungen mit über 2000 Einwohnern – zu einem Zeitpunkt, als in Großbritannien bereits über 70% der Bewohner in Städten ansässig waren. Probleme der großen Städte, wie sie im früh verstädterten Europa und in Nordamerika aufgrund der ausgedehnten gründerzeitlichen Bausubstanz bestehen, fehlen daher. Die Verstädterung ist in Finnland im wesentlichen ein Produkt der Nachkriegszeit, in der es möglich war, moderne städtebauliche Prinzipien anzuwenden.

Drei *Landnutzungsmodelle* seien diesen drei Verstädterungstypen gegenübergestellt (vgl. Abb. 14).

Als erstes die *englischen Industriegroßstädte*. Hier erfolgte nahezu überall die Anlagerung eines oft recht breiten Fabrikengürtels im Anschluß an die Altstadt, die im Verlaufe der Gründerzeit zur City umgebaut wurde. Nach außen hin breiten sich riesige monotone Flächen niedriger Reihenhäuser aus, welche nur durch die sogenannte By-Law-Gesetzgebung um 1872 in eine innere Zone der Back-to-Back-Reihenhäuser und eine äußere Zone der By-Law-Häuser getrennt werden, bei denen eine Verbesserung der katastrophalen Raumenge erfolgte (vgl. Band II). Die innere Zone wurde inzwischen durch umfangreiche Slumclearingprogramme fast zur Gänze erneuert, die Back-to-Back-Häuser durch Wohnblockverbände des Public Housing, vereinzelt sogar durch Hochhäuser ersetzt. Die veraltete innere Industriezone ist vielfach durch einen Schnellstraßenring aufgebrochen worden. Grundsätzlich gelangt man von innen nach außen in immer jüngere Wohngebiete. Bereits hier sei vermerkt, daß diese kontinuierlich zentral-peripher ausgreifende Bautätigkeit sich auch in den Wachstumsmodellen für Städte in der angelsächsischen Literatur widerspiegelt.

Die Übernahme des britischen Industriestadt-Modells in der nordamerikanischen Stadtentwicklung ist offensichtlich. Die Dreigliederung von City, Industriering und Wohnzone der britischen Industriestadt stimmt prinzipiell mit dem Muster der angloamerikanischen Städte überein, wie es von Park und Burgess (s. o.) festgestellt wurde. Vor Ausbruch des Ersten Weltkriegs bestand auch in Großbritannien, so wie in den USA noch heute, ein äußeres Spekulationsvorfeld der Stadt. Es ist inzwischen verschwunden. Grüngürtelgesetze sowie Mobilisierung aller Landreserven im Dienste der Volksernährung während beider Kriege haben die Brachflächen weitgehend aus dem Weichbild der britischen Städte verdrängt. Schon früh setzte eine gezielte Agglomerationsplanung ein (Greater London Council 1965; Greater London-Plan). Als Entwicklungsstrategie der wachsenden Agglomerationen dien-

<table>
<tr><th></th><th colspan="2">Britische Industriestadt</th><th colspan="2">Mitteleuropäische Großstadt</th><th colspan="2">Südeuropäische Großstadt</th></tr>
<tr><th></th><th>vor 1914</th><th>nach 1918*)</th><th>vor 1914</th><th>nach 1918</th><th>vor 1914</th><th>nach 1918</th></tr>
<tr><td rowspan="6">Abfolge der Nutzung vom Zentrum zur Peripherie</td><td>Altstadt → City</td><td>teilweise City-erneuerung</td><td>Altstadt → City</td><td>Wiederaufbau bombenzerstörter Stadtkerne</td><td>Altstadt → City</td><td></td></tr>
<tr><td>Innere Industriezone</td><td>Innerer Schnellstraßenring</td><td>Alte Gewerbevorstädte
→ Hinterhof-Industrie
→ sozial aufgewertete Miethäuser</td><td>Haus- und blockweiser Umbau, Sanierung</td><td>Alte Gewerbevorstädte
→ sozial aufgewertete Miethäuser</td><td>Wachstum der City Entfremdung der Miethäuser</td></tr>
<tr><td>Back-to-back-Reihenhäuser vor 1870</td><td>Slum Clearance Programme Public Housing</td><td colspan="2">→ Wachstum der City Entfremdung der Miethäuser</td><td></td><td></td></tr>
<tr><td>By-Law-Familienreihenhäuser 1870–1914</td><td>„shadowed areas“</td><td>Gründerzeitl. Miethäuser
Periphere Industriezone</td><td>z. T. Wohnneubauten</td><td>Gründerzeitl. Miethäuser
Gründerzeitl. niedrige Reihenhäuser</td><td>Massive Miethausverbauung</td></tr>
<tr><td>Spekulationsvorfeld der Gründerzeit</td><td>Reihenhausanlage d. ZW</td><td>Spekulationsvorfeld der Gründerzeit</td><td>Schrebergärten</td><td>Spekulationsvorfeld der Gründerzeit</td><td>Bidonvilles → Miethausverbauung</td></tr>
<tr><td>Krisenzone der Landwirtschaft</td><td>Green Belt
New Towns
Industrial estates</td><td>Krisenzone der Landwirtschaft</td><td>Großmiethäuser ZW des sozialen Wohnbaus
Reihenhausanlagen der ZW
Spontane Behelfssiedlungen der ZW / Wohnanlagen
Industriesatelliten</td><td></td><td>Periphere Industriezone
Industriesatelliten</td></tr>
</table>

*) ZW = Zwischenkriegszeit, ohne Kennzeichnung Nachkriegszeit

Abb. 14 Landnutzungsmodelle europäischer Großstädte (LICHTENBERGER, E., 1972, S. 19)

ten die planmäßige Anlage von Neuen Städten und die Gründung von Industrial Estates. Grüngürtel schirmten die Kernstädte vom Zusammenwachsen mit den „Ausbauorten“ ab.

Wie erwähnt, erreichte die Industrialisierung *Mitteleuropa* ein halbes Jahrhundert später als Großbritannien. Dem französischen Vorbild des Manufakturzeitalters folgend, waren inzwischen vor den Toren der größeren Städte Gewerbevorstädte emporgewachsen. Hier kam es zur Ansiedlung von Hinterhofbetrieben. Ansonst verhinderten Konkurrenzangst des eingesessenen Gewerbebürgertums und die ständige Revolutionsfurcht der Herrscherhäuser und der Aristokratie damals in vielen Städten die Niederlassung großer Fabriken in unmittelbarer Nähe der Stadt und brachten es mit sich, daß sich die Industrie verhältnismäßig abgesetzt von der Wohnverbauung etablierte. Die freien Flächen zwischen dem älteren Vorstadtraum und einer peripheren hochgründerzeitlichen Industriezone wurden dann meist erst später durch die Miethausverbauung geschlossen. Anders als in Großbritannien konnte sich die gründerzeitliche Bautätigkeit in der Altstadt selbst nur in den wirklich großen Städten (Wien, Budapest, Paris und dgl.) durchsetzen, nicht dagegen in den Klein- und Mittelstädten, in denen schon relativ früh eine Suburbanisierung der Oberschichten in Villenviertel einsetzte. Das gründerzeitliche Spekulationsvorfeld des Stadtrandes verschwand im deutschen Sprachraum durch Notmaßnahmen schon während des Ersten Weltkriegs; „Ernteland“ und später Kleingärten besetzten alle brachliegenden Flächen.

Der Erste Weltkrieg bedeutete für das deutsche Städtewesen eine schärfere Zäsur als für das britische. Seit damals wurde der Stadtrand zum Experimentierplatz und Konkurrenzfeld verschiedener Bautypen und Rechtsformen des Wohnungswesens. Ein Stückwerk von Nutzungen entstand, teils im Anschluß an das vorgegebene Siedlungs- und Verkehrsnetz, teils losgelöst davon auf dem Stadtgebiet und über die Stadtgrenze ausufernd. Mit dem Ersten Weltkrieg war die Zeit flächenhafter zonaler Ausbreitung des Stadtkörpers endgültig vorbei. Neue Siedlungs- und Industriebänder folgen seither radialen und tangentialen Schnellbahnen und Schnellstraßen. Gründerzeitliche und jüngere Bebauung scheiden sich überall scharf voneinander, nicht zuletzt auch deshalb, weil die Zeit eines „perfekten kapitalistischen Systems“, vor allem auf dem Wohnungsmarkt, mit dem Ersten Weltkrieg zu Ende ging.

Als Beispiel für Stadträume mit verhältnismäßig später Industrialisierung seien *südeuropäische Großstädte* herangezogen. In ihnen ist der Industrialisierungsprozeß nicht wie in Großbritannien der Verstädterung vorangegangen, sondern folgte ihr nach. Daraus ergibt sich eine gewisse Übereinstimmung mit dem kontinentalen West- und Mitteleuropa im Hinblick auf eine Vorstadtzone, die schon früh mit Gewerbebetrieben durchsetzt war. Die äußere Industriezone der Gründerzeit ist dagegen, wenn überhaupt, nur in Ansätzen vorhanden. Ebenso bedeutet der Erste Weltkrieg nicht eine derartige Zäsur wie im deutschen Sprachraum. Kompakte Miethausflächen schließen bis zur Gegenwart herauf ziemlich unmittelbar an die ältere geschlossene Reihenhausverbauung an. Eine Einzelhaussiedlung kommt nur in den sozialen Extremen zum Zug, und zwar seit dem späten 19. Jahrhundert einerseits in den Villen der Oberschicht und andererseits in squattermäßigen Behelfssiedlungen der armen Leute. Der rasche aktuelle Industrieaufbau, oft mit ausländischem Kapital finanziert, ließ längs der Autobahnen neue Industriesatelliten aufwachsen. Mailand ist ein Beispiel dafür.

Als kulturökologisches Gegenbeispiel zum nordamerikanischen Stadtmodell ist das *Stadtmodell von Wien* abgebildet (vgl. Abb. 15). Im Vergleich mit den nordamerikanischen Stadtmodellen erscheinen folgende Unterschiede bemerkenswert:

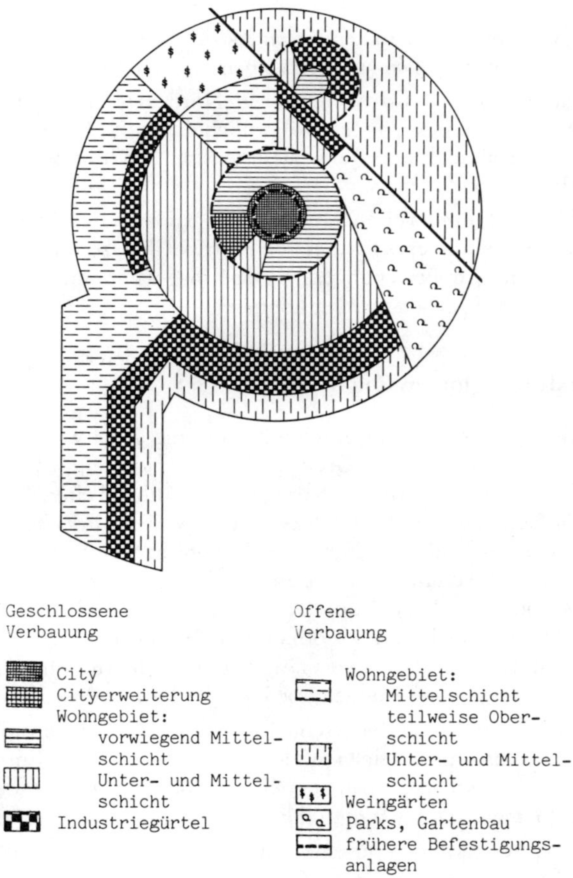

Abb. 15 Das sozialökologische Stadtmodell von Wien (LICHTENBERGER, E., 1970b, S. 61)

1. Der Sozialstatus ist im Stadtzentrum nach wie vor am höchsten und nimmt zur Peripherie hin ab. In Abhängigkeit von attraktiven Lagen bestehen einzelne sektorielle Abweichungen mit Oberschichtquartieren, vor allem in Richtung auf den Wienerwald und den Alpenfuß im Südwesten, dem die Bandstadt folgt.
2. Die Altstadt hat bis zu einem gewissen Grad noch Wohnfunktionen beibehalten und ist nicht durch Slumgebiete, sondern von Ober- und Mittelschichtquartieren umgürtet.
3. Ein Großteil des geschlossen verbauten Gebiets wird durch die Mengung von Wohnfunktion und Wirtschaftsfunktionen gekennzeichnet. Der Grad dieser Mischung wird am besten definiert durch das Verhältnis von Wohn- und Arbeitsbevölkerung. Es variiert von 1 : 4 im Innenstadtbereich über 1 : 1 in den inneren Bezirken zu 2 : 1 in den äußeren Bezirken.
4. Ein aus der Gründerzeit stammender Industriegürtel trennt die geschlossene Bebauung von der nach außen anschließenden offenen Bebauung.
5. Das Weichbild der Stadt wird nicht, wie in Nordamerika, durch ausgedehnte Brachflächen eingenommen, sondern folgt noch dem von Thünenschen Modell des frühen 19. Jahrhunderts insofern, als intensive Landnutzung, wie Weinbau und Gemüsebau, überwiegen.
6. Entsprechend dem komplizierten Muster der Betriebsstätten bildet die Pendelwanderung ein sehr komplexes System von zentripetalen, zentrifugalen, tangentialen und kreisförmigen Bewegungen, welche insgesamt mit einer nach innen geöffneten Spirale verglichen werden können.

2.2.7 Modelle der Agglomeration

Modelle der *Stadt* sind nicht mehr zureichend, um die gegenwärtige Realität von städtischen Siedlungen abzubilden. Groß- und Mittelstädte sind zu *Agglomerationen* geworden. Charakteristisch hierfür ist Nordamerika. Anhand eines *Landnutzungsmodells* sei die Entwicklung der *Metropolitan Areas im Nordosten der USA* seit der Zwischenkriegszeit vorgeführt (vgl. Abb. 16). Wohl hat die Statistik der Bildung von Stadtregionen und Ballungsräumen durch die Schaffung von SMSAs Rechnung getragen, nicht jedoch die Verwaltung. Kernstadt und Suburbs beginnen, sich in zunehmendem Maße baulich und sozioökonomisch voneinander zu sondern. Die *Suburbs* bestimmen das Gros der Neubautätigkeit in den Metropolitan Areas. Dafür besteht eine ganze Reihe von Gründen, die hier nur kurz angedeutet seien:

1. Das Township-System der ländlichen Siedlungen kann der Expansion städtischer Siedlungen und Nutzungen keinen Widerstand leisten. Das in Europa wichtige Hemmnis des gigantischen „urban sprawl“ und der Zersiedlung des ländlichen Raumes, eine Gemeindeverfassung, fehlt.
2. Bis heute fehlen Restriktionen für eine Aufschließung immer neuer Siedlungsgebiete. Die Planungskommissionen der Counties, der untersten Verwaltungseinheiten der USA, welche annähernd unseren politischen Bezirken gleichzusetzen wären, haben keine Möglichkeit, den „urban sprawl“ aufzuhalten.

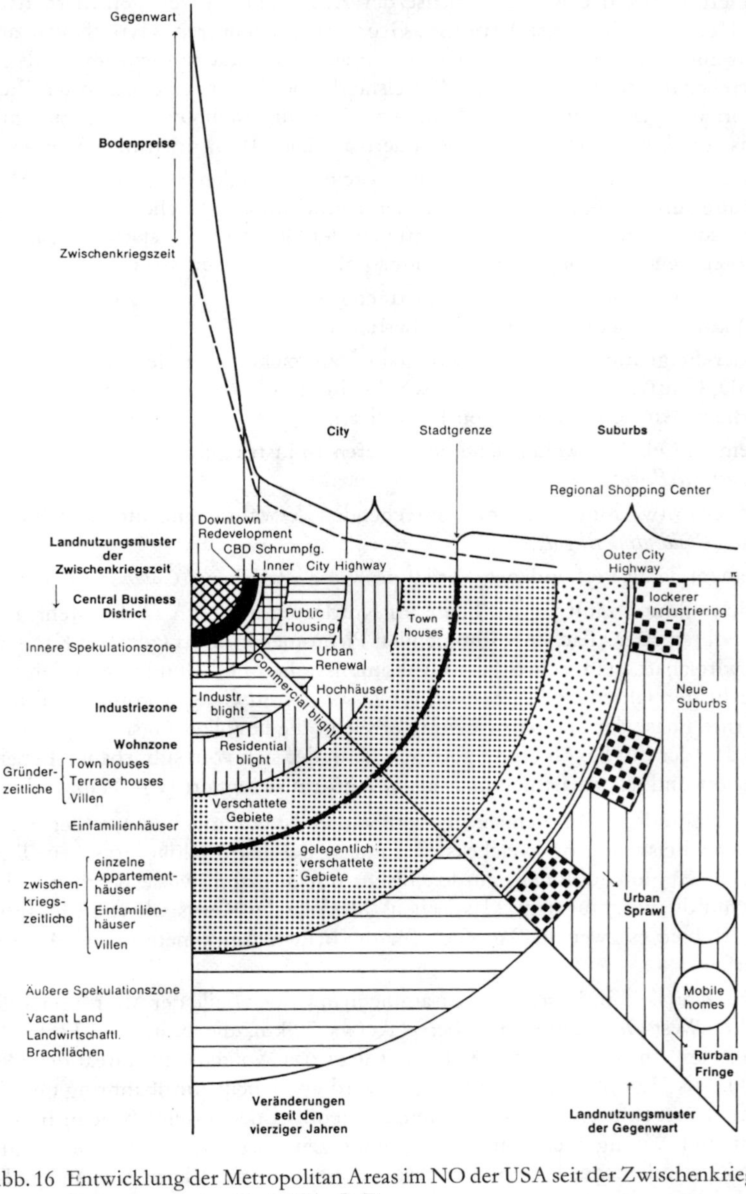

Abb. 16 Entwicklung der Metropolitan Areas im NO der USA seit der Zwischenkriegszeit (LICHTENBERGER, E., 1975 b, S. 7)

3. Tempo und Flächenausmaß der Suburbanisierung werden verstärkt durch das Einfamilienhaus als absolut vorherrschende Wohnbauform. Durch Darlehen der Regierung seit der Wirtschaftskrise der Zwischenkriegszeit gefördert, hat sich ein Heer von Großorganisationen, Grundstücksagenturen, Hypothekenbanken, Aufschließungsgesellschaften usw. seiner angenommen und sein Image als einzig erstrebenswerte Wohnform des Mittelstandsamerikaners etabliert. Nach Preiskategorien abgestuft und in standardisierter Vielfalt angeboten, ist das Einfamilienhaus zum wichtigsten Artikel des amerikanischen Binnenmarkts geworden.
4. Diese Suburbanisierung wurde weiter forciert durch den im Gefolge der Motorisierung äußerst zügig vorangetriebenen Autobahnbau, welcher ein verhältnismäßig rasches Erreichen der Arbeitsstätten in der Downtown gestattet und an dessen Knoten neue Shopping Centers, Industrial Parks usw. entstehen.

Rückwirkungen dieser enormen suburbanen Entwicklung auf die *Kernstädte* (Central Cities) konnten nicht ausbleiben. Sie bestehen

1. in der Stagnation bzw. im Niedergang zahlreicher zentraler Geschäftsbezirke (CBD, Central Business District), welche ihre Funktionen in zunehmendem Maß an die neuen Zentren der Suburbs verlieren;
2. in einem Ödfallen weiter Teile des inneren Industriegürtels um die Downtown (*Industrial Blight*),
3. in einer Entwertung und dementsprechenden Verwahrlosung älterer Wohnbaugebiete (*Residential Blight*),
4. in einem damit verbundenen Verfall des Geschäftslebens (*Commercial Blight*).

Die Slumbildung zählt zu den heute im Nordosten der USA in der Mehrzahl der Metropolitan Areas flächenbestimmenden Phänomenen. Getragen von Kreisen der Privatwirtschaft, städtischen Planungskommissionen und Bundesbehörden ist seit den sechziger Jahren eine *Erneuerung der Downtowns* in Gang gekommen. Damit ist eine dritte Phase der Stadtentwicklung erreicht, die bevölkerungsmäßig von einem neuen Typ der Citybevölkerung getragen wird, der sich vom suburbanen Lebensstil distanziert und das Apartmenthaus als Wohnform akzeptiert (vgl. Kapitel 3.6.6).

Die sozialräumliche Differenzierung von Städten ist gut untersucht; es liegen hierzu zahlreiche Beispiele vor, welche sich zumeist der faktorialökologischen Technik bedienen. Agglomerationen wurden bisher nur ausnahmsweise bearbeitet. Unter Bezug auf die vorgeführten „klassischen" Modelle der Kernstadt von Chicago und Wien erschien es zweckmäßig, auch für die beiden Agglomerationen Modelle zu entwerfen.

Zuerst *Chicago*. Abb. 17 stellt die zusammenhängenden Teile der Metropolitan Area dar. Ihre West-Ost-Erstreckung beträgt etwa 70 km, die Nord-Süd-Erstreckung über 100 km. In der Mitte der Kernstadt liegt das Wolkenkratzerareal der Downtown, die als „Loop" bezeichnet wird. Es wird von einem Autobahnring umschlossen und derart eingeengt und abgegrenzt gegenüber den anschließenden Industrieflächen und Wohngebieten aus der Gründerzeit. Letztere nahmen in mehreren Wellen Zuwanderer aus Europa auf; ausgeprägte ethnische Viertel entstanden. Diese Viertel der Deutschen, Schweden, Iren, Italiener, Polen, Portugiesen, Juden usw.

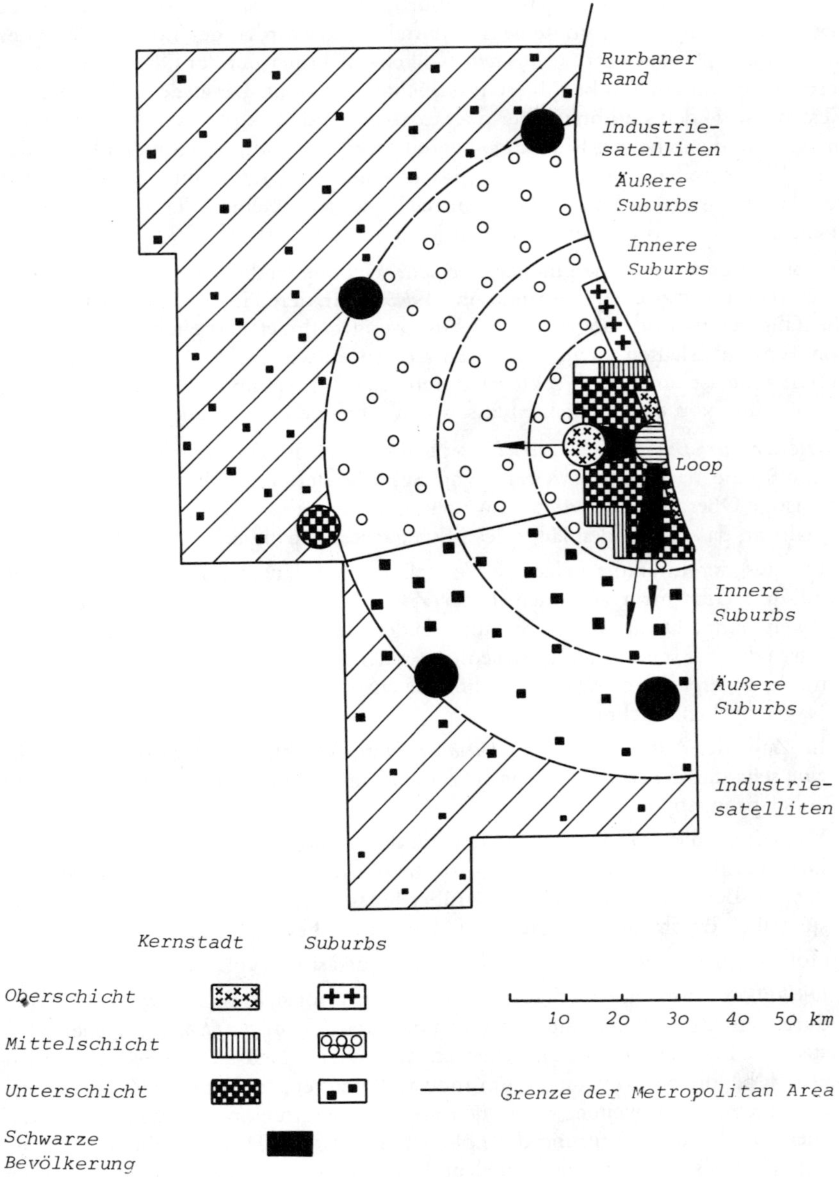

Ab. 17 Die sozialräumliche Differenzierung der Metropolitan Area von Chicago (LICHTENBERGER, E., 1981, S. 248)

sind nur mehr in Resten erhalten. Die zweite, im Land geborene Generation ist im Zuge des sozialen Aufstiegs in die Suburbs gezogen. Die Kernstadt wird daher gegenwärtig, abgesehen von einem unmittelbar im Norden des Loop entlang der sogenannten „Gold Coast“ gelegenen Wolkenkratzerquartier der Oberschicht, vorherrschend von unteren Bevölkerungsschichten bewohnt. Längs der Subways nach Westen und Süden sind breite, peripher expandierende Sektoren von Negerghettos entstanden, die in beiden Richtungen bereits über die Stadtgrenze in den Raum der Suburbs ausgreifen. Einzelhaushalte, hoher Anteil an alten Männern, hohe Raten von Arbeitslosen und Kriminellen kennzeichnen große Gebiete der Kernstadt. Nur in einzelnen Interstitien bestehen noch Mittelschichtquartiere.

Die Stadtgrenze stellt noch immer eine sehr wichtige bauliche und sozioökonomische Trennlinie zwischen Kernstadt und *Suburbs* dar, deren innere Zone sich freilich ebenfalls bereits in demographischer Auflösung befindet und einen hohen Anteil von Einzelhaushalten sowie von alten Leuten aufweist. Die 40 bis 50 km tiefe Suburbzone ist zonal und sektoral differenziert. Im Hinblick auf die periphere Ausbreitung von Sozialschichten lassen sich folgende Feststellungen machen:

1. Die *periphere Bewegung der Oberschichten* längs einzelner Sektoren wurde inzwischen durch eine flächige Ausweitung von Suburbs der Mittelklasse *abgestoppt*. Das einstige Oberschichtquartier im Westen, am Oakpark, ist bereits von Abwertung bedroht, das im Norden längs des Michigansees expandiert nicht mehr.
2. Die aus der Literatur geläufige Vorstellung von einem *„Mittelklassering“* von Suburbs trifft nicht zu. Auch in der Zone der Suburbs besteht eine deutliche Zweiteilung. Derart ist der gesamte Süden und Südwesten, zum Teil bedingt durch die hier schon älteren Ansiedlungen der Schwerindustrie, durch das Dominieren unterer Bevölkerungsschichten, ebenso durch eine stärkere Invasion von Negern gekennzeichnet.
3. Im Zuge des Ausbaus von *Industriesatelliten* im Anschluß an alte Countystädte ist eine sehr starke Ansiedlung von Negern erfolgt, die derart den Mittelschichtring „übersprungen“ haben.
4. Vom Kranz dieser Industriesatelliten fällt der Sozialgradient generell peripher ab. Der anschließende *„rurban fringe“* ist sowohl durch einen höheren Anteil von unteren Bevölkerungsschichten, darüber hinaus aber, insbesonders im Nordwesten, auch durch einen höheren Anteil von alten Leuten gekennzeichnet.

Im folgenden sei dazu die *Wiener Stadtregion* kontrastiert (vgl. Abb. 18).

1. Die äußere Peripherie der Stadtregion von Wien läßt sich, ähnlich wie in Chicago, durch eine Reihe von Städten, nämlich die alten *Viertelshauptstädte* (Wiener Neustadt, St. Pölten und Krems), abstecken. Von Wiener Neustadt abgesehen handelt es sich bei diesen jedoch nicht um Industriesatelliten, sondern um Zentrale Orte mit einem relativ weiten, wesentlich über die Stadtregion von Wien hinausreichenden Umland. Aufgrund des höheren Anteils von Mittelschichten heben sie sich überdies vom umgebenden ländlichen Raum und den Pendlersiedlungen deutlich ab.
2. Zum Unterschied vom suburbanen Ring von Chicago ist der Wiener *Pendlerraum*

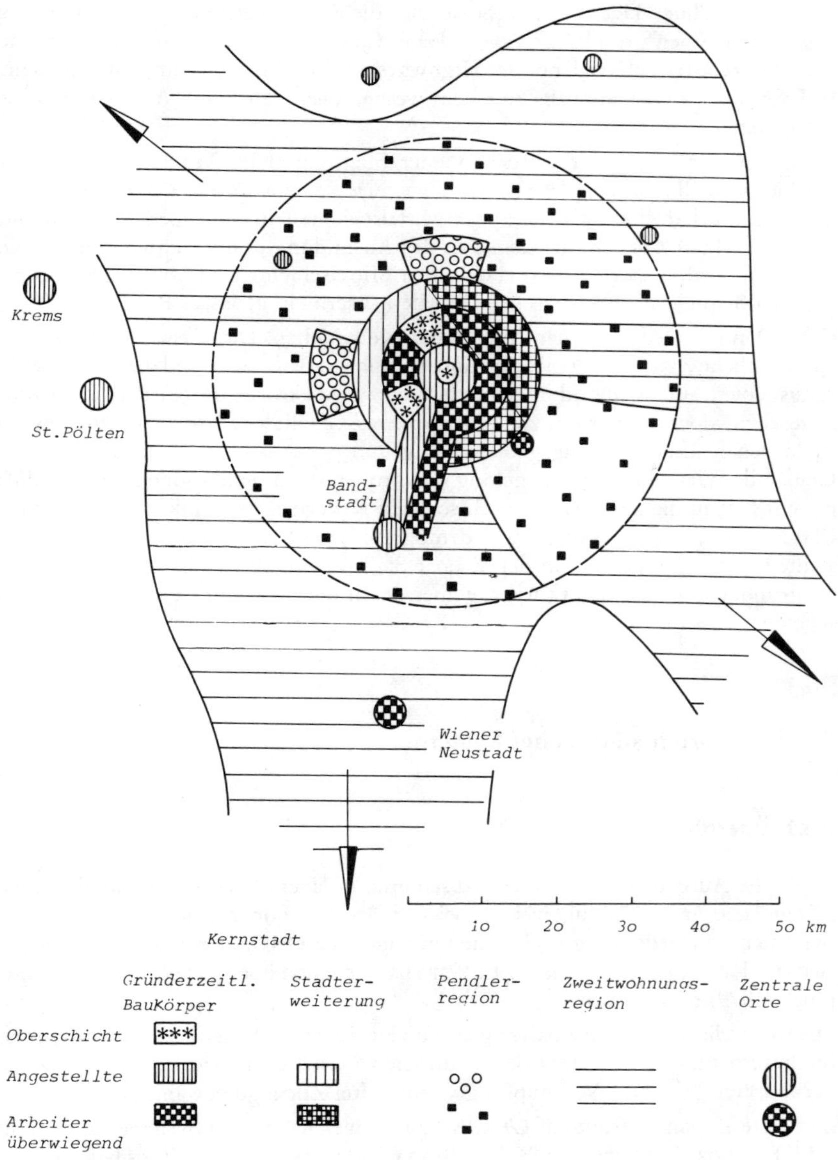

Abb. 18 Die sozialräumliche Differenzierung der Wiener Stadtregion (LICHTENBERGER, E., 1981, S. 249)

in erster Linie durch die *Komplementärfunktion* für den Wiener Arbeitsmarkt im sekundären Sektor und für weniger qualifizierte Arbeitsplätze im tertiären Sektor gekennzeichnet. Derart unterscheidet sich die Pendlerverflechtung in der Stadtregion von Wien grundsätzlich von der in Chicago, wo Neger aus der Kernstadt in die Industriegebiete längs der Highways im suburbanen Raum auspendeln und die Bewohner der Suburbs zu einem wesentlichen Teil in die Arbeitsstätten der City einpendeln.

3. Eine weitere Besonderheit der Wiener Stadtregion im Vergleich zu der von Chicago stellt die *Überlagerung der Zweitwohnungsregion über die Pendlerregion* dar. Der Suburbanisierungsprozeß der Mittelschichten in den nordamerikanischen Metropolitan Areas findet derart in der Ausbildung von Zweitwohnungsregionen, ebenfalls getragen von städtischen Mittelschichten, in kontinentaleuropäischen Städten mit vorherrschenden Miethäusern ein gewisses Pendant.

Große Unterschiede bestehen auch in den Kernstädten. Die *Wiener Kernstadt* weist eine deutliche Zweiteilung in den gründerzeitlichen Baukörper und die Stadterweiterungsgebiete auf. Während in ersterem, von zwei Sektoren im Norden und Westen abgesehen, noch immer ein zentral-peripheres Gefälle der Sozialstruktur besteht, ist in den Stadterweiterungsgebieten aufgrund der massiven Wohnbaupolitik der Gemeinde Wien und in Ermangelung von großen Bauorganisationen für den Einfamilienhausbau die Segregation nach sozialen Kriterien, wie Einkommen, Bildung, Besitz und dgl., sehr gering. Eine demographische Polarisierung zwischen Kernstädten und Suburbs fehlt in der Wiener Stadtregion, ebenso ist die Überalterung im gründerzeitlichen Stadtkörper, gemessen an den Verhältnissen in Chicago, bescheiden.

2.3 Kategorien städtischer Systeme

2.3.1 Überblick

Es ist die Aufgabe des folgenden Abschnitts, in einem knappen Abriß allgemeine Kategorien zu behandeln, welche bei der Analyse von Städten und städtischen Systemen von Bedeutung sind. Eine umfangreiche Diskussion über Grundkategorien der Kulturgeographie ist in E. Wirths Lehrbuch über „Theoretische Geographie" (1979) nachzulesen.

Die folgende kategoriale Analyse geht von zwei Bezugsebenen aus, dem physischen Stadtraum und dem System der städtischen Gesellschaft; sie versucht, beide zu verknüpfen. Für diese Verknüpfung werden drei Zugänge gewählt:

Der erste Zugang beruht auf *Grundkategorien,* welche in allen Systemen vorhanden sind. Es ist das Verdienst von B. J. L. Berry und seiner Schule, mittels Faktorenanalysen von Städten und städtischen Systemen derartige Grundkategorien (dimensions, definiert als unabhängige Variable) aufgedeckt zu haben. Es handelt sich hierbei um Größe, Dichte, Mobilität und Komplexität der Muster und Verflechtungen von Elementen sowie deren Veränderung (Wachstum – Konstanz – Abnahme). Um diese allgemeinen Kategorien in den Stadtraum zu transferieren, bedarf es räumlicher Konzepte.

Der zweite Zugang umfaßt vier *räumliche Basiskonzepte,* nämlich

1. die Stadt als zentriertes System (Konzentration oder Dekonzentration),
2. die Zugänglichkeit,
3. das Kern-Rand-Gefälle (den zentral-peripheren Gradienten) und
4. die räumliche Organisationsstruktur, d. h. den hierarchischen bzw. komplementären Verbund von Elementen. Sie werden im Kapitel 2.7 dargestellt.

Der dritte Zugang berücksichtigt schließlich *sachspezifische Determinanten* von Strukturen und Prozessen im Stadtraum.

1. die politischen Systeme, d. h. die Teilung von „Macht", übertragen in die räumliche Organisation der Stadt,
2. den wirtschaftlichen Entwicklungsstand der nationalen Ökonomien, reflektiert im Prozeß der Arbeitsteilung und der Effizienz des Einsatzes von Kapital und Arbeitskraft,
3. den technologischen Entwicklungsstand, insbesonders die Technologien des Verkehrs, der Information und Kommunikation, wobei erstere für die Zugänglichkeit des Raumes verantwortlich sind,
4. die kulturelle Tradition, darunter städtebauliche „Ideologien" und dgl. Auf diese Determinanten wird in Kapitel 3 ausführlich eingegangen.

Die folgenden Ausführungen beschränken sich auf die Grundkategorien, zwischen denen, teils auf vorliegende Forschungen gestützt, teils einem Szenario vergleichbar, normative oder deduktive Zusammenhänge formuliert werden.

Es wird davon ausgegangen, daß die *Größe* die entscheidende Determinante von Stadt und städtischen Systemen darstellt. Bezogen auf den Raum ist sie als Fläche (Stadtfläche, bebaute Fläche usf.) zu definieren, unter Bezug auf die Gesellschaft wird die Einwohnerzahl als Merkmal verwendet. Die Größe korreliert – freilich nur partiell – mit der *Komplexität* von Systemen. In Übertragung der Kategorienbildung auf die physische Struktur von Städten wird darunter die Komplexität der Landnutzung, von Bautypen und dgl. verstanden. Im Falle der städtischen Gesellschaft ist in der sozialwissenschaftlichen Forschung der Begriff „Heterogenität" gebräuchlich, welcher auf dem Konzept der arbeitsteiligen Gesellschaft beruht.

Die *Dichte* ist ebenfalls eine zentrale Kategorie und gleichzeitig die einzige, welche Gesellschaft und Stadtraum direkt verknüpft. Für diesen Flächenbezug bestehen grundsätzlich zwei Möglichkeiten, nämlich einerseits einen Bezug zur Gesellschaft (Bevölkerungsdichte) und andererseits einen zur physischen Struktur (Bebauungsdichte und dgl.) herzustellen. Bei der Dichte handelt es sich um eine extern gesteuerte Kategorie, d. h. sie wird beeinflußt von kulturellen Determinanten, von städtebaulichen Leitbildern, Technologien und politischen Systemen. Die Dichte ist systemintern mit der Größe von Städten nur mäßig korreliert; sie wirkt jedoch auf die

Komplexität und die genannten räumlichen Basiskonzepte, wie den zentral-peripheren Gradienten und die räumliche Organisationsstruktur von Elementen zurück. Es besteht eine ausgeprägte Interdependenz mit der Zentrierung auf die Stadtmitte als Konzentration oder Dekonzentration.

Die *Mobilität* als Standortwechsel von Bevölkerung und Einrichtungen (Institutionen, Betrieben, Nutzungen) ist ebenfalls entscheidend von externen Faktoren, darunter besonders vom politischen System, ferner von der Technologie der Aufschließung und des Verkehrs (Zugänglichkeit des Raums) abhängig. Sie ist insgesamt im gesellschaftlichen System sehr viel höher als in der physischen Struktur des Stadtraums.

Es besteht Konsens darüber, daß *Größe* und *Komplexität* von Stadt und städtischer Gesellschaft miteinander verbunden sind, wobei allerdings die Komplexität mit der Größe der Stadt nicht kontinuierlich, sondern eher in Sprüngen zunimmt, und zwar aufgrund der Organisationsprinzipien von Hierarchie und Komplementärität. Ein Zusammenhang zwischen Dichte und Komplexität läßt sich dagegen nicht als Regel feststellen. Erstere ist von kulturellen, politischen und technologischen Einflußgrößen abhängig, letztere dagegen vom Entwicklungsstand des arbeitsteiligen Prozesses. Systeminterne Bezüge bestehen allerdings über die Bebauungsdichte. Mit steigender Bebauungsdichte steigt die Komplexität *in der dritten Dimension* des Stadtraumes.

Die *Veränderung (Dynamik)* von Stadt und städtischer Gesellschaft ist grundsätzlich eine systemextern gesteuerte Kategorie. Sie repräsentiert den Input (und Output) an Bevölkerung und Kapital. Ersterer ist abhängig von der Bevölkerungsentwicklung in nationalen Siedlungssystemen, letzterer vom Entwicklungsstand der nationalen Ökonomie, den politischen Entwicklungsstrategien von Siedlungssystemen und der technologischen Ausrüstung. Von der Dynamik gehen umgekehrt entscheidende Einflüsse auf alle räumlichen Bezugskategorien sowie das räumliche Organisationssystem der städtischen Gesellschaft aus.

Aus den Unterschieden des Inputs an Kapital und Bevölkerung entstehen *Grundprobleme der städtischen Gesellschaft,* wie Defizite auf dem Arbeits- und Wohnungsmarkt, Disparitäten der Versorgung und dgl. Aus den Unterschieden im Reproduktionstempo von physischer Struktur der Stadt und städtischer Gesellschaft entsteht weiterhin das immanente Problem städtischer Existenz, die *Persistenz der gebauten städtischen Umwelt,* welche die Generationenfolge der Gesellschaft überdauert. Daraus resultiert der in der Stadtgeographie häufig untersuchte „gesellschaftliche Wandel im baulichen Gehäuse".

Grundsätzlich festgehalten sei, daß räumliche Disparitätskonzepte immer auf dem Bezug der Gesellschaft zur räumlichen Struktur beruhen, während Persistenzkonzepte primär aufgrund der Situation der physischen Struktur von Städten definiert werden. Selbstverständlich bestehen auch Persistenzen in Gesellschaftssystemen aufgrund der Tradierung von Rechtsordnungen, Werten, Normen und dgl.

Bei der Dynamik von Systemen kann zwischen Wachstum, Stagnation und Regression (Abnahme) unterschieden werden. Die Dynamik wirkt sich als Einsatz von

Bevölkerung auf die Größe der städtischen Gesellschaft und über den Einsatz von Kapital auf die Dichte der Bebauung aus. Entsprechend den drei Haupttypen der Dynamik unterscheiden sich die Prozesse und Probleme von Städten und städtischer Gesellschaft grundsätzlich voneinander. Dies trifft gleicherweise auf Persistenzphänomene des physischen Raums zu (z. B. Altstadterhaltung) wie auf gesellschaftliche Disparitäten (z. B. Slumbildung). Beide haben unterschiedliche Strukturen in wachsenden, stagnierenden und in Regression begriffenen Städten und Stadtsystemen.

In das gebotene Aussagensystem über die Beziehungen zwischen Grundkategorien und systemexternen Determinanten von Städten und städtischen Systemen seien im folgenden einige *Aussagen über die räumlichen Basiskonzepte* eingeblendet.

Die *Zugänglichkeit* bildet eine weitgehend technologisch determinierte Raumkategorie. Allerdings wird der Einsatz spezifischer Technologien entscheidend vom politischen System bestimmt. Wesentlich für Strukturierung und Funktionieren stadträumlicher Systeme ist die Zugänglichkeit der Stadtmitte. Sie ist nur dann der Ort bester Erreichbarkeit, wenn Massenverkehrsmittel Priorität besitzen. Transferiert man den Begriff der Zugänglichkeit aus dem Stadtraum in die gesellschaftliche Dimension, so gelangt man zu den Sphären unterschiedlicher Zugänglichkeit, die durch Begriffe wie öffentlicher, halböffentlicher und privater Raum zu erfassen sind, deren Strukturen und Relationen von kulturellen und politischen Einflußgrößen abhängen.

Die unterschiedliche *Zentrierung* von Kapital und Bevölkerung *auf die Stadtmitte* ist abhängig von den städtebaulichen und gesellschaftspolitischen Leitbildern von Stadt und städtischer Gesellschaft. Entsprechend dem Konzentrationsgrad von spezifischen Kapitalinvestitionen in physische Strukturen und den Anteilen spezifischer Bevölkerungsgruppen bestehen *zentral-periphere Gradienten,* welche durch verschiedene Parameter abgebildet werden können, wie Verkehrsströme oder ökonomische Parameter (Bodenpreise, Miethöhen) oder bevölkerungsbezogene Parameter (Einkommen, Bildung, Alter, Herkunft und dgl.).

Das vierte räumliche Basiskonzept betrifft die *Organisationsstruktur von Elementen.* Als Analyseinstrument wird es – zum Unterschied von der Gradientenanalyse – weit seltener und meist nur für spezifische Fragestellungen gebraucht, wie das *hierarchische Organisationsprinzip* für die Erklärung des Standortmusters des Einzelhandels oder das *Assoziations- und Sukzessionsprinzip* für die Erklärung der Standortbedingungen von Bevölkerungsgruppen und Betrieben (vor allem in der City). Nicht-hierarchische Organisationsprinzipien, wie das des komplementären Verbunds, sind bisher kaum beachtet worden.

2.3.2 Stadtgröße

Es ist eine ebenso interessante wie wichtige Tatsache, daß zur Bestimmung der Größe einer Stadt in der geographischen Forschung nur das Kriterium der Einwohnerzahl herangezogen, die Stadtfläche dagegen vernachlässigt wird. Nur bei Meßgrößen für die Aktivitäten einer städtischen Bevölkerung ist es üblich, mittels Kopfquoten den Zusammenhang von Bevölkerung und physischem Stadtraum herzustellen (z. B. Wohnfläche/Einwohner, Kulturstättenbesuche/Einwohner und dgl.). Aussagen über die Komplexität der physischen Struktur von Städten dokumentieren diese zwar sehr häufig in kartographischer Form, ohne jedoch Flächenbilanzierungen vorzunehmen. Es sind in erster Linie normative Richtwerte der Stadtplanung und des Städtebaus, welche den Bezug zwischen Bevölkerung und sachspezifisch definierten Flächen herstellen.

Der Einfluß der Stadtgröße als Determinante des städtischen Systems ist bisher nur unzureichend untersucht worden. Die Ausführungen müssen sich daher auf die Herausarbeitung weniger Zusammenhänge beschränken. Aussagen über den *Zusammenhang zwischen Stadtgröße und wirtschaftlichen Aktivitäten* sind zuerst von E. L. Ullman und M. F. Dacey (1962) über die amerikanischen Städte gemacht worden. Sie beruhen auf der Theorie von Basic und Non-basic Aktivitäten und damit grundsätzlich auf der bereits von W. Sombart (1907) entwickelten Konzeption von *„städtegründenden"* und *„städtefüllenden"* Funktionen. Es geht hierbei um die Zweiteilung der städtischen Aktivitäten in solche, welche zur Versorgung und Erhaltung der Stadtbevölkerung selbst dienen *(non-basic)*, und solchen Produktionszweigen, Dienstleistungen usf., welche aus der Stadt „exportiert" werden und damit einen Kapitalzustrom bewirken *(basic)*.

Mittels einer Regressionsanalyse ist es E. L. Ullman und M. F. Dacey (1962) gelungen, für US-amerikanische Städte die theoretische Annahme zu verifizieren, daß, je größer eine Stadt ist, um so mehr von der eigenen Erzeugung an Sachgütern und Diensten von der ortsständigen Bevölkerung selbst verbraucht wird. Es konnte empirisch festgestellt werden, daß das Verhältnis zwischen dem „Basic-" und dem „Non-Basic-Sektor" von 3:1 bei Zwergstädten mit nur 1000 Einwohnern auf 2:1 bei Städten mit 100000 Einwohnern und auf 1:1 bei Städten mit einer halben Million ansteigt. Im Jahr 1950 betrug z. B. der „Eigenbedarf" von New York bereits 64% der gesamten Menge an erzeugten wirtschaftlichen Aktivitäten. In Form der Regressionsgleichung

$$y = a + b \log x$$

mit y = non-basic, a = Konstante (ca. 0,25), log x = Einwohnerzahl der Stadt bzw. Metropolitan Area, b = basic

kann die Regressionsgerade auch als Prognoseinstrument verwendet werden, um abzuschätzen, welcher Anteil bei wachsender Bevölkerung von der Gesamtproduktion zur Bedienung der ortsständigen Bevölkerung abgezweigt werden muß. Der für die USA getestete Zusammenhang besteht grundsätzlich in allen städtischen Systemen, wenn auch die Steigung der Regressionsgeraden je nach kultureller Situation, ökonomischem Entwicklungsstand und politischem System des jeweiligen Staates unterschiedlich ist. Zur Offenlegung der empirischen Forschungsproblematik sei festgehalten, daß die präzise Feststellung des Bedarfs der ortsansässigen Bevölkerung an Gütern und Diensten mit großen Schwierigkeiten verbunden und ihre Ermittlung stets nur auf indirektem Wege möglich ist.

Von verschiedenen Autoren wurde auch die Frage gestellt, ob und wieweit die *Zusammensetzung der Industrie mit der Stadtgröße variiert.* Bereits 1950 analysierten O. D. und B. Duncan anhand von Daten der USA diese Frage und benützten dabei einen „Index der Dissimilarität". Es ergab sich, daß vor allem Produktionsgüterindustrien zum Teil negativ mit der Stadtgröße korrelieren, während zwischen Konsumgüterindustrien und nicht-lokalen Serviceindustrien eine positive Korrelation mit der Stadtgröße besteht. Die von B. J. L. Berry 1954 (vgl. B. J. L. Berry, F. E. Horton 1970) vorgenommene Analyse des Zusammenhangs zwischen Industriebranchen und Stadtgröße unter Verwendung eines „Standortquotienten":

$$LQ_i = \frac{Si}{Ti}$$

LQ = „location quotient"
Si = Prozentanteil der Beschäftigten in einem Industriezweig im Gebiet i
Ti = Prozentanteil aller Beschäftigten im Gebiet i

$$\text{z.B.: Standortquotient} = \frac{\text{Prozentsatz der Beschäftigten in Industrie X in den Städten der Größe Y}}{\text{Prozentsatz der gesamten Beschäftigten in den Städten der Größe Y}}$$

ergab die Unterscheidung von „Großstadtindustrien", „Großstadtbegleitindustrien", „Mittelstadtindustrien" und „Kleinstadtindustrien". Vergleichsuntersuchungen über die französischen Städte von P. Pinchemel (1964) (sowie unveröffentlichte über die österreichischen Städte) führen zur Feststellung, daß derartige taxonometrische Aussagen grundsätzlich von der spezifischen Industriestruktur eines Staates abhängig sind. Im Hinblick auf die Branchen lassen sich jedoch einige allgemeine Grundzüge herausstellen:

1. Nahrungsmittelindustrien (Lebensmittel und Getränke) haben das weiteste Spektrum, wobei einzelne Industrien (z. B. Biererzeugung) außerordentlich unterschiedliche – zum Teil kulturhistorisch erklärbare – Standortbedingungen aufweisen und einerseits in den größten Städten und andererseits in Kleinstädten konzentriert sind.
2. Im Hinblick auf die Bekleidungsindustrie zeigte sich, daß die Produkte, welche in den Geschäftsstraßen am höchsten rangieren, auch in den Großstädten konzentriert sind (Oberbekleidung, Pelze und dgl.), während Arbeitsbekleidung, Kinderbekleidung, ebenso Unterwäsche und Strickwaren vor allem an kleine Städte, zum Teil außerhalb der Verdichtungsräume, gebunden sind. Wohnungseinrichtungsgegenstände, wie teure Möbel, sind gleichfalls ein Kennzeichen der Produktionspalette von Verdichtungsräumen.

3. Grundstoffindustrien, Maschinenindustrien und Industrien der Verkehrsausrüstung haben vor allem in Mittelstädten ihre Hauptverbreitung.
4. Vorwiegend nicht-städtisch lokalisiert sind Aluminiumhütten und chemische Großbetriebe, welche allerdings häufiger innerhalb als außerhalb von Verdichtungsräumen vorkommen.
5. Spinnereien und Webereien sind vornehmlich in kleinstädtischen bzw. nichtstädtischen Siedlungen, zum gut Teil außerhalb der Verdichtungsräume, lokalisiert.

Blendet man zurück zu der von B. J. L. Berry (1962) mittels Faktorenanalyse gewonnenen Aussage zur funktionellen Differenzierung von Städten, nämlich, daß es in einer im Metropolitanisierungsprozeß befindlichen Gesellschaft nur mehr die kleinen Städte sind, in denen noch klassische Standortfaktoren, wie Rohstoff- und Arbeitskraftorientierung, Gültigkeit besitzen, während mit wachsender Stadtgröße die Mengung der Funktionen ansteigt, die das Kennzeichen der großen Metropolitan Areas bilden, so ist eine Erweiterung dieser Aussage notwendig. Sie resultiert aus den Untersuchungen des Zusammenhangs zwischen Stadtgröße und Bürosektor. Mittels einer Regressionsanalyse konnte P. W. Daniels (1975) die *Zunahme des Anteils der Büroberufe mit der Stadtgröße* belegen, wobei das Take-off des Bürosektors bei den Neuen Städten in Südostengland besondere Beachtung verdient (vgl. Abb. 19).

Über die Zusammenhänge zwischen *Stadtgröße und sozialen Desintegrationserscheinungen* sowie Infrastrukturkosten wird außerhalb der Geographie eine rege Diskussion geführt. Ganz allgemein wird die Auffassung vertreten, daß die großen Städte im Hinblick auf die soziale und technische Infrastruktur zu kostspielig geworden sind; auch werden die nachweisbaren Erscheinungen der Zerstörung der städtischen Umwelt und der sozialen Desintegration ins Treffen geführt. Im Hinblick auf letztere stehen die Städte der USA an der Spitze (vgl. Tab. 3).

Tab. 3 Stadtgröße und Verbrechensrate in den USA 1969

Stadtgröße nach Einwohnern	Zahl d. Städte	Verbrechens-Rate	Gewaltverbr.-Rate	Eigentumsdelikte
		pro 10000 Einwohner		
ländliche Gebiete	1620	1266	103	1156
Suburbs	2341	2904	163	2738
unter 10000	2202	2327	109	2218
10000– 25000	1233	2893	136	2756
25000– 50000	462	3401	174	3224
50000–100000	265	4058	232	3823
100000–250000	97	5116	359	4753
mehr als 250000	58	6485	860	5619

Quelle: Statistical Abstracts of the United States, 1971, S. 142

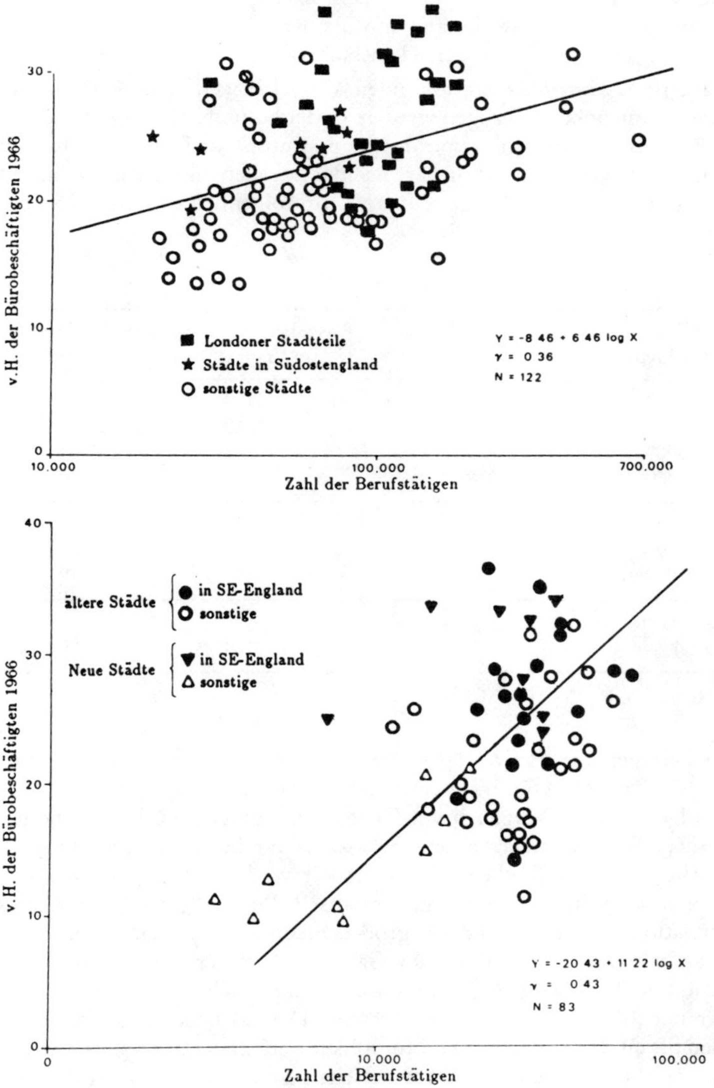

Abb. 19 Die Beziehung zwischen der Gesamtzahl der Berufstätigen einer Stadt und dem Anteil der Bürobeschäftigten (DANIELS, P. W., 1975, S. 104)

Die Tabelle 3 belegt eindrucksvoll das Ansteigen aller Arten von Verbrechen mit der Stadtgröße. In Metropolitan Areas mit mehr als 250000 Einwohnern beträgt die Rate der Gewaltverbrechen bereits mehr als das Achtfache als in Kleinstädten mit weniger als 10000 Einwohnern. In Millionenstädten erreichen die Raten sogar das 12- bis 15fache von denen der Kleinstädte.

Zur Frage der *Infrastrukturkosten* können Vergleichswerte aus den US-amerikanischen Städten nicht herangezogen werden, da der kommunalpolitische Aufgabenbereich der Städte wesentlich kleiner ist als in Europa und die gesamte technische Infrastruktur sowie ein beachtlicher Teil der sozialen Infrastruktureinrichtungen von Privatunternehmen bereitgestellt wird. Im folgenden seien daher französische Daten verwendet (vgl. Tab. 4).

Tab. 4 Stadtgröße und Budget in Frankreich 1980

Stadtgröße nach Einwohnern	Ausgaben im ordentlichen Budget 1980 in Francs/Einw.	Index*
unter 700	1124	52,2
700– 2000	1349	62,6
2000– 5000	1653	76,4
5000–10000	1831	85,0
10000– 50000	2513	116,7
50000–100000	3075	142,7
über 100000 (ohne Paris)	3256	151,2
Nationales Mittel (ohne Paris)	2154	100,0*

Quelle: RICHARD, P., COTTEN, M., 1983

Danach betragen die *Pro-Kopf-Belastungen für Infrastruktur* in den kommunalen Ausgaben in Paris etwa fünfmal soviel und in Städten mit mehr als 100000 Einwohnern das Doppelte im Vergleich mit Kleinstädten unter 5000 Einwohnern. In den europäischen Wohlfahrtsstaaten, wo die soziale und die technische Infrastruktur im wesentlichen von der öffentlichen Hand gestellt werden, stellen jedenfalls die großen Agglomerationen eine echte kommunalpolitische Belastung dar. Ungeachtet solcher Kostenrelationen ist jedoch in den großen Städten der entwickelten Welt derzeit eine unaufhaltsame Entwicklung im Gang, daß immer mehr Kapital in immer kompliziertere Technologien der technischen, aber auch der sozialen Infrastruktur (Großkrankenhäuser und dgl.) investiert wird. Die staatliche Verkehrspolitik fördert dabei den oft ins Treffen geführten Multiplikatoreffekt der ökonomischen Standortvorteile, welcher letztlich der Privatwirtschaft und vor allem dem Funktionieren der Wirtschaft zugute kommt, d.h. der Sammlung und Verteilung, dem Transfer und der Spekulation mit Informationen bzw. Kapital.

Die kleinen Städte kommen hinsichtlich der Ausstattung mit sozialer und technischer Infrastruktur zu kurz. Dabei haben sie jedoch vielfach als Zentrale Orte umfassende Aufgaben für ein ländliches Hinterland zu erfüllen. Aufgrund dieser Situation ist auch eine massive Förderungspolitik zugunsten von Zentralen Orten mittlerer und unterer Ränge durch Zuweisung von Infrastruktureinrichtungen in den abgelaufenen zwei Jahrzehnten (u. a. in der Bundesrepublik Deutschland) erfolgt.

In Hinblick auf die normativen Vorstellungen der Stadtplanung besteht aus Gründen des „menschlichen Maßstabs" und der Überschaubarkeit von städtischen Systemen bei allen Planungsbehörden in hochentwickelten Staaten die Tendenz, Mittelstädte mit 50 000 bis 250 000 Einwohnern als *optimale Stadtgröße* anzusehen, da einerseits unter dieser Größe ökonomische Defizite in der Arbeitsplatzentwicklung und der Ausstattung mit Dienstleistungen bestehen, während über dem Schwellenwert von 250 000 Einwohnern die Pro-Kopf-Kosten im Hinblick auf Dienstleistungen und Instandhaltung der städtischen Umwelt eskalieren. Die wissenschaftliche Frage nach der optimalen Stadtgröße ist bisher unbeantwortet. Die Forschung über die Wechselbeziehungen zwischen Stadtgröße, ökonomischer Produktivität und sozialen Kosten hat keine präzisen Ergebnisse erbracht. B. MALISZ (1968) und einige sowjetische Autoren sehen bei etwa 400 000 bis 500 000 Einwohnern eine Schwelle, über der die Kostenerhöhung für die Infrastrukturaufwendungen die Agglomera-

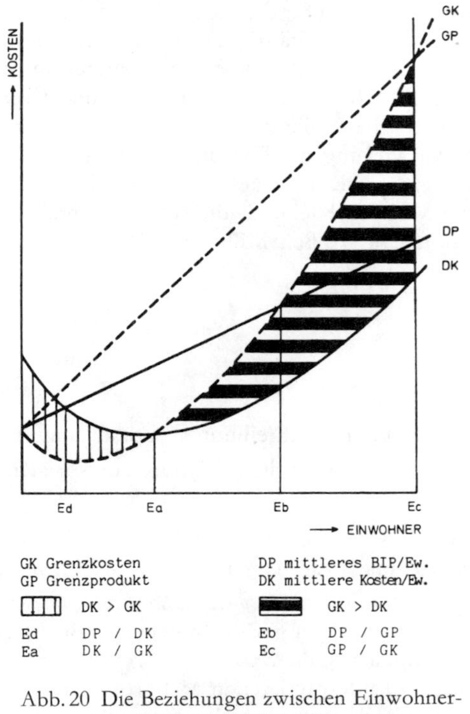

Abb. 20 Die Beziehungen zwischen Einwohnerwachstum, Produktivität und Grenzkosten (nach ALONSO, W., 1964)

tionsvorteile übersteigt (vgl. Abb. 20). W. ALONSO (1964), der neben den angelsächsischen auch sowjetische Quellen ausgewertet hat, stellt dagegen fest, daß zwar sehr viel von „exzessiver" Größe und Dichte gesprochen werde, daß aber nirgendwo Kriterien für die Definition des Übermaßes angegeben seien. Er kennzeichnet die Situation aus der Sicht der Nationalökonomie folgendermaßen: Die Kategorien „groß" und „klein" müssen aus dem Siedlungszusammenhang heraus beurteilt werden. Es kann durchaus angebracht sein, in einem Verdichtungsraum kleine Elemente zu fördern und andererseits, bei isolierter Lage, möglichst große Einheiten anzustreben. Aus der Aussage, daß der größte Zuwachs und die rascheste Entwicklung in mehrkernigen Agglomerationen zu verzeichnen sind, gelangt er zur normativen Forderung nach einer Politik der Förderung eng verknüpfter mittelgroßer Städte, mit der es möglich sei, Agglomerationsvorteile zu erhalten, ohne Größennachteile in Kauf nehmen zu müssen.

Aus der in den USA geführten Diskussion über die optimale Stadtgröße ist ein Indikatorenkatalog hervorgegangen, in dem die einzelnen Indikatoren je nach dem Grad der Kostengünstigkeit eingestuft werden. Aus Abb. 21 ist der Zusammenhang von Stadtgröße und Kostenstruktur von Einrichtungen, Dienstleistungen und „Lebensqualität" zu entnehmen. Die Breite des Bandes entspricht einer dreistufigen Skala. Als positive Indikatoren für die großen Städte stehen zu Buche: Einkommen, Profite der Unternehmer, Stabilität des Arbeitsmarktes, insgesamt somit die sogenannten „economies of scale". Zu diesen zählt interessanterweise auch der Wohnungsmarkt, ferner die Möglichkeiten der Bildung und Kommunikation. Auf der negativen Seite stehen die Indikatoren der Umweltqualität (Luftverschmutzung, meteorologische Auswirkungen). Für die kleineren Städte sprechen Ideologien und Präferenzen, ferner die niedrigeren Lebenshaltungskosten und die bessere Zugänglichkeit im Verkehr. Kleine Städte sind benachteiligt im Einzelhandel und bei der Kanalisation. Die großen Millionenstädte werden als „unregierbar" eingestuft.

2.3.3 Dichte

Die Dichte ist

1. ein zentrales Konzept zur Beschreibung von Stadt und städtischer Umwelt,
2. ein theoretisches Konstrukt für die Erklärung von sozialer Marginalität in städtischen Gesellschaften,
3. eine exponentielle Funktion in der Standorttheorie und
4. ein normatives Instrument für Maßnahmen des Städtebaus und der Stadtplanung.

Die recht umfangreiche, komplexe *Nomenklatur der Dichtebegriffe* ist aus der folgenden Abb. 22 zu entnehmen. Das am häufigsten verwendete Maß zur Kennzeichnung von Städten und Stadtteilen ist die *Bevölkerungsdichte*. Diese stellt eine sehr komplexe und daher schwierig zu interpretierende Meßgröße dar, da sie ihrerseits aus vier Meßgrößen besteht, die sich auf unterschiedliche räumliche Aggregate beziehen:

1. den Anteil der Nettowohnbebauung an der Stadtfläche,

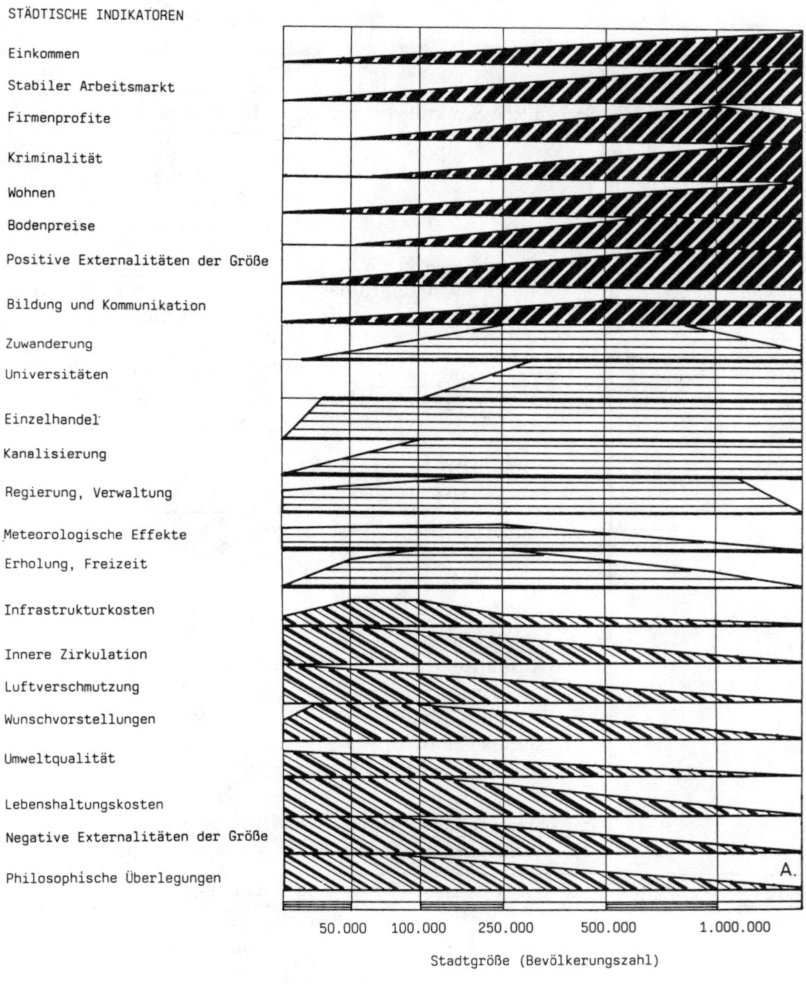

Abb. 21 Stadtgröße und Kostenstrukturen von städtischen Einrichtungen, Dienstleistungen und Lebensqualität (Wentz, D. N., 1976, Tab. 16, S. 32)

2. die Geschoßflächendichte als Maß für die mögliche Ausnutzung der Grundstücke,
3. die Wohnungsziffer, d. h. die Zahl der Wohnungen pro Haus,
4. die Wohnungsbelegung, d. h. die durchschnittliche Zahl von Personen pro Wohnung.

Bezugseinheit	bauliche Struktur	Einwohner
Stadt		Bevölkerungsdichte Zahl der Einwohner/ha Gesamtfläche der Stadt
Bruttowohnbebauung (einschl. Straßen, Grünflächen, Einrichtungen)	Bruttowohnungsdichte Zahl der Wohnungen/ha	Bruttowohndichte Zahl der Einwohner/ha Bruttowohnbebauung
Nettowohnbebauung (ohne Straßen usf.)	Nettowohnungsdichte Zahl der Wohnungen/ha	Nettowohndichte Zahl der Einwohner/ha Nettowohnbebauung
	Gebäudedichte Zahl der Gebäude/ha	
Grundstück	Grundflächenzahl Anteil der überbaubaren Grundstücksfläche	
Haus	Geschoßflächenzahl (GFZ)* (Ausnutzungsziffer) Zahl der Geschosse auf dem laut Grundflächenzahl überbaubaren Anteil der Grundstücksfläche	
	Wohnungsziffer Wohnungen pro Haus	Behausungsziffer Einwohner pro Haus
Wohnung		Wohnungsbelegungsziffer (Wohnungsbelegung) durchschnittliche Zahl von Personen pro Wohnung
		Wohnraumbelegung durchschnittliche Zahl von Personen pro Wohnraum

* z. B. GFZ 2 = 4 Geschosse bei 50% } überbaubarer
10 Geschosse bei 20% } Grundstücksfläche

Abb. 22 Dichtebegriffe (Entwurf: E. LICHTENBERGER)

In der sozialwissenschaftlichen Literatur wird der Begriff der *„internen Dichte"* (= Wohnraumbelegung) in Kausalmodellen mit sozialer Marginalität bzw. abweichenden sozialen Verhaltensweisen in Zusammenhang gebracht, d. h. es wird angenommen, daß eine Zunahme der Dichte eine Zunahme sozialer Desorganisationserscheinungen bewirkt. Dieser für nordamerikanische Städte nachgewiesene Zusammenhang hält allerdings einer Prüfung im interkulturellen Vergleich nicht stand. Hierbei kann es als ein Nachteil der zum Teil sehr umfangreichen soziologischen Analysen angesehen werden, daß die Komplexität des räumlichen Systems der Stadt, welche nur über eine sorgfältige Mehrebenenanalyse erfaßt werden kann, vielfach unter dem Begriff der *„externen Dichte"* subsumiert wurde.

In angelsächsischen geographischen Arbeiten wird die Bevölkerungsdichte als theoretisches Konstrukt für ein antiurbanes Präferenzmodell verwendet, d. h. es wird angenommen, daß die Suburbanisierung mit der Dichte in der Kernstadt ansteigt. Als Beleg für die Richtigkeit dieser Annahme sei die Entwicklung der britischen Agglomerationen im Zeitraum von 1961 bis 1971 vorgestellt (vgl. Abb. 23). Mittels

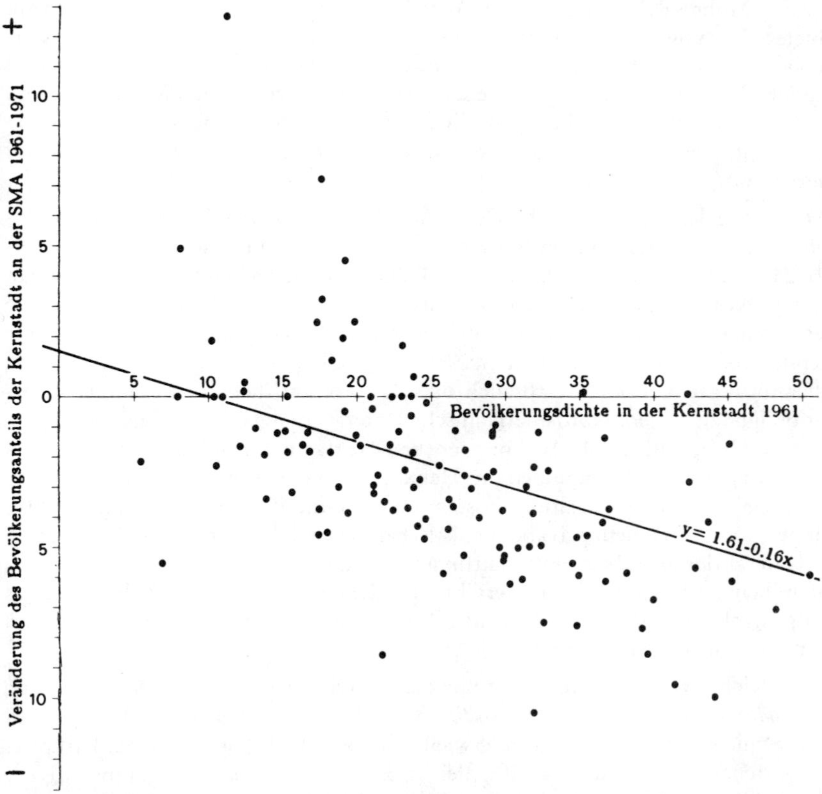

Abb. 23 Die Abhängigkeit der Suburbanisierung von der Bevölkerungsdichte in der Kernstadt (DREWETT, R., GODDARD, J., SPENCE, N., 1976, S. 66)

einer Regressionsanalyse konnte eine stärkere Bevölkerungsabnahme in Kernstädten mit höherer Bevölkerungsdichte festgestellt werden.

Als exponentielle Funktion wird die Dichte von der *Standorttheorie* verwendet, welche auf der klassischen Bodenpreistheorie fußt, nach der die Transportkosten in die Produktionskosten einzubeziehen sind. Diese auf die Theorie der Solitärstadt im Agrarstaat zurückgehende klassische Bodenpreis-Theorie, welche zuerst von VON THÜNEN verwendet, dann von ALONSO (1964) auf den städtischen Bodenmarkt übertragen wurde, ist inzwischen zum Konzept der „Kommunikationskosten" erweitert worden. Sie wird damit bei Berechnungen der Zeit–Kosten–Mühe–Relation im Distanzmodell verwendet. In dieser Relation erfolgt eine *Substitution zwischen Dichte und Transportkosten,* d. h. letztere steigen bei einer Abnahme der Dichte an. Nun wird in dieser Zeit–Kosten–Mühe–Relation in Städten mit Tarifverbund und subventionierten öffentlichen Verkehrsmitteln die monetäre Größe der Kosten (= Fahrpreise) konstantgehalten und damit gleichsam „ausgeschaltet". Es bleiben vom Standpunkt der Benützer – für die innerstädtische Distanz – nur die Zeit–Mühe–Relationen. Diese Ausschaltung des Distanzfaktors muß vom Anbieter, d. h. von den städtischen Verkehrsbetrieben, kostenmäßig verkraftet werden. Deren Strategie ist begreiflicherweise durch Kostenminimierung bestimmt und präferiert daher das integrierte städtebauliche Konzept von hoher Wohndichte und hoher Verkehrsdichte, welches ganz allgemein zur Strategie öffentlicher Verkehrsträger zählt. Die Dichte ist somit ein äußerst wichtiges *normatives Instrument des Städtebaus und der Stadtplanung.*

Die derzeit in der Bundesrepublik Deutschland aufgrund der städtebaulichen Richtwerte geltenden Beziehungen zwischen Wohndichte und Hausformen sind aus Abb. 24 zu entnehmen. Danach liegt die Obergrenze bei 400 Einwohnern je Hektar, und zwar von 6 Geschossen aufwärts. Insgesamt hemmen die Baubestimmungen jedenfalls derzeit noch die Entwicklung neuer, auf Erreichung größerer Wohndichte zielender Bauformen (!). Im Hinblick auf Kapitalkosten, Instandhaltungskosten, Bedienungskosten, Energieverbrauch und dgl. kommt dichtere Bebauung insgesamt billiger zu stehen. Nordamerikanische Untersuchungen in Einfamilienhausgebieten ergaben, daß bei 48 Wohnungen pro Hektar der Kapitaleinsatz um 48% niedriger lag als bei 9 Wohnungen pro Hektar, ferner die Straßen- und Wohnbaukosten um 55%, die Instandhaltungskosten um 11% und die Energiekosten um 49% geringer waren. In einem privatkapitalistischen System, bei dem keine Substitution von Kapital durch Arbeitskraft stattfindet, wie dies in weiten Teilen Europas im Einfamilienhausbau der Fall ist, ergibt sich daraus, daß geringe Wohndichte als Prestigesymbol von besser verdienenden Einkommensgruppen angestrebt wird und daher auch gut vermarktbar ist.

Mit der Dichte verändert sich nicht nur die städtebauliche Struktur, sondern auch das *Verhältnis von Privatheit und Öffentlichkeit.* Bei zu hoher Bebauungsdichte lassen sich verschiedene negative Faktoren, wie Fehlen von Licht, Spielräumen, Parkplätzen, Gartenarealen, verhältnismäßig leicht feststellen, jedoch schwer beseitigen. Außerordentlich wenig ist bekannt über die sozialpsychologische Bedeutung der Dichte als Überbauungsgrad, ausgedrückt im Verhältnis von Gebäudehöhe und lichter Weite (d. h. Gebäudeabstand), über die kulturspezifischen Wendepunkte zwischen dem Gefühl bedrückender Enge oder dem von Schutz und Sicherheit bzw. von richtungsloser Weite bei bestimmter Anordnung und Höhe der Bauten. In diesem Zusammenhang sei auch auf das in der modernen Stadtarchitektur lange Zeit vernachlässigte Konzept der Straße als Bewegungs- und Kontaktraum hingewiesen, welches im Gegensatz steht zu den zur Wohnblockverbauung gehörenden offenen Freiflächen. In interkultureller Perspektive erweist sich die Dichte als weitgehend von städtebaulichen Leitbildern beeinflußte Kategorie, die überdies aufgrund von Normen der Stadtplanung und gesellschaftspolitischen Prinzipien der Wohnungswirtschaft von den Maximen des politischen Systems abhängig ist.

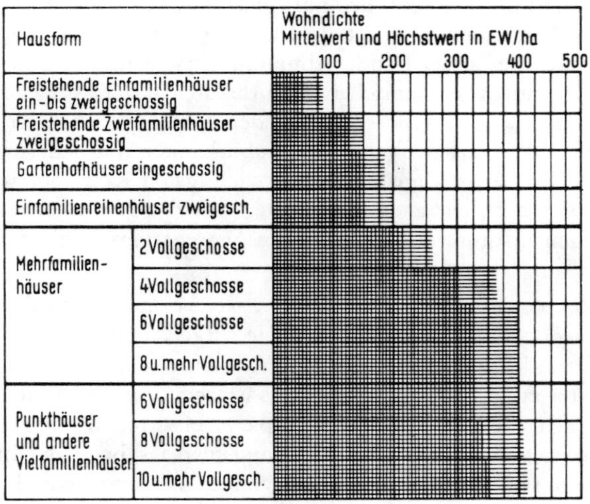

Abb. 24 Nettowohndichte und Hausformen (Müller, W., 1979, S. 122)

2.3.4 Mobilität

Von den angeführten systematischen Kategorien wird die Mobilität (von Bevölkerung und Produktionsfaktoren) entscheidend vom *politischen System* bestimmt. Nur einige Zusammenhänge seien angedeutet.

Eine *hohe Mobilität* ist ein *Kennzeichen privatkapitalistischer Systeme*. Das Musterbeispiel bieten die Städte der USA. In diesen wird die hohe Mobilität auf dem Immobilienmarkt, d. h. der rasche Umsatz von Häusern und Grundstücken, entscheidend von Profitdenken, Risikofreudigkeit und Spekulation getragen. Diese hohe Mobilität wird weder durch bürokratische Prozeduren behindert noch durch eine persönliche Identifizierung mit dem Hausbesitz eingeschränkt.

Aus der sehr hohen Mobilität der Bevölkerung – auch der Mittelschichten und nicht, wie in den gründerzeitlichen Städten Europas, in erster Linie der ärmeren Schichten – resultiert ein hohes Maß an Standardisierung von Wohnvorstellungen und Haushaltsführung, das ebenso selbstverständlich ist wie eine allseits transparente Angebots- und Nachfragestruktur des Wohnungsmarkts und ein nahezu perfektes, marktkonformes Informationssystem.

Um eine so hohe Mobilität der städtischen, vor allem aber der suburbanen Bevölkerung wie in Nordamerika zu generieren, wo jährlich rund 12% den Wohnstandort wechseln, ist es überdies notwendig gewesen, Mobilität als Karrierenorm zu etablieren und mit dem Sozialprestige zu verbinden. Diese hohe Mobilität hat in sozialpsychologischer Hinsicht eine Standardisierung der Kommunikationsformen der Bevölkerung ebenso wie der Aktionsräume zur Konsequenz, weil eine rasche Adaptierung an das jeweils neue Wohnmilieu notwendig ist. Fragen nach der schrittweisen Umpolung des Aktionsmusters nach dem Umzug, wie sie im Rahmen der aktionsräumlichen Forschung in der Bundesrepublik Deutschland mit Recht gestellt wurden, können bei nordamerikanischen Suburbaniten nur fassungsloses Erstaunen erregen. Zu den weiteren Konsequenzen der Mobilität zählt der Mangel einer Identifizierung von Stadtbewohnern und Suburbaniten mit dem jeweiligen städtischen Gebilde. Zu den stadtgeographisch wichtigsten Konsequenzen von hoher Mobilität gehören entsprechend ausgeprägte, über den Hypothekenmarkt und das Schulwesen auch institutionell abgesicherte Segregationsvorgänge in ethnischer, sozialer und demographischer Hinsicht.

Fragt man andererseits nach den Gründen, welche in Europa die Mobilität der Bevölkerung reduzieren, so können folgende aufgelistet werden: Eine *Immobilisierung der Bevölkerung* kann über den Eigenheimbau eintreten, wenn dieser persönlichen Symbolcharakter erhält, wie z. B. bei den Gastarbeitern in den Heimatorten, aber auch bei den „Häuselbauern" in Mitteleuropa. Ebenso reduzieren alle Zuweisungsstrategien eines staatlich verwalteten Wohnungsmarktes, bei dem jahrelange Wartezeiten vorhanden sind, die Mobilität der Bevölkerung weitgehend. Dasselbe gilt für die Mieterschutzgesetzgebung, durch die eine Art Pseudoeigentum an Mietwohnungen geschaffen wurde. Eine solche Immobilisierung hat zur Folge, daß die für privatkapitalistische Wohnungsmärkte postulierten Zusammenhänge von Lebenszyklus und Wohnstandortwechsel partiell außer Kraft gesetzt werden. Einerseits ist es für junge Leute relativ schwierig, eine Wohnung zu finden, und sie müssen überdies vielfach einen jahrelange „Überbelegung" in Kauf nehmen; andererseits erfolgt in vorgerücktem Alter bei Verkleinerung der Haushalte kein Standortwechsel, so daß eine Unterbelegung entsteht, die ebenfalls als systemimmanent in vielen sozialen Wohlfahrtsstaaten angesehen werden kann.

2.4 Begriffe und Konzepte der Zeit

In der Stadtforschung von Geographen werden verschiedene Begriffe und Konzepte der Zeit verwendet. Im folgenden seien die wichtigsten aufgelistet:
1. Historische Perioden,
2. ökonomische Zyklen,
3. Lebenszyklus,
4. rhythmische Phänomene der arbeitsteiligen Gesellschaft,
5. Zeit als Variable der Systemanalyse.

2.4.1 Historische Perioden

In den historischen Wissenschaften und damit auch in der kulturhistorischen Stadtgeographie wird mit dem Periodenbegriff gearbeitet. Grundsätzlich wird dabei von der Annahme ausgegangen, daß innerhalb einer Periode eine relative Stabilität des gesellschaftspolitischen Systems besteht, zwischen den Perioden jedoch starke Veränderungen stattfinden. Derartige Perioden werden daher auch mit Vorliebe durch politische Zäsuren (Kriege, Revolutionen und dgl.) getrennt. Dieses Konzept der Abfolge von Perioden ähnelt einer erdgeschichtlichen Vorstellung, die als „geologische Zyklentheorie“ schon seit langem in die Literatur eingegangen ist, wonach ein periodischer Wechsel von einem Abschnitt ruhiger Entwicklung (Evolution) zu einem solchen mit wesentlicher Steigerung der Kräfte und Vorgänge (Revolution, Katastrophe) erfolgt.

Dieser Hinweis auf die geologische Zyklentheorie erscheint angebracht, weil in der angelsächsischen Humangeographie sowohl die Katastrophentheorie als auch der geologische Zyklusbegriff übernommen wurden und eine interessante Verbindung mit dem ökonomischen Zyklusbegriff eingegangen sind (vgl. N. J. Thrift, 1980). Nun ist der historische Periodenbegriff mit einem Stufenmodell verknüpft, bei dem im Unterschied zu der geologischen Zyklentheorie die Stufenfolge als irreversibel gilt. Als Beispiel hierfür wurde ein *Perioden- und Stufenmodell* der Autorin zur Erklärung der historischen Dimension des europäischen Städtewesens im Kapitel 2.2.4 vorgestellt. Es darf darauf hingewiesen werden, daß nicht nur die verschiedensten Kulturwissenschaften dieses Stufenkonzept verwendet haben, sondern daß sich in teleologischer Perspektive auch der Marxismus dieser Stufenkonzeption bedient.

2.4.2 Ökonomische Zyklen

Werden einzelne Elemente im Zeitablauf fortgeschrieben, so treten zyklische Phänomene auf. Sie wurden bereits vor langer Zeit von der Nationalökonomie als *Konjunkturzyklen* interpretiert. Voraussetzung dafür sind Marktmechanismen, bei denen Angebot und Nachfrage durch interventionistische Eingriffe des Staates nicht gestört werden. Grundsätzlich können derartige Zyklen unterschiedlich lang sein. Auf Mischformen mit Perioden wurde bereits hingewiesen. Besonders wichtig sind *zyklische Phänomene der Bautätigkeit,* in der die wirtschaftlichen Konjunkturzyklen am raschesten einen Niederschlag finden. Sie können im Verein mit der Bodenpreis-Theorie zu einer theoretischen Begründung der baulichen Form von Städten verwendet werden, da es aufgrund der Wohnbauforschung berechtigt erscheint, eine *Serie von Bauzyklen mit einer Abfolge von Bautypen gleichzusetzen.*

Bei der Analyse der *Ringstraße in Wien* konnte dieses Modell getestet und verifiziert werden. Die Bautätigkeit im Ringstraßenbereich 1859–1909 (vgl. Abb. 25) zerfällt

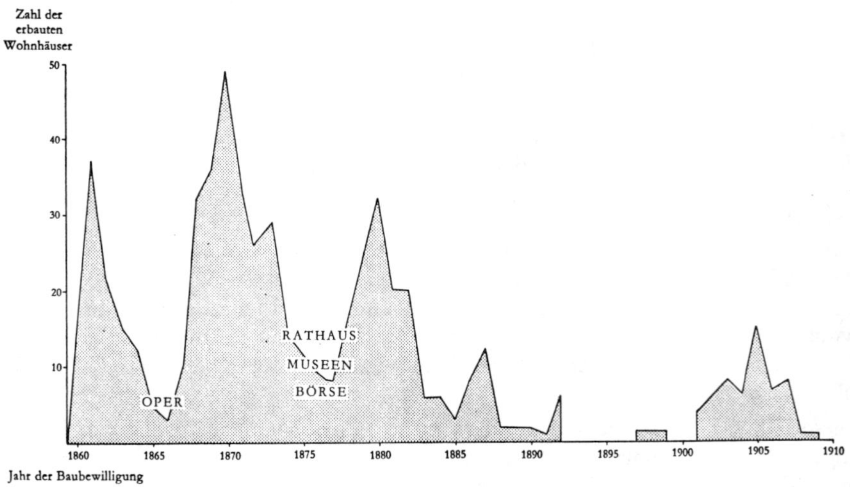

Abb. 25 Zyklen der Bautätigkeit im Wiener Ringstraßenbereich 1859–1909 (Lichtenberger, E., 1970 a, S. 19)

deutlich in vier Bauphasen, in deren Einschnitten die großen öffentlichen Gebäude, wie Oper, Rathaus, Museen und Börse, vom Staat errichtet wurden. Die heute allgemein gängige antizyklische Baustrategie des Staates wurde somit bereits in den Gründerjahren praktiziert. Die sehr scharf abgrenzbaren Zyklen mit einer durchschnittlichen Länge von einem Jahrzehnt entsprechen jeweils spezifischen Wohnbautypen mit charakteristischer Grundriß- und Fassadengestaltung, unterschiedlichen Kapitalgebern und Mietern (vgl. Abb. 26).

In der ersten Bauphase, 1861 bis 1865, sind noch letzte Ausläufer des Mietpalais des Adels zu finden, während in der zweiten Bauphase, 1868–1873, das bürgerliche Miethaus absolut dominierte, bei dem eine Vielzahl von Grundrißvarianten entstand. Die dritte Bauphase, 1878–1882, wurde vom Großbürgertum bestimmt. Die

Bebauungsdichte nahm zu, Doppeltrakter, mit Aufzügen ausgestattet, traten als neuer Bautyp auf. Die vierte Bauphase, 1901–1908, ist durch Vollüberbauung der Parzelle gekennzeichnet. Der Hausbesitz geht in die Anonymität von Hypothekenbanken, Realitätenbüros und Erbengemeinschaften. Unter den Mietern sind Angehörige der freien Berufe überdurchschnittlich stark vertreten. Selbst in dem nur kleinen Areal der Ringstraße treten *in jedem Zyklus mehrere Bautypen* auf, die sich in architektonischer Struktur, Kapitalgebern und Mietern unterscheiden. Derartige Bautypen breiten sich mit einer Zeitverschiebung peripher im Stadtraum aus. Es ist damit intraurban eine Anwendung der Innovations- und Diffusionstheorie auf Wohnbautypen sinnvoll und möglich. Auf beide Feststellungen wird noch eingegangen (vgl. Band II).

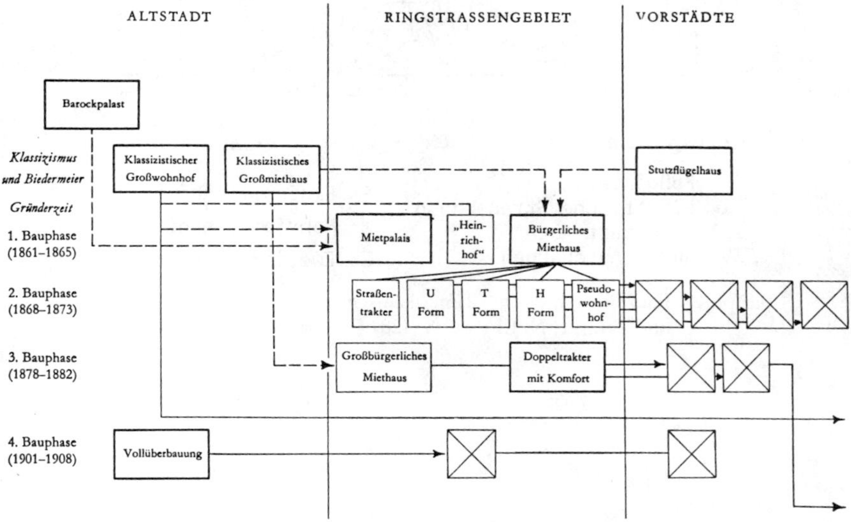

Abb. 26 Bautypen und Bauzyklen im Wiener Ringstraßenbereich 1859–1909 (LICHTENBERGER E., 1970a, S. 47)

Die Diskussion von Bauzyklen und Bautypen führt zur grundsätzlichen Frage nach dem räumlichen Niedergang derartiger (wie immer zu definierender) Zyklen im Stadtraum. Die angelsächsische Literatur hält ein äußerst einfaches und damit Suggestivkraft besitzendes *Modell von Bauzyklen und Zonen der nordamerikanischen Stadtentwicklung* bereit. Es sei im folgenden vorgestellt. Zunächst die Bauzyklen in der nordamerikanischen Stadt. Die Abb. 27 stellt den Zeitraum von 1890 bis 1960 dar. Eindrucksvolle Zäsuren bilden das Ende des Ersten Weltkrieges (1918), die Rezession der frühen dreißiger Jahre und das Ende des Zweiten Weltkrieges (1945).

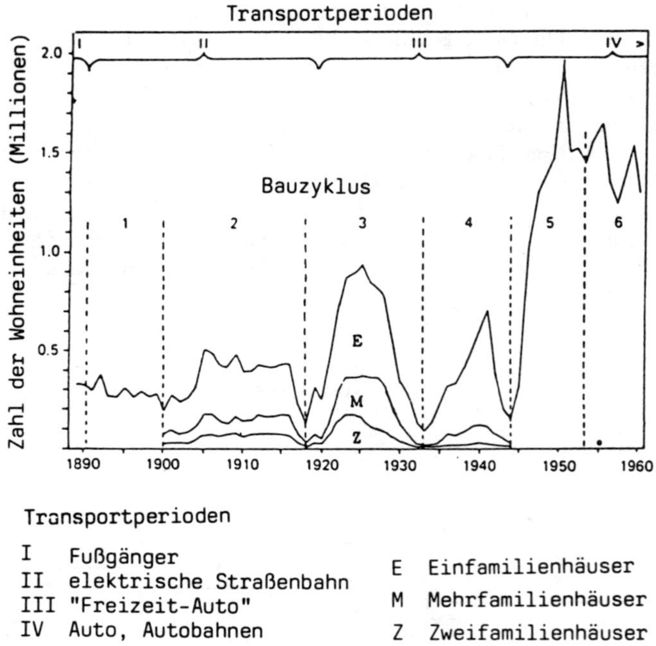

Abb. 27 Bauzyklen in der nordamerikanischen Stadt (Parks, D. N. und Thrift, N. J., 1980, S. 428)

Ebenso eindrucksvoll ist der enorme Bauboom der fünfziger und sechziger Jahre, zu dem ein Gegenstück in den europäischen Städten in dem Ausmaß fehlt. Die ausgewiesenen sechs Bauzyklen werden in ein Zonenmodell des Wachstums von Stadt und Agglomerationen transferiert (vgl. Abb. 28). Als entscheidender Parameter wird die Verkehrsentwicklung angesehen, ferner erfolgt eine Kennzeichnung der einzelnen Zyklen und damit der Zonen nach allgemeinen physischen Strukturmerkmalen und dem Wohnbaustil. Die Aussagen gelten für den Nordosten der USA (vgl. Abb. 29).

Dieses Modell von Bauzyklen und Zonen der nordamerikanischen Stadtentwicklung enthält eine Reihe von sehr wesentlichen Annahmen:

1. Der Erklärungswert des Modells steht und fällt mit dem Vorhandensein eines privatkapitalistischen Mechanismus des Wohnungsmarktes. Sobald dieser außer

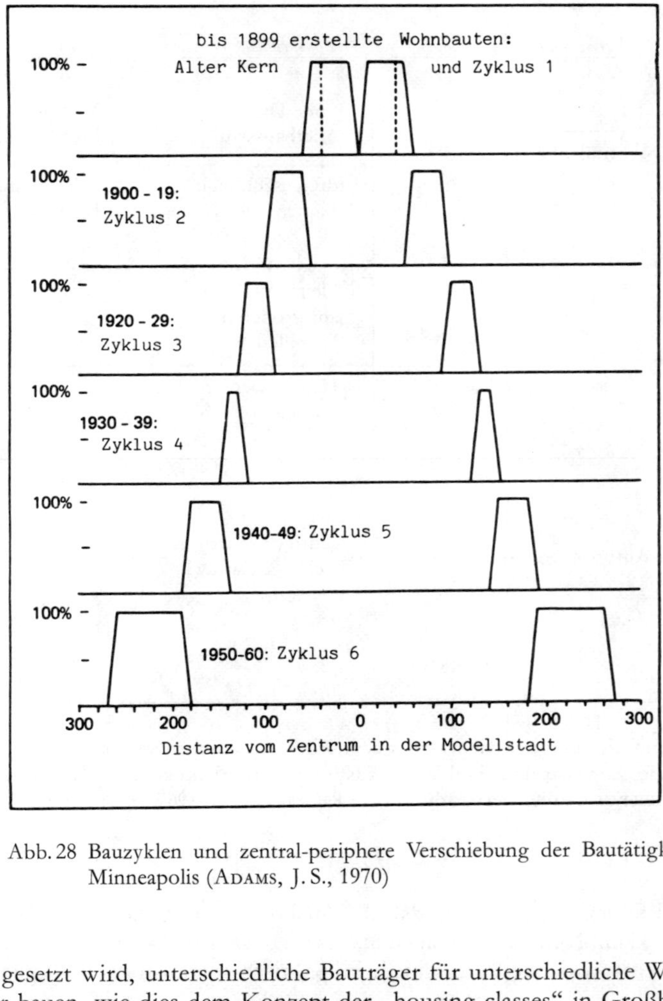

Abb. 28 Bauzyklen und zentral-periphere Verschiebung der Bautätigkeit in Minneapolis (Adams, J. S., 1970)

Kraft gesetzt wird, unterschiedliche Bauträger für unterschiedliche Wohnungswerber bauen, wie dies dem Konzept der „housing classes" in Großbritannien entspricht, bzw. unterschiedliche Wohnformen von denselben sozialen Gruppen eingenommen werden, ist das Konzept eines dominierenden Bautyps in einem Zyklus nicht mehr haltbar.

2. Das Modell enthält die Annahme der absoluten Dominanz einer nach außen fortschreitenden „Stadterweiterung". Es findet danach keine „Stadterneuerung" statt. Auch diese Vorstellung trifft nicht auf die europäischen Städte zu.
3. Es wird davon ausgegangen, daß keine Innovation und Diffusion von physischen Objekten (welcher Art immer) im Stadtraum stattfindet. Auch diese Auffassung ist nicht generell anwendbar.

Bauzyklen	*Verkehrsmittel (Perioden)*	*Zonencharakteristik*	*Baustil*
Zyklus 1 vor 1899	Fußgängerverkehr I	hohe Dichte Miethausstruktur	Victorian „ginger- bread castle“
Zyklus 2 1900 bis 1919	Straßenbahn II	dreigeschossige Bauten	eklektizistische Kubatur
Zyklus 3 1920 bis 1929	Freizeitauto III	kleinere Häuser auf größeren Parzellen	Bungalows
Zyklus 4 1930 bis 1939		Häuser werden größer	Neokolonialer Stil
Zyklus 5 1940 bis 1949			Ranch-Stil
	Autobahnen IV	niedrige Dichte urban sprawl	
Zyklus 6 1950 bis 1960			Split-level-Haus funktionalistisch- modern und Kopie des Kolonialhauses

Abb. 29 Kennzeichnung der Bauzyklen in der nordamerikanischen Stadt nach Verkehrstechnologie, Zonenstruktur und Wohnbaustil im Nordosten der USA (Entwurf: E. Lichtenberger, unter Verwendung von: Rickert, J. E., 1967, S. 211–38)

4. Es wird ferner angenommen, daß die Ausbreitung der Stadt ohne Hindernisse erfolgen kann. Nun bestehen auch in dieser Hinsicht zwischen Nordamerika und Europa entscheidende Unterschiede im politisch-administrativen Organisationssystem.

Im folgenden seien Aussagen zu einem *„kontinentaleuropäischen Modell“* gegenübergestellt:

1. Geht man davon aus, daß in Europa der Boden ein sehr knappes Gut darstellt, und nimmt man an, daß daher die Bodenpreise von Zyklus zu Zyklus sprunghaft steigen, so ergibt sich daraus, daß die Bebauung entweder dichter und/oder höher werden muß (vgl. Abb. 30).
2. In zahlreichen europäischen Staaten erfolgte schon seit dem Ersten Weltkrieg eine partielle Ausschaltung kapitalistischer Marktmechanismen in der Bautätigkeit. An Hand der Wiener Wohnbautätigkeit ist diese Zäsur zwischen der durch

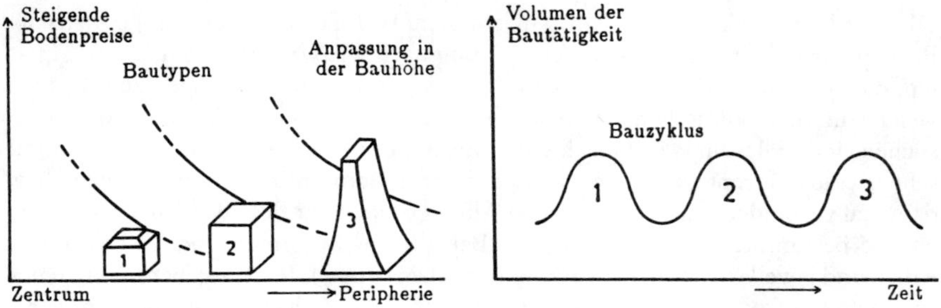

Abb. 30 Steigende Bodenpreise und Bauzyklen (Entwurf: E. LICHTENBERGER)

Zyklen geprägten Bautätigkeit vor dem Ersten Weltkrieg und der nur mit geringen Schwankungen verlaufenden Entwicklung seither gut zu demonstrieren (vgl. Abb. 31). In der Zeit der schwersten wirtschaftlichen Krise der Stadt in der Zwischenkriegszeit hat der kommunale Wohnbau den privaten Wohnbau ersetzt. Erst mit dem Auftreten neuer Bauträger (Genossenschaften, Eigentumswohnungsbau) in der Nachkriegszeit wurde der kommunale Wohnbau wieder schrittweise reduziert.

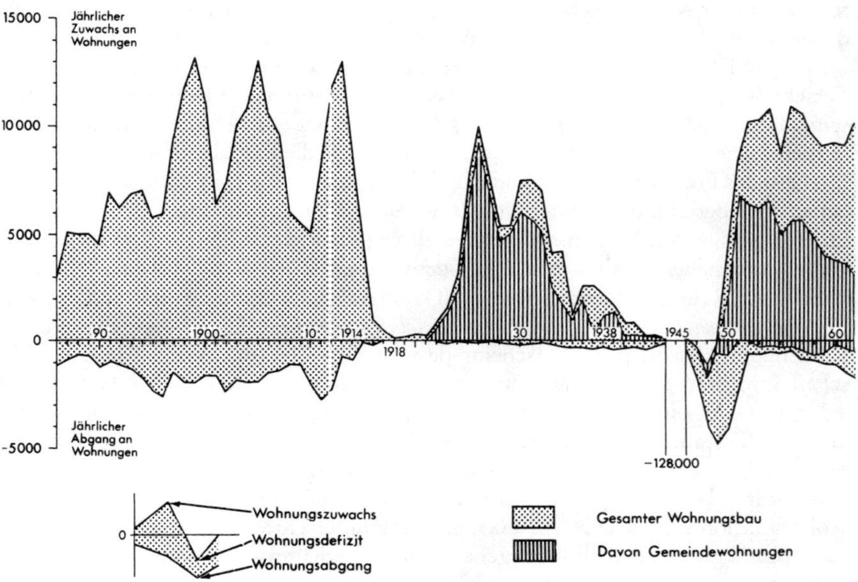

Abb. 31 Die Wohnbautätigkeit in Wien in der Gründerzeit, Zwischenkriegszeit und Nachkriegszeit (LICHTENBERGER, E., Tafel IX in: H. BOBEK und E. LICHTENBERGER, 1966)

Ökonomische Zyklen sind selbst in sozialen Wohlfahrtsstaaten als heuristisches Prinzip zur Erklärung der Stadtentwicklung nach wie vor brauchbar, da sie gestatten, die vom Marktmechanismus abweichenden Rahmenbedingungen zu erkennen, welche in den politischen Determinanten und den städtebaulichen Normen zu suchen sind. Allerdings stellt sich die Frage, ob es nicht besser wäre, das ökonomische Zykluskonzept durch das soziologische Kohortenprinzip zu ersetzen (bzw. damit zu verbinden), das gestattet, von Altersgruppen der Bevölkerung auszugehen, welche bestimmte Vorstellungen über Baustile, Wohnformen und Wohnwünsche haben und jeweils mit anderen architektonischen Moden, Kapitalgebern und Steuersystemen konfrontiert werden. Damit wäre ein flexibler Rahmen vorhanden, der es auch gestatten würde, die demographischen Veränderungen der Bevölkerung, u. a. die der Haushaltstypen, einzuschließen. Abschließend sei festgestellt, daß die Untersuchung der Bautätigkeit und der Bauformen zweifellos zu den „immanenten Aufgaben" der Stadtgeographie zählt. Auf sie wird in Band II daher noch ausführlich eingegangen.

2.4.3 Lebenszykluskonzept

Eine dritte Zeitkonzeption beruht auf dem Lebenszyklus. Sie kann mit dem Kohortenprinzip der soziologischen Forschung verknüpft werden und geht davon aus, daß im Laufe des Lebens des einzelnen abschnittsweise verschiedene Standortbewertungen und -ansprüche sowie Zielsetzungen bestehen und daß, entsprechend den Verschiebungen von Möglichkeiten, Werten und Normen, Standorten eine unterschiedliche „Qualität" zugeschrieben wird. So verändern sich die Wohnansprüche in spezifischen Stadien des Lebenszyklus ebenso wie die Partizipation an räumlichen Mustern des Freizeitverhaltens und damit die Nutzung von Einrichtungen verschiedener Art. Besonders eindrucksvoll lassen sich derartige Standortverschiebungen im Übergang von der arbeitsteiligen Gesellschaft zur Freizeitgesellschaft feststellen. Dabei verschieben sich nicht nur die Standorte zwischen dem ländlichen und dem städtischen Raum, sondern es tritt auch eine Aufspaltung der Wohnstandorte auf; *„Freizeitwohnungen"* separieren sich von *„Arbeitswohnungen"*. Die Bildung dieses komplementären Begriffspaares erscheint deswegen berechtigt, da die Freizeitgesellschaft ihre innere Begründung aus der arbeitsteiligen Gesellschaft erhält, in der jeder, sei es Arbeitgeber oder Arbeitnehmer, im Lebensabschnitt seiner Berufstätigkeit eine bestimmte soziale Stellung aufgrund der gesellschaftlichen Bewertung seiner Arbeitsleistung einnimmt. In den drei Hauptabschnitten im Lebenszyklus – Ausbildung, Berufstätigkeit und Ruhestand (Pension) – erfolgt die Aufspaltung der Wohnfunktion aus verschiedenen Gründen mit unterschiedlicher Standortwahl. Wie aus Abb. 32 zu entnehmen ist, ergeben sich im Verhältnis von Hauptwohnsitz und Zweitwohnsitz im Lebenslauf wesentliche Verschiebungen.

In erweiterter Form wird das *Konzept des Lebenszyklus* in einer „Familienideologie" verwendet. In den einzelnen Phasen des „Familienlebenszyklus" wechseln die Haushaltsstrukturen und dementsprechend die Ansprüche an die Wohnung und deren

Abschnitt im Lebenszyklus	*Städtischer Raum*	*Ländlicher Raum*
Ausbildung	Zweitwohnsitz = Ausbildungswohnsitz	Hauptwohnsitz (Eltern, Verwandte)
Berufstätigkeit		
Alleinstehende, junge Ehepaare	Dauerwohnsitz	–
Ehepaar mit Kindern	Hauptwohnsitz =	Zweitwohnsitz =
Ehepaar im mittleren Alter ohne Kinder	Arbeitswohnsitz	Freizeitwohnsitz
Pension (Rente, Ruhestand)		
Ehepaare	Zweitwohnsitz	Hauptwohnsitz = Alterswohnsitz
Alleinstehende	Dauerwohnsitz	–

Abb. 32 Standortwechsel im Lebenszyklus zwischen Hauptwohnsitz und Zweitwohnsitz (LICHTENBERGER, E., 1980a, S. 4)

Standort. Der Lebenszyklus besteht (was nicht direkt ausgesprochen wird) aus einer Aufbau- und einer Abbauphase, wobei unter Bezug auf den durchschnittlich achtmaligen Wohnungswechsel eines Nordamerikaners den einzelnen Stadien folgende Wohnstandorte zugeordnet werden (vgl. Abb. 33):

Lebenszykluskonzept	*Wohnstandort*
Aufbauphase	
1. Alleinstehende(r) junge(r) Berufstätige(r)	billige Apartmentwohnung in der Downtown
2. Berufstätiges Ehepaar	größere Apartmentwohnung in der Downtown
3. Familie mit Kindern/ Kleinkinderphase	Suburb, mit kleinem Einfamilienhaus
4. Kindererziehungsphase (Highschool)	Suburb, mit größerem Einfamilienhaus
5.	Umzug in anderen Suburb, entsprechend der Laufbahn des Mannes
Abbauphase	
1. Kinder werden selbständig und verlassen das Elternhaus	kleineres Einfamilienhaus bzw. Rückkehr in die Downtown
2. Eltern scheiden aus dem Berufsleben aus	Rückkehr in die Downtown in Apartmentwohnung
3. Ein Ehepartner bleibt verwitwet allein zurück	Kleinwohnung in der Downtown oder Altersheim

Abb. 33 Aufbau- und Abbauphasen des Lebenszyklus und mögliche Standorte (USA) (Entwurf: E. LICHTENBERGER)

Diese Abfolge enthält eine *Reihe von Annahmen:*

1. die Annahme einer sehr hohen Mobilitätsbereitschaft und dementsprechend geringen „kulturellen Gepäcks“, um in jedem neuen Lebensabschnitt den Wohnstandort zu wechseln und damit jeweils neue Aktions- und Wahrnehmungsräume sowie persönliche Kontaktfelder aufzubauen,
2. die Auffassung, daß für eine Familie das Wohnen im Einfamilienhaus das Optimum bedeutet, und
3. die Annahme, daß breite Bevölkerungsschichten sich dieses tatsächlich leisten können.

Treffen diese Annahmen zu, so ist es relativ einfach, der Kernstadt und den Apartmenthäusern einerseits ledige Berufstätige, junge Ehepaare sowie aus dem Berufsleben ausgeschiedene ältere Personen zuzuschreiben und andererseits die Zahl der notwendigen Einfamilienhäuser für die spezifischen Abschnitte des Lebenszyklus zu „berechnen“.

In der *Abbauphase* wird implizit der in kapitalistischen Systemen selbstverständliche Wechsel in kleinere Wohneinheiten, der durch die hohen Wohnkosten (Hauserhaltungskosten, Steuern, Mieten und dgl.) erzwungen wird, vorausgesetzt. Bei einer Niedrigmietenpolitik trifft diese Annahme jedoch nicht zu; es erfolgt bei Verkleinerung der Haushalte kein Wohnungswechsel, außer wenn totalitäre Umverteilungsmechanismen dies erzwingen. Damit besteht eine interessante Parallele zwischen den ökonomischen Pushfaktoren privatkapitalistischer Systeme und den Pushfaktoren durch Zuteilungsquoten des Staatszentralismus. Es ist eine offene Frage, ob und wieweit ältere Kulturtraditionen des europäischen Städtewesens, in dem die Beibehaltung des Wohnstandortes ab dem mittleren Lebensalter selbstverständlich war, sich behaupten können oder ebenfalls abgebaut werden.

Während es sich beim Lebenszykluskonzept um ein biologisches Konzept handelt, aus dem die Frage nach den Prinzipien der demographischen Segregation resultiert, impliziert das Kohortenprinzip gesellschaftlichen Wandel. Daraus ergibt sich, daß aufeinanderfolgende Kohorten – da sie mit unterschiedlichen Werten und Normen „ausgestattet“ sind – beim Durchlaufen des Lebenszyklus sich unterschiedlich im Stadtraum „einrichten“, ihn unterschiedlich gestalten und verändern werden. Bedauerlicherweise ist bei der vorwiegend um Fragen der sozialen Gruppen kreisenden Sozialgeographie das Kohortenprinzip bisher in der Forschung nicht verwendet worden.

2.4.4 Rhythmische Phänomene der arbeitsteiligen Gesellschaft

Der vorgegebene Zeitplan der arbeitsteiligen Gesellschaft im Tages-, Wochen- und Jahresablauf führt zur Ausbildung rhythmischer Phänomene, deren Registrierung auf der Individualdatenebene grundsätzlich von drei Seiten aus möglich ist:

1. Durch *Messung der Verkehrsströme* in den Quell- und Zielgebieten bzw. in bestimm-

ten Querschnitten. Als Beispiel wurde der Tagesverlauf des Verkehrsaufkommens in Paris und in Chicago, und zwar jeweils differenziert nach den Gründen, abgebildet (vgl. Abb. 34, 35). Man erkennt daraus, daß die Wirtschaftsrhythmen der beiden Metropolen unterschiedlich sind und die „ruhs-hours“ des Arbeitsverkehrs am Morgen und Abend in Paris durch einen kleinen Mittagsgipfel ergänzt werden, da Angehörige der gehobenen Berufe immer noch eine zweistündige Mittagspause machen. Auch folgt der Einkaufs- und der Vergnügungsverkehr jeweils einem spezifischen „way of life“.

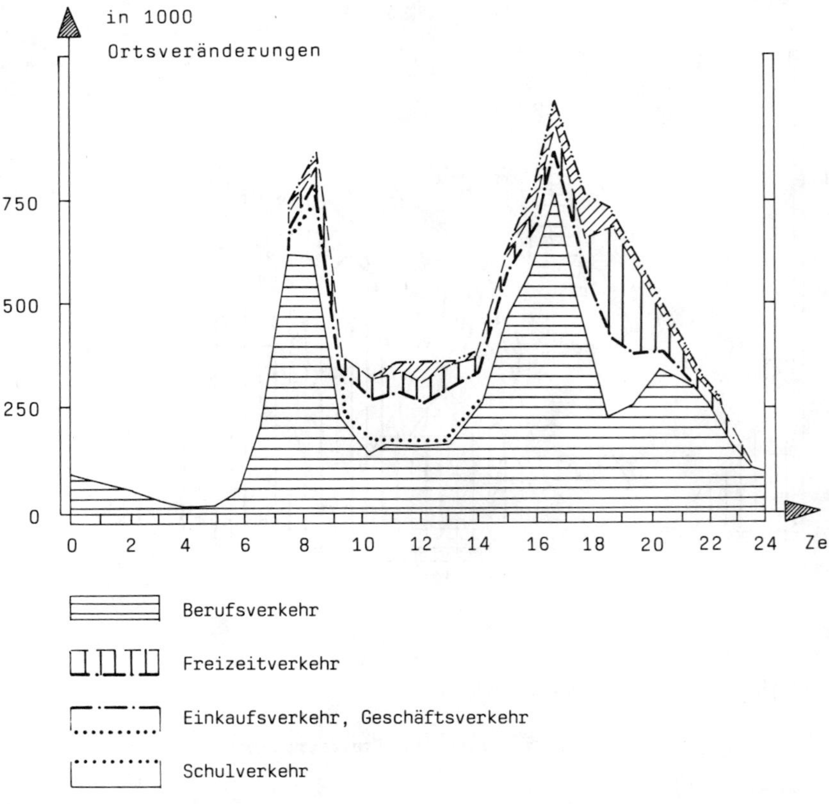

Abb. 34 Tagesgang des Verkehrs nach Zielen in Chicago (vereinfacht nach: Chicago Area Transportation Study 1959, in: BERRY, B. J. L. und HORTON, F. E., 1970, S. 517)

2. Die zweite Untersuchungsmethode ist aus der amerikanischen Soziologie (M. CHAPIN, 1974) durch die Time Geography (TH. HÄGERSTRAND, 1977) in die Geographie eingebracht worden. Hierbei werden das *Zeitbudget des Individuums* und rhythmische Standortverlagerungen aufgrund der Teilnahme an bestimmten Aktivitäten der städtischen Gesellschaft registriert (vgl. E. WIRTH, 1979). Diese auf der Basisideologie der Konsumgesellschaft beruhende Forschungskonzeption, nach der Zeit eine knappe Ressource des einzelnen darstellt und seine Aktivitäten möglichst „befriedigend" gekoppelt werden sollen, enthält freilich keine Vorgaben, die die räumliche Verortung der Einrichtungen im Stadtraum definieren. Gerade diese Tatsache ist ein Beleg dafür, daß, wie in der Einleitung bemerkt, in einer perfekt verstädterten Gesellschaft die Stadt zu einem „non-place" wird.

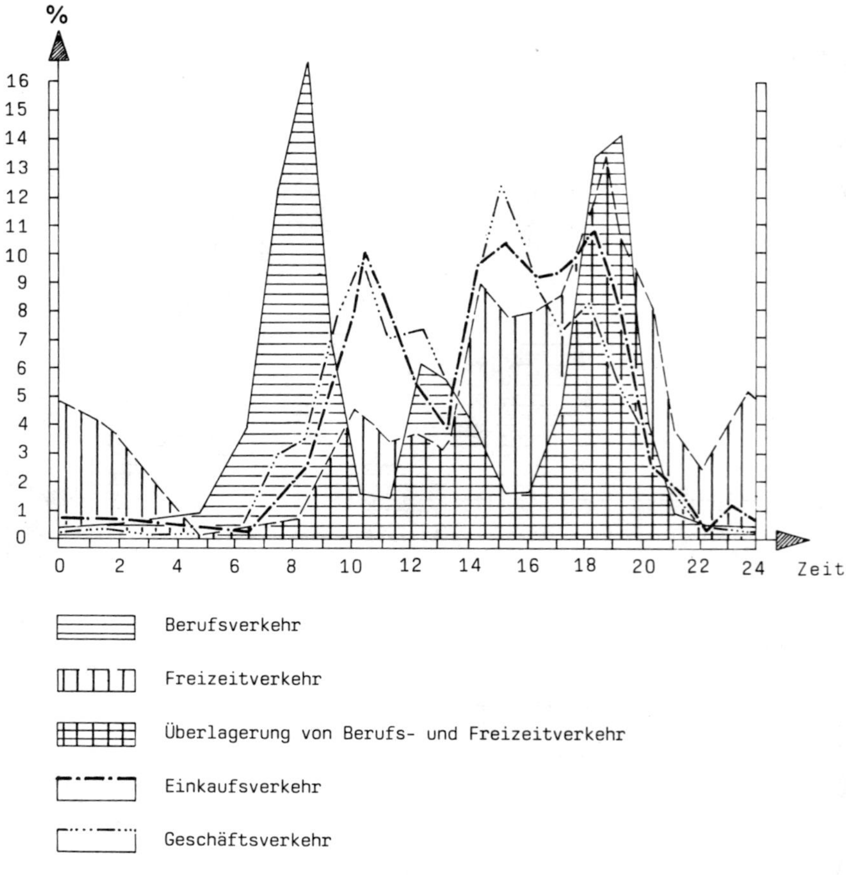

Abb. 35 Tagesgang des Verkehrs nach Zielen in Paris (nach: WOLKOWITSCH, M., 1973, S. 304)

3. Die dritte Untersuchungsmethode beruht auf der *Feststellung der Nutzung des Stadtraumes* bzw. derjenigen von spezifischen Einrichtungen (z. B. Parkanlagen, Bäder, Geschäfte und dgl.). Das in diesem Zusammenhang mit Abstand wichtigste Konzept hat E. KANT 1962 entwickelt. Es beruht auf der Trennung der Funktionen Arbeiten und Wohnen im Stadtraum. Danach unterscheidet KANT die *„Tagbevölkerung"* und die *„Nachtbevölkerung"* einer Stadt (vgl. Abb. 36). Die „Tag- und Nacht-

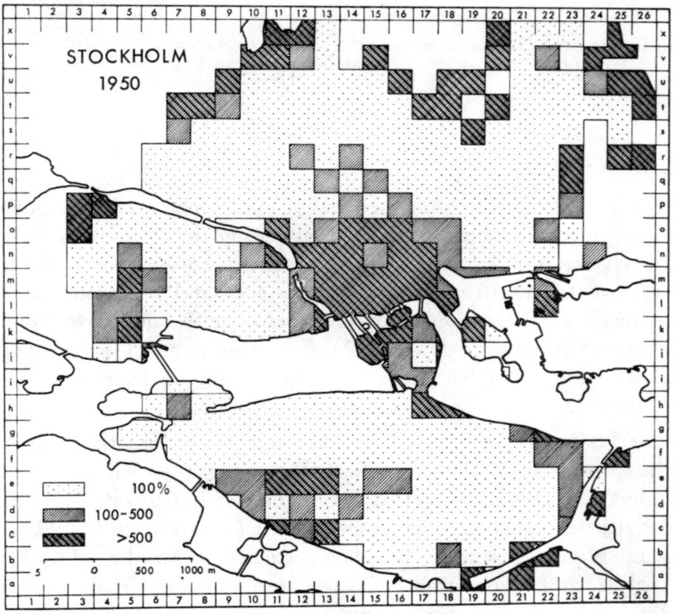

Abb. 36 Das Verhältnis der Tagbevölkerung zur Nachtbevölkerung in Stockholm 1950 (KANT, E., 1962, S. 363)

gleiche" ist ein wichtiges Abgrenzungskriterium für die City. Auch die randliche Industriezone wird durch das Verhältnis von Tag- und Nachtbevölkerung sehr gut erfaßt. N. J. THRIFT (1980) hat sich besonders mit den im Tagesverlauf auftretenden Phänomenen der Nutzung des Stadtraumes durch Sozialgruppen mit abweichendem Sozialverhalten beschäftigt. Von R. RAPOPORT (1977) stammt Abb. 37, in der die Flächen der *„Tag-"* und der *„Nacht-Kriminalität"* in New York dargestellt sind. Zentrale Parkanlagen wie der Central Park, welche am Tag allgemein benützt werden können, gelten in der Nacht als unsicher und werden gemieden.

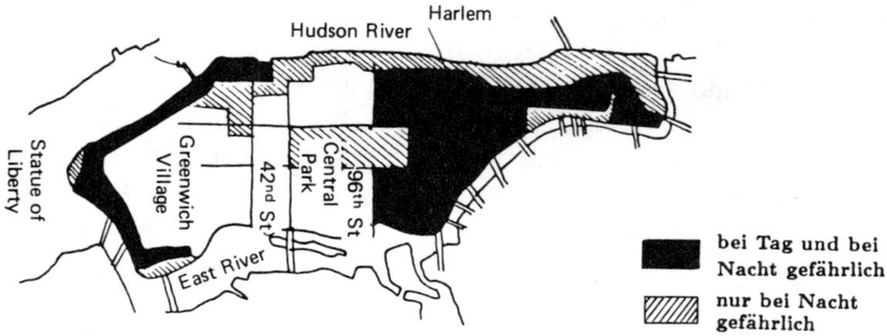

Abb. 37 Tag- und Nachtkriminalität in New York (Rapoport, A., 1977, S. 154)

Während der Tag-Nacht-Rhythmus bereits gut untersucht ist, fehlen Untersuchungen über den Wochenrhythmus und die Entleerung der Städte am Wochenende. Symptomatisch ist die Überrepräsentanz von Nicht-Autobesitzern (Jugendlichen, alten Leuten, Gastarbeitern) im Stadtraum (besonders in Parkanlagen) am Wochenende. Dasselbe gilt für den saisonalen Wechsel der Arbeits- und Freizeitbevölkerung, der zunehmend an Bedeutung gewinnt. Auch für viele andere Großstädte gilt heute sinngemäß der schon ältere Satz über Rom, daß, wenn die Touristen kommen, die Römer die Stadt verlassen.

Rhythmische Phänomene sind in Gradientenfelder transferierbar und bewirken rhythmische Kontraktionen derselben gegenüber einer potentiellen maximalen Ausdehnung. Derartige rhythmische Veränderungen der Reichweiten konnten bisher u.a. für den Einzelhandel nachgewiesen werden (W. Meschede, 1971). Von der Angebots- und Nachfrageseite her bestehen verschiedene Möglichkeiten einer empirischen Analyse in betriebswirtschaftlicher und sozialgeographischer Hinsicht. Auch hier ist noch ein weites Forschungsfeld offen.

2.4.5 Zeit als Variable der Systemanalyse

Mit der analytischen Geographie ist auch die Gedankenwelt der Systemanalyse in die Stadtgeographie eingebracht worden. Für die Erfassung der Zeit bestehen grundsätzlich zwei Möglichkeiten:

1. Die Zeit bildet (als Intervalldatum) ein *Merkmal von Systemelementen.*
2. Die Zeit wird als *Attribut der Beziehungen zwischen Systemelementen* aufgefaßt.

ad 1. In den Faktorenanalysen über nordamerikanische Städte ist es durchaus gebräuchlich, das Alter von Städten (definiert als Zahl der Jahre seit der Gründung) als Variable aufzunehmen. Auch in den Kausalmodellen der amerikanischen Soziologie wird das Alter von Städten gelegentlich als erklärende Variable benützt. Mit zunehmendem Stadtalter kommt es danach zu Verfallserscheinungen der physischen Struktur und sozialer Desorganisation der städtischen Gesellschaft.

ad 2. In der ökonomischen Standorttheorie bildet die Zeit ein Attribut der Beziehungen zwischen den Systemelementen und kann durch Kosten und Mühe (Risiko) substituiert werden. Damit ist es möglich, die Zeit als *„Funktion der räumlichen Distanz"* zwischen zwei Standorten mittels einfacher Gleichungssysteme, im Sinne von

Distanz = Zeit + Kosten + Mühe (Nachfrager) bzw.
Distanz = Zeit + Kosten + Risiko (Anbieter),

in die Konzeption des Gradientenfelds zu transferieren. Auf dieser Konzeption beruhen praktisch alle distanziellen ökonomischen Theorien.

Die Stabilität von Gradientenfeldern ist grundsätzlich von der Stabilität der Zeit-Kosten-Mühe-Relation als Parameter für die Entfernung abhängig. Bei Reduzierung des Zeitaufwandes für die Distanz und gleichbleibenden Kosten-Mühe-Relationen erweitern sich die Gradientenfelder. Es kommt zu einer Überlagerung der kleineren durch größere, bis schließlich die kleineren verschwinden. Auch Veränderungen der Kosten, so zum Beispiel die Einführung des Nulltarifs, müssen sich auf die Reichweite von Aktionsräumen auswirken.

Grundsätzlich verlieren mit dem fortschreitenden Abbau des Distanzfaktors durch immer raschere Verkehrsmittel bei gleichbleibenden Kosten-Mühe-Relationen nicht nur hierarchische Strukturen im zwischen- und innerstädtischen System an Bedeutung, wobei vor allem die unteren Stufen in der Rangordnung betroffen sind, sondern es kommt auch zu einem Rückzug der Einrichtungen aus der Fläche. Gleichzeitig damit büßen auch die distanziellen Theorien ihren Erklärungswert ein. Assoziationen von Standorten verändern sich, und neue Assoziationen entstehen. Das gesamte städtische System wird durch die Veränderung des Zeitaufwands, welcher zur Durchmessung einer bestimmten physischen Struktur benötigt wird, ganz wesentlich betroffen. Die Veränderungen der Zeit-Kosten-Mühe-Relationen in Gradientenfeldern werden durch Entscheidungen auf verschiedenen Ebenen bestimmt:

1. den technologischen Standard des Verkehrssystems,
2. die Allokations- und Investitionsstrategie von seiten wirtschaftlicher und politischer Entscheidungsträger, d. h. der Strategie der Zuordnung bzw. Neuordnung von Standorten und, im Falle der Verkehrspolitiker, von Liniennetzen und Tarifsystemen,
3. das aktionsräumliche Verhalten der Benützer.

2.5 Raumbegriffe

Vorausgeschickt sei, daß es weit schwieriger ist, bei den Begriffen und Konzepten des Raumes Ordnungsprinzipien aufzustellen als bei denen der Zeit. Die folgenden Ausführungen sollen daher nur als ein erster Versuch gewertet werden.

2.5.1 Der Realobjektraum der Stadt

Der bisher nicht strapazierte Begriff des Realobjektraums von Städten wird verwendet, um damit wissenschaftsgeschichtlich belastete Begriffe wie „Morphologie der Stadt" und „Stadtlandschaft" sowie die Festschreibung auf einen bestimmten geographischen Maßstab zu vermeiden. Es wird ferner davon ausgegangen, daß die Stadt ein räumliches Mehrebenensystem darstellt, bei dem auf den einzelnen Ebenen, nämlich auf der Mikroebene, der Mesoebene und der Makroebene der Gesamtstadt, verschiedene Forschungsstrategien und Perspektiven bestehen (vgl. S. 24).

Einen vorzüglichen Zugang zur *Mikroebene* der Forschung bietet das Beispiel des Hausbaus von ARISTOTELES mit den darin behandelten folgenden vier „Ursachen", über deren philosophische Tragweite eine Bibliotheken füllende Literatur vorliegt. Als erstes steht die *causa finalis,* d. h. der Zweck, zu dem ein Haus erbaut wird. Damit wird in die Zukunft hinein gedacht, und zwar in einem zumeist aus dem Lebenszykluskonzept bzw. der Generationenfolge resultierenden Zeitbegriff. Diese zukünftige Funktion des Hauses wirkt ihrerseits zurück auf alle Entscheidungen, die mit dem Bau des Hauses zusammenhängen.

Die *causa efficiencia* umfaßt die Aussagen über die Mittel, d. h. über den Einsatz von Kapital und Arbeitskräften, mit denen das Haus gebaut wird.

Ferner bedarf es der *causa formalis,* des Bauplans, der auswählend die Materialien ordnen läßt, die als *causa materialis* ebenfalls beim Hausbau notwendig sind.

In der stadtgeographischen Forschung werden die beiden letztgenannten „Ursachen" zusammengebunden in einer bautypologischen Perspektive, die ihrerseits mit einer sozialgeographischen Fragestellung verknüpft ist, in die in erster Linie Fragen nach den Bauträgern und ihren Zielsetzungen eingegangen sind, während der Kapitalsgesichtspunkt vielfach vernachlässigt wird.

Erweitert man das Beispiel durch die Einfügung des Wandels der Gesellschaft, so können sich Zwecke und Mitteleinsatz ändern. Es kommt zum Wandel der Funktion des Hauses. In diesem Zusammenhang darf darauf aufmerksam gemacht werden, daß in der deutschen Humangeographie der Begriff der „Funktion" – wie im obigen Falle – dort verwendet wird, wo die Sozialwissenschaften von „Struktur" sprechen.

Verwendet man schließlich das Zeitkonzept der rhythmischen Phänomene, so gelangt man zur Feststellung, daß Pflege und Kontrolle (d. h. Restriktion der Zugangsbedingungen) des Hauses ebenfalls spezifischen Rhythmen unterliegen. Gerade die Sorgepflicht für die Instandhaltung des Hauses (und des Gartens) liefert übrigens wichtige Indikatoren für die geographische Primärforschung.

Grundsätzlich ist es möglich, die induktive Forschungsmethodik des Mikromaßstabs auf die *Mesoebene* heraufzuführen und derart eine Assoziation der Elemente der Mikroebene vorzunehmen. In der Forschungsrealität gibt es jedoch hierfür nur wenige Beispiele. Im allgemeinen hat sich die induktive Forschung mit der causa formalis (und causa materialis) im Sinne ARISTOTELES' beschäftigt, d. h. es wurden Straßen-, Parzellen- und Baublocksysteme untersucht, wobei zumeist der sozialgeographische Zusammenhang vernachlässigt wurde, so daß eine der historischen Siedlungsforschung im ländlichen Raum gleichwertige Forschung in der Stadt nur in Ansätzen vorhanden ist (z. B. Sackgassenorganisation: E. WIRTH (1975), sogenannter Burgage Cycle: M. CONZEN (1960), mitteleuropäische Straßensysteme: E. LICHTENBERGER (1966). Eine international akzeptierte Bau- und Parzellentypologie fehlt.

Zu dieser im wesentlichen auf die Anatomie der Stadt konzentrierten Forschung hat zweifellos beigetragen, daß das durch die Maßstäbe der staatlichen kartographischen Anstalten definierte Skelett an topographischen Informationen den Rahmen für Sachinhalte, Klassifizierungen bzw. Typisierungen von Objekten (Bauten, Flächen und dgl.) setzt. Dadurch wird den geographischen Aussagen eine Generalisierung aufgezwungen, die die Geodäsie und die Kartographie in ihren Produkten vornimmt, die aber, vom Sachbezug aus gesehen, keineswegs immer begründet ist. Ebenfalls gravierend ist der durch die zweidimensionale kartographische Grundlage bedingte *Verzicht auf die Darstellung* und damit *Erforschung der dritten Dimension*. An der geodätisch-kartographischen Bezugsbasis liegt es, daß die dritte Dimension in vielen Fällen überhaupt gedanklich aus den Perspektiven von Stadtgeographen ausgeklammert wird. Überpointiert könnte man die dritte Dimension als eine „Terra incognita" bezeichnen. Nur in wenigen Städten liegen hierzu gründliche Untersuchungen vor. Schlichtweg falsch ist die von W. CARTER (1975) und, ihm folgend, von J. FRIEDRICHS (1977) vertretene Auffassung, daß die zonale Struktur der Stadt in den Vertikalaufbau projiziert wird, d. h. daß sich in den Bauten der Stadtmitte die zentral-periphere Abfolge der Nutzungen im Stadtraum von unten nach oben wiederholt.

Wenden wir uns nun der *Makroebene* zu, so müssen wir als erstes festhalten, daß die gegenwärtige physische Struktur von Städten in den meisten Fällen ein Produkt der Abfolge von gesellschaftspolitischen Systemen darstellt, welche unterschiedliche Stadtideologien besaßen und sich in den Vorstellungen über Stadtgestaltung, Zuordnung von Bevölkerung, Betrieben, Einrichtungen aller Art zu spezifischen Standorten deutlich voneinander abheben. Es zählt daher zu den immanenten Aufgaben der Stadtgeographie, in einer „revitalisierten" kulturhistorischen Perspektive die persistenten physischen Strukturen von Städten mit den historischen Gesellschaftssystemen zu verknüpfen und von diesem Hintergrund die aktuellen Strukturen und Prozesse abzuheben.

Die stadtgeographische Forschung kann sich dabei nicht damit begnügen, die physische Struktur von Städten als „Registrierplatte" der Gesellschaft zu untersuchen. Sie muß sich vielmehr mit der ebenso immanenten, wenn auch wenig beachteten Aufgabe auseinandersetzen, die Beziehungen zwischen der Reproduktion, Um- und Neugestaltung der baulichen Struktur und der Reproduktion und dem Wandel der Gesellschaft aufzudecken. Bis zur Gegenwart herauf gilt hierbei noch immer die Regel, daß der Wandel der Gesellschaft sehr viel rascher erfolgt als der Wandel der baulichen Strukturen. In weiterer Konsequenz erwachsen aus dieser Tatsache mehrere Fragestellungen, von denen nur einige aufgelistet seien. Hierzu zählen die Untersuchungen des Wandels von Gesellschaft und Wirtschaft im gleichgebliebenen baulichen Gehäuse, wie Prozeßanalysen der Cityausweitung in Miethausgebieten, ferner Untersuchungen des Filtering-Down-Prozesses in alternder Wohnbausubstanz.

Geht man zweitens davon aus, daß *„städtische Kultur"*, im Sinne von Wertvorstellungen, Normen usf., zu ihrer Tradierung von Lebensumwelten auch der entsprechenden baulichen Formen bedarf und ohne diese schlechterdings nicht möglich ist, dann eröffnet sich aus dem Detailstudium persistenter Strukturen von Wohnungen, Bauten, Straßenräumen, Innenhöfen usf. ein Zugang in eine generelle kulturpsychologische Richtung und damit in ein neues interdisziplinäres Untersuchungsterrain. Hierzu ein Beispiel: Ästhetische Maßstäbe in der Bewertung vergangener Baustile verschieben sich interessanterweise von Generation zu Generation, von Kohorte zu Kohorte. Wurde vor zwanzig Jahren noch die ästhetische Qualität des Historizismus in Frage gestellt, so erfolgt heute eine Wiederentdeckung des Designs und Lebenszuschnitts der Hochgründerjahre und des Jugendstils. Eine junge Generation richtet sich ein in den alten Stadträumen. Die Bewegung der Gentrification hat hier eine Wurzel. Die durch eine technisierte Bauindustrie nicht mehr erstellbaren historischen Stadtmilieus gewinnen an Wert.

Offen bleibt, welche historischen Milieus gleichsam „angenommen" und welche nur mehr als historisch-museal quittiert werden. In der praxisorientierten Forschung öffnet sich damit für die Stadtgeographie ein weites Feld in Fragen der Altstadterhaltung und des Denkmalschutzes, und sie kann an der Lösung der grundsätzlichen Problematik mitwirken, unter welchen gesellschaftlichen Bedingungen der Altbaubestand erhalten werden kann – und zwar mit nur geringer Unterstützung aus öffentlichen Mitteln –, wenn die Gesellschaft, welche ihn in der Vergangenheit geschaffen hat, de facto nicht mehr existiert.

Mit diesen Fragen einer angewandten stadtgeographischen Forschung treten wir ein in das weite Feld von z. T. sehr gravierenden Problemen, welche sich aus der *Persistenz von älterer physischer Struktur* von Städten ergeben. Solche Probleme ergeben sich einerseits aus den geänderten Zielvorstellungen des Städtebaus und der Stadtplanung, andererseits aus geänderten Ansprüchen der Bevölkerung. Als Beispiele wären hier die gründerzeitlichen Reihenmiethausgebiete großer europäischer Städte anzuführen, in denen die Hausabstände zu gering sind, Grünflächen fehlen, die Ausstattung der Wohnungen nicht ausreicht, gleichzeitig die Straßen als Kommunikationsraum durch den Pkw-Verkehr ihre Funktionen weitgehend verloren haben. Mit diesem Beispiel sind bereits die sektoralen Determinanten der Entwicklung von Städten angesprochen, denen Kapitel 3 gewidmet ist. Abschließend seien die Unterschiede der sozialgeographischen und sozialökologischen Stadtforschung im Mehrebenensystem der Stadt anhand von Abb. 38 gekennzeichnet.

Es wurde bereits oben darauf hingewiesen, daß die Primärforschung von der

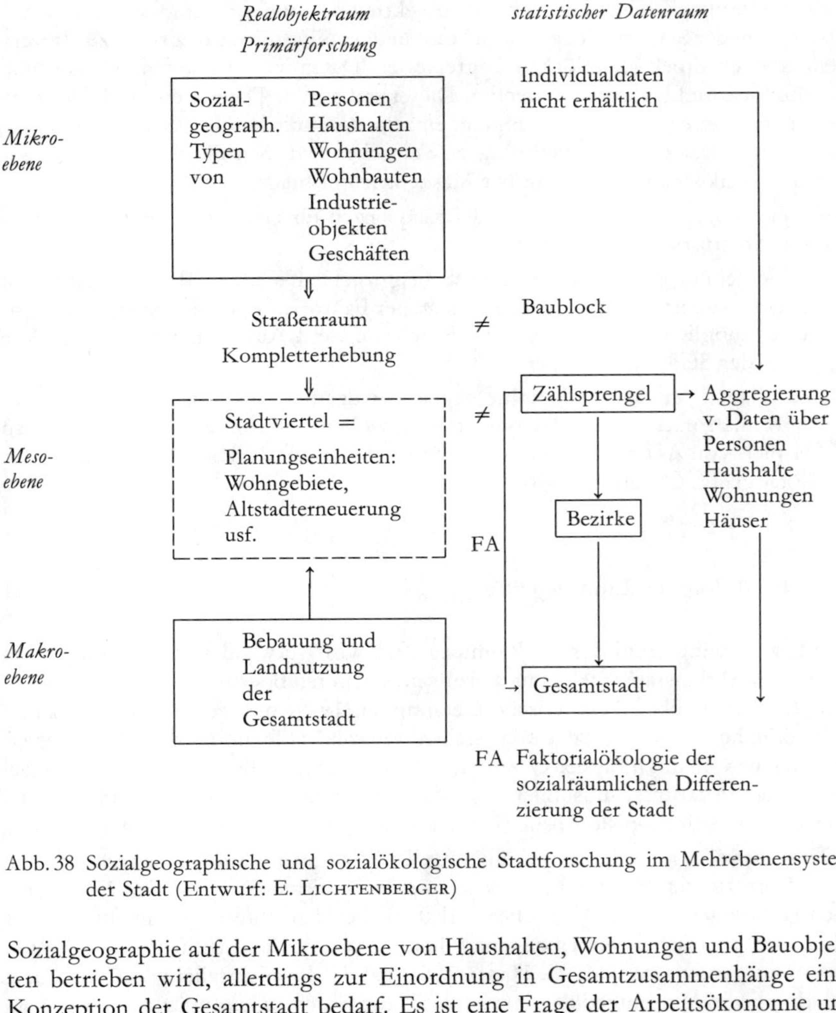

Abb. 38 Sozialgeographische und sozialökologische Stadtforschung im Mehrebenensystem der Stadt (Entwurf: E. LICHTENBERGER)

Sozialgeographie auf der Mikroebene von Haushalten, Wohnungen und Bauobjekten betrieben wird, allerdings zur Einordnung in Gesamtzusammenhänge einer Konzeption der Gesamtstadt bedarf. Es ist eine Frage der Arbeitsökonomie und des möglichen Arbeitsaufwands, ob und in welchem Umfang eine Kompletterhebung im Stil der Mikroanalyse auch in der Mesoebene, d.h. bei Stadtvierteln und Planungseinheiten verschiedener Art, durchgeführt wird. Eine Heraufführung von Klassifikationssystemen und Erhebungsprinzipien von der Mikroebene bis auf die Makroebene der Stadt ist bereits bei Mittelstädten kaum mehr möglich, so daß auch im sachlichen Bezugssystem der Stadtgeographie eine Zweiteilung zwangsläufig notwendig ist.

Stadtmodelle sind die Voraussetzung für die Erforschung der Gesamtstadt. Damit besteht auf der Makroebene der Bezug zur sozialökologischen Stadtforschung, welche allerdings nicht auf den Realobjektraum, sondern auf den statistischen Datenraum der Stadt zurückgreift und die auf dem Niveau von Bezirken, Zählsprengeln und eventuell Baublöcken aggregierten Daten von Personen, Haushalten, Wohnungen und Häusern verwendet. Dieser statistische Datenraum wird als gegeben angenommen, die Abgrenzung der einzelnen räumlichen Bezugseinheiten nicht hinterfragt. Hierin liegt zweifelsohne eine entscheidende Schwäche des Aussagensystems der Faktorialökologie auf der Mesoebene der Stadt.

Aus der Abb. 38 resultieren jedoch Konsequenzen für eine moderne sozialgeographische Stadtforschung. Sie lauten:

1. Ein Forschungsprojekt ist als Mehrebenenprojekt anzusetzen, d. h. in einer ersten Arbeitsphase ist das heuristische Prinzip der Faktorialökologie zu verwenden, so daß es möglich ist, mit geringem Arbeitsaufwand Aussagen über die mittlere Ebene der Stadt zu gewinnen.
2. Die Chance der Stadtgeographie gegenüber der Stadtsoziologie liegt jedoch in der Primärforschung im Realobjektraum, wobei dieser im Sinne des gebotenen Beispiels von Aristoteles stets auch unter Bezug auf die Zwecke und Mittel der Gesellschaft zu analysieren ist.

2.5.2 Funktionelle Raumbegriffe

Die Bezeichnung „funktionelle Raumbegriffe" wird verwendet, um der Definition der (Inter)Aktionsraumforschung auszuweichen, deren Begriffsvielfalt im Lehrbuch von E. Wirth über Theoretische Geographie (1979) nachgelesen werden kann. Grundsätzlich können alle funktionellen Raumbegriffe unter dem Dachbegriff „räumliche Organisation der Gesellschaft" zusammengefaßt werden. Folgende Begriffe werden darunter subsumiert (vgl. Abb. 39), wobei individuelle (gruppenspezifische) und institutionelle Ebene (Einrichtungen, Betriebe) unterschieden werden.

1. Das *Informationsfeld* der Bürger über die jeweilige Stadt wird ganz wesentlich von den Informationen bestimmt, die sie als passive Konsumenten von den Massenmedien (Zeitungen, Radio, Fernsehen) erhalten, bei denen aufgrund institutioneller interessenspezifischer Strategien eine Filterung von Art und Umfang der Informationen vorgenommen wird. G. Hard (1981) hat das Problemrelief von Osnabrück, das durch die Massenmedien erzeugt wird, untersucht. Grundsätzlich kann beim Informationsfeld davon ausgegangen werden, daß mit sozialem Status und Bildung eine Erweiterung und Vergrößerung desselben sowie eine Verdichtung der Informationen eintreten. Anders ausgedrückt: Gebildete Bevölkerungsschichten sind über die jeweilige Stadt räumlich und sachlich besser informiert als ungebildete.

2. Das *Interaktions- und Kommunikationsfeld* des einzelnen ist abhängig von den Leitungssystemen von Telephon und Post. Welche Änderungen im Telephonnetz seit den dreißiger Jahren eingetreten sind, kann man daraus ermessen, daß W. Christaller (1933) die sogenannte „Telephonmethode" noch als empirische Methode zum Nachweis von zentralen Einrichtungen und zur Festlegung des Ranges

	Technologien	*individuelle*	*institutionelle*	*Raumbezug*
		Ebene		
Information	Massenmedien Zeitung Radio Fernsehen	• passive (im privaten Raum)	aktive ← Transfer ■ z. B. Problemrelief v. Städten	strukturiert ↓ politisches Entscheidungsverhalten (Wahlgeometrie)
(Tele-) *Kommunikation* und Interaktion	Telephon Post	• wechselseitige Beziehungen	Standard-, Routinearbeit tert. u. quart. Sektor ■ Interaktionsmuster	innerstädtisches Verhalten nicht „raumrelevant“
Bewegung im öffentlichen Raum	Verkehrssysteme Massen-, Individualverkehr	• *Partizipation am Verkehr* • *Ziele:* Arbeitsstätten, Schule usf.	*Standortwahl* von Institutionen (Betrieben usf.) öffentl. Kontrolle	„raumrelevantes Verhalten“
Persönliche Kontakte		• priv. | halb-öffentl. | öffentl. Raum	Konsumenten-orientierte Dienste Management – Führungsstil	
Transfer von Kapital und Besitz	staatliche Reglementierung und Registratur	■ Standortentscheidungen und -veränderungen		äußerst „raumrelevant“, wenig untersucht

• Aktionsraumforschung mittels Tagebuchtechnik ■ Beispiele

Abb. 39 Funktionelle Raumbegriffe und Konzepte (Entwurf: E. LICHTENBERGER)

eines Zentralen Ortes herangezogen hat, während heute das Nichtvorhandensein eines Telephonanschlusses in sozialgeographischen Untersuchungen als Indikator für soziale Marginalität verwendet werden kann. Die Telephonmethode ist jedoch keineswegs zur Gänze abzutun. Sie bedarf nur einer Verfeinerung. So konnte z. B. J. B. GODDARD (1968) mittels einer Korrelationsanalyse der Verflechtungsmatrix von Telephonkontakten zwischen Citybüros in London deren Verflechtungsgrad nachweisen (vgl. Abb. 40).

Es ist daraus zu entnehmen, daß die großen Gruppen des Bürosektors, wie Versicherungen, Banken, Industriebüros usf., einen sehr unterschiedlichen Verflechtungsgrad aufweisen. Eine zentrale Position im gesamten Wirtschaftsbereich nehmen die Versicherungen ein; von ihnen besteht eine Verbundschiene über das Transportwesen zum Großhandel und Einzelhandel hin. Deutlich isoliert vom Wirtschaftssektor sind die Pressebüros.

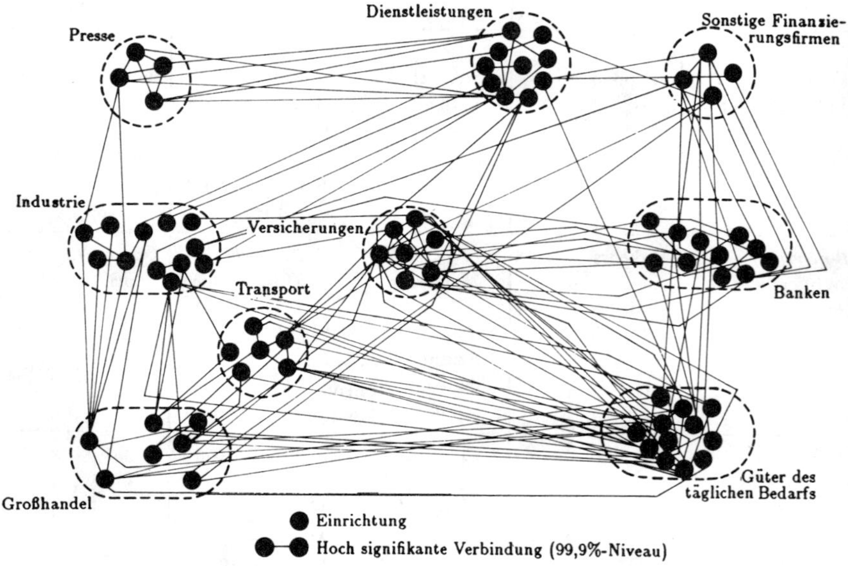

Abb. 40 Kommunikationsmuster zwischen Betriebsstätten in der City von London (Daniels, P. W., 1975, S. 137, nach Goddard, J. B., 1968)

3. Mit der Festlegung von *Pendlereinzugsbereichen* und *zentralörtlichen Einzugsbereichen* ist die eigentliche funktionelle Stadtgeographie als Stadt-Umland-Forschung entstanden. Im Stil der Münchener Sozialgeographie könnte man von der Daseinsgrundfunktion „Partizipation am Verkehr" sprechen. Diese *Bewegung des einzelnen im Stadtraum* ist stets mit bestimmten Zielsetzungen verknüpft und gehört teilweise zu den rhythmischen Phänomenen in der arbeitsteiligen Gesellschaft. Hierbei muß festgehalten werden, daß eine sehr starke Vorstrukturierung des Bewegungsraums sowohl durch das bestehende Verkehrsnetz gegeben ist als auch durch die Verortung von Einrichtungen aller Art, Arbeitsstätten und dgl.

4. Von E. Wirth (1979) ist das *persönliche Kontaktfeld* sehr stark herausgestellt worden. Persönliche Kontakte vollziehen sich im öffentlichen, halböffentlichen und privaten Raum. Bei ihrer Untersuchung überschreitet die Forschung die bisherige

Tabuschranke des privaten Raums. Auf der institutionellen Ebene sei auf einen interessanten Gegensatz aufmerksam gemacht. Die sogenannten „face-to-face-contacts“ gehören einerseits zum Service von konsumentenorientierten Dienstleistungsbetrieben, vor allem solchen mit kleinbetrieblicher Struktur, und zählen andererseits zum Führungsstil des Spitzenmanagements. Die Standardroutine des tertiären und quartären Sektors wird dagegen auf die telephonische und postalische Interaktionsebene abgeschoben.

5. Eine fünfte Kategorie von Begriffen sei angefügt, die bisher kaum beachtet wurde. Es handelt sich um den *räumlichen Transfer von Besitz und Kapital.* Hierzu

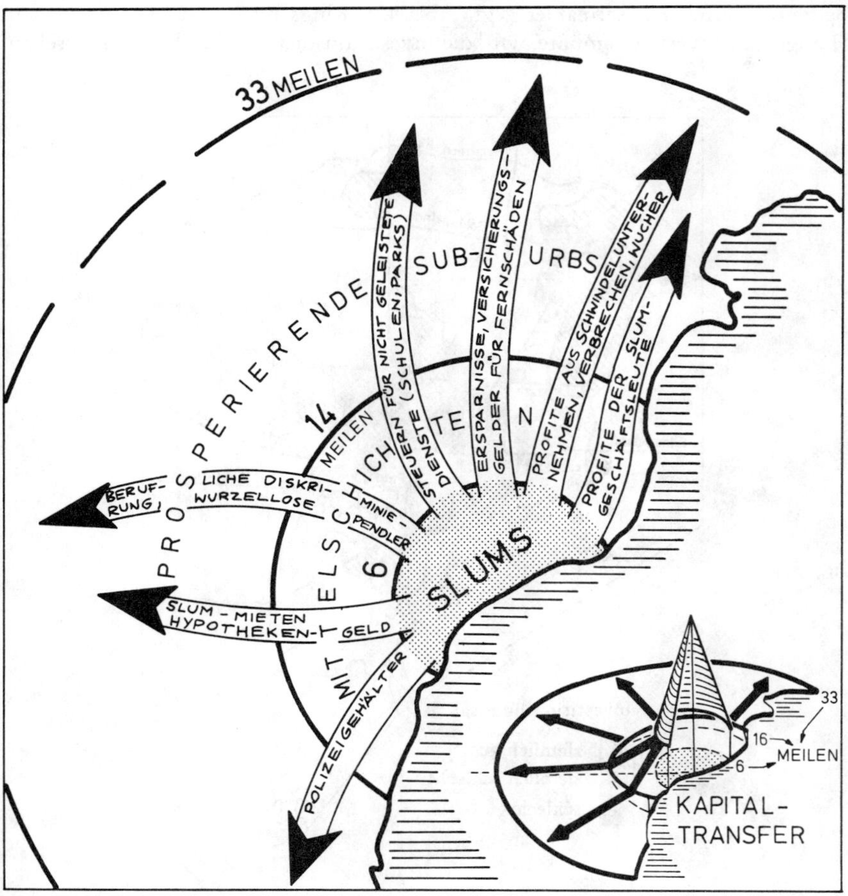

Abb. 41 Kapitaltransfer in Metropolitan Detroit von der Kernstadt in die Suburbs (nach: Morrill, R. L., 1974, S. 243)

zählen Untersuchungen über das Entscheidungsverhalten von „urban managers“. Als Beispiel ist die vielfältige Struktur des Kapitaltransfers aus den Slums von Metropolitan Detroit in die benachbarten Suburbs dargestellt (vgl. Abb. 41). Von den Slumlords, den Besitzern von verslumten Bauten, werden die Mieterträge nicht in diese Objekte, sondern als Kapital beim Landerwerb in den Suburbs investiert. Die in den Slumgebieten Dienst tuenden Polizisten wohnen in den Suburbs. Ihre Gehälter fließen ebenso wie die der Pendler dorthin. Auch Schwindelunternehmen und organisiertes Verbrechen transferieren ihre Einkünfte in die Suburbs, wohin auch die Ersparnisse der Versicherungsgesellschaften und diejenigen aus Steuern für nicht geleistete Dienste (Schulen, Parks) fließen.

Ein zweites Beispiel zeigt die Bewertung der Investitionsqualität im Stadtraum von Baltimore durch Häusermakler (vgl. Abb. 42). Rings um den CBD, wo man in Slumgebiete investieren müßte, wird die Investitionsqualität als schlecht angesehen.

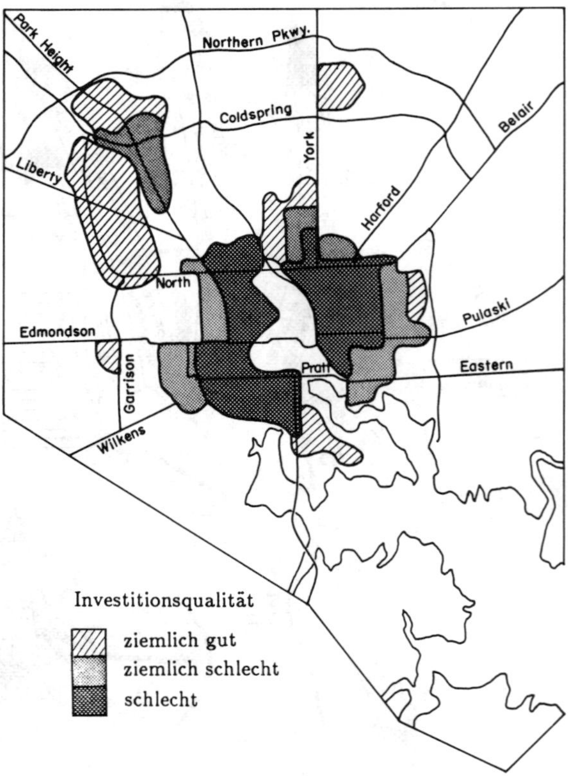

Abb. 42 Bewertung der Investitionsqualität in Baltimore City durch Realitätenbüros (Jakle, J. A., Brunn, St., Roseman, C. C., 1976, S. 282)

Die angeführten funktionellen Raumbegriffe weisen eine unterschiedliche Relevanz für den Stadtraum auf:

1. Durch die von den Massenmedien ausgewählten Informationen wird die Vorstellung des einzelnen Bürgers über Art und Standort von städtischen Problemen entscheidend beeinflußt. Es wird derart ein öffentliches *Problemrelief* der Stadt erzeugt. Es ist nicht untersucht, in welcher Weise der Bewegungsraum des einzelnen, definiert durch spezifische „Aktionen“ im öffentlichen Raum, zum Entstehen eines individuellen Problemreliefs beiträgt.

2. Kommunikation und Interaktion über Telephon und Post bewegen sich jedoch im intraurbanen Raum in einem „non-space“; damit werden distanzielle Theorien unbrauchbar. Nur in der Agglomeration und im zwischenstädtischen Raum wird die Distanz als Kostenfaktor wieder von Bedeutung.

3. Da metrische Distanzen in Zeit-Kosten-Mühe(Risiko)-Relationen zu transferieren sind, ergibt es sich, daß distanzielle Theorien das Hauptbindeglied zwischen dem Realobjektraum und dem Bewegungsraum darstellen. Auf die Substitution der Distanz durch die Zeit wurde bereits hingewiesen.

4. Der Transfer des persönlichen diskontinuierlichen Kontaktmusters in den Realobjektraum der Stadt ist bisher nicht untersucht. Insgesamt fehlt ein echter Brückenschlag zwischen den räumlichen Analyseebenen der klassischen Stadtgeographie (Bautypen, Straßenzüge, Viertel, spezifische Wohnumwelten usf.) und der Aktionsraumforschung, durch welche der physische Stadtraum auf Distanzen, Richtungen und „Constraints“ reduziert wird. Wie interessant und arbeitsaufwendig auch immer die Tagebuchanalysen von Angehörigen spezifischer Sozialgruppen hinsichtlich Zeitverbrauch, -minimierung, -ökonomie, usf. sein mögen (D. KLINGBEIL, 1978), konkrete „Therapievorschläge“ für die Lokalisierung von Einrichtungen können nicht gemacht werden.

5. Kaum untersucht sind die Raumkonstrukte der Entscheidungsträger von wirtschaftlichen und politischen Institutionen, deren Motivationen sich im Spannungsfeld initiativer Risikobereitschaft – dort, wo es sich um die Privatwirtschaft handelt – und verantwortungsbewußter Konfliktminimierung bewegen – dort, wo beamtete öffentliche Entscheidungsträger im Spiel sind. Derartige Raumkonstrukte lassen sich kaum mit Präferenzmustern des Konsumverhaltens bei der Nutzung von städtischen Einrichtungen durch einen Normalbürger im sozialen Wohlfahrtsstaat zur Deckung bringen.

2.5.3 Der Wahrnehmungsraum

Stark in den Vordergrund gerückt wurde in den letzten zehn Jahren ein dritter Raumbegriff, nämlich der des *Wahrnehmungsraums*. Dieser Begriff ist in sinnvoller Weise nur vom Individuum aus zu definieren. Die vorliegende Forschung stammt zum Großteil aus der angelsächsischen Welt bzw. wird von dieser beeinflußt. Die

Übernahme eines analytischen Forschungsstils hat insofern Konsequenzen, als die selbst von der analytischen Neuropsychologie nicht in Frage gestellte Existenz von vorsprachlichen, ganzheitlichen Auffassungsgestalten bisher nicht weiter untersucht wurde, wenn man vom ersten Aufgriff von K. Lynch (1960) in der Imageanalyse absieht (vgl. Abb. 43). Es ist daher nicht erstaunlich, daß in den Bemühungen, die unvollständigen Informationshorizonte eines Stadtbewohners zu erfassen – unter Verwendung der Lerntheorie, der experimentellen Psychologie und der Informa-

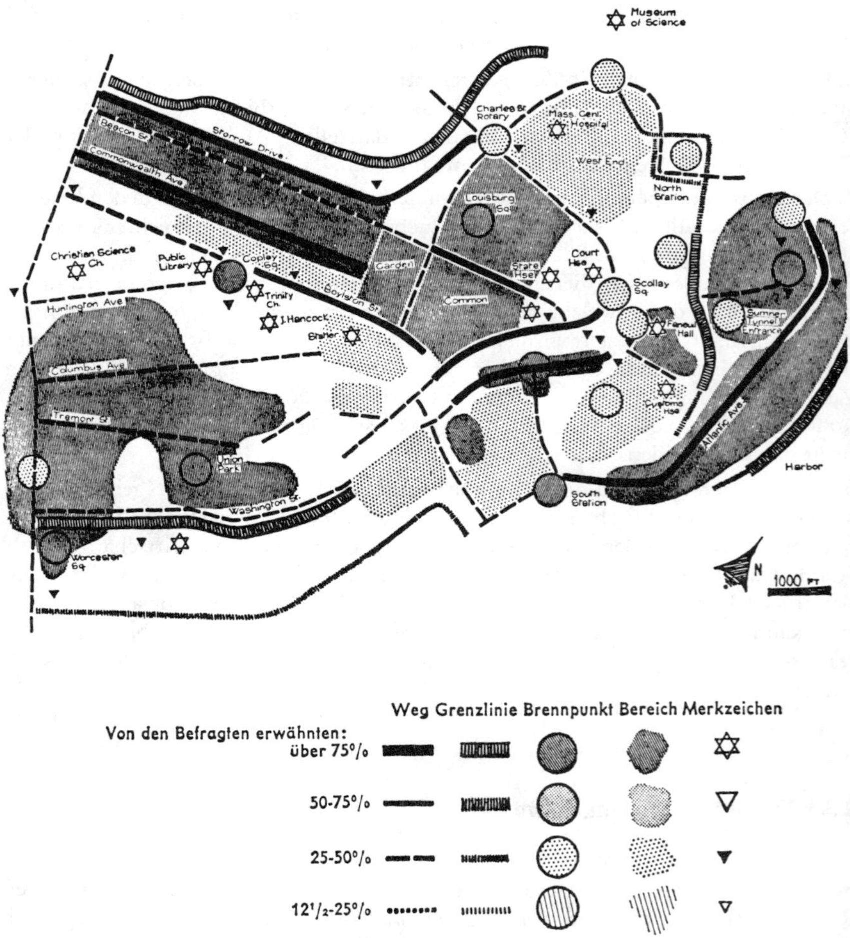

Abb. 43 Das Image von Boston (Lynch, K., 1960, S. 147)

tionstheorie –, die Bezüge auf den physischen Raum der Stadt im allgemeinen auf Distanzen und Richtungen beschränkt bleiben. Verkürzungen von Distanzen und Veränderungen von Richtungen werden wohl als individuelles Gravitationsfeld der Welt erklärt, eine Untersuchung der Verknüpfung mit den oben definierten Kategorien des individuellen Aktionsraums fehlt jedoch.

Eine umfangreiche Forschung hat sich dagegen mit den sozialgruppenspezifischen Unterschieden der Wahrnehmung der städtischen Umwelt beschäftigt. Als Beispiel hierfür sind die kognitiven Karten von Los Angeles von Angehörigen der oberen Einkommensklassen aus einem westlichen Suburb und die der schwarzen Bevölkerung in der Downtown abgebildet (vgl. Abb. 44). Es ist daraus die generelle Regel ersichtlich, daß das Wahrnehmungsfeld mit dem sozialen Rang größer und inhaltsreicher wird. Nicht als generelle Regel kann jedoch angesehen werden, daß der Innenstadtraum gleichzeitig Wohnstandort und daher „Hauptwahrnehmungsfeld" der „marginalen" (im vorliegenden Fall schwarzen) Bevölkerung darstellt. Die spezifischen Wahrnehmungsfelder sind vielmehr im interkulturellen Kontext von den sozialräumlichen Gliederungen der Städte abhängig (vgl. Kapitel 3.6).

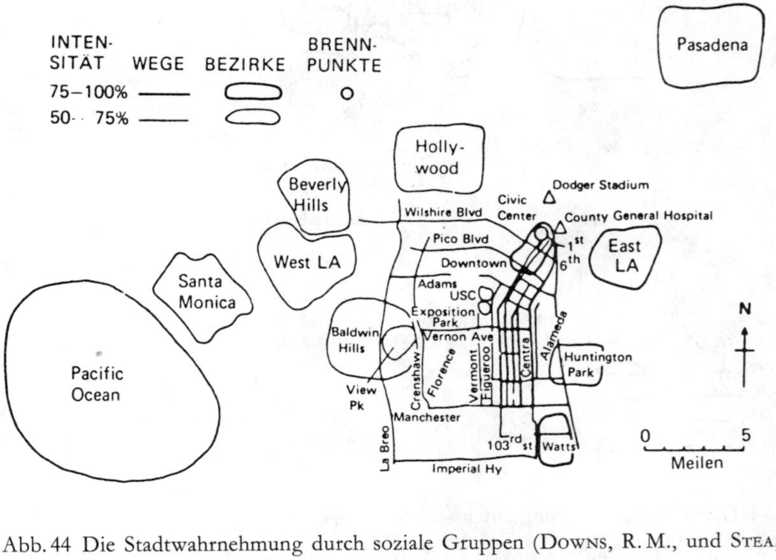

Abb. 44 Die Stadtwahrnehmung durch soziale Gruppen (Downs, R. M., und Stea, D., 1973, Abb. 7.2 und 7.4)

a) Kognitive Karte (Los Angeles) der schwarzen Einwohner Avalons

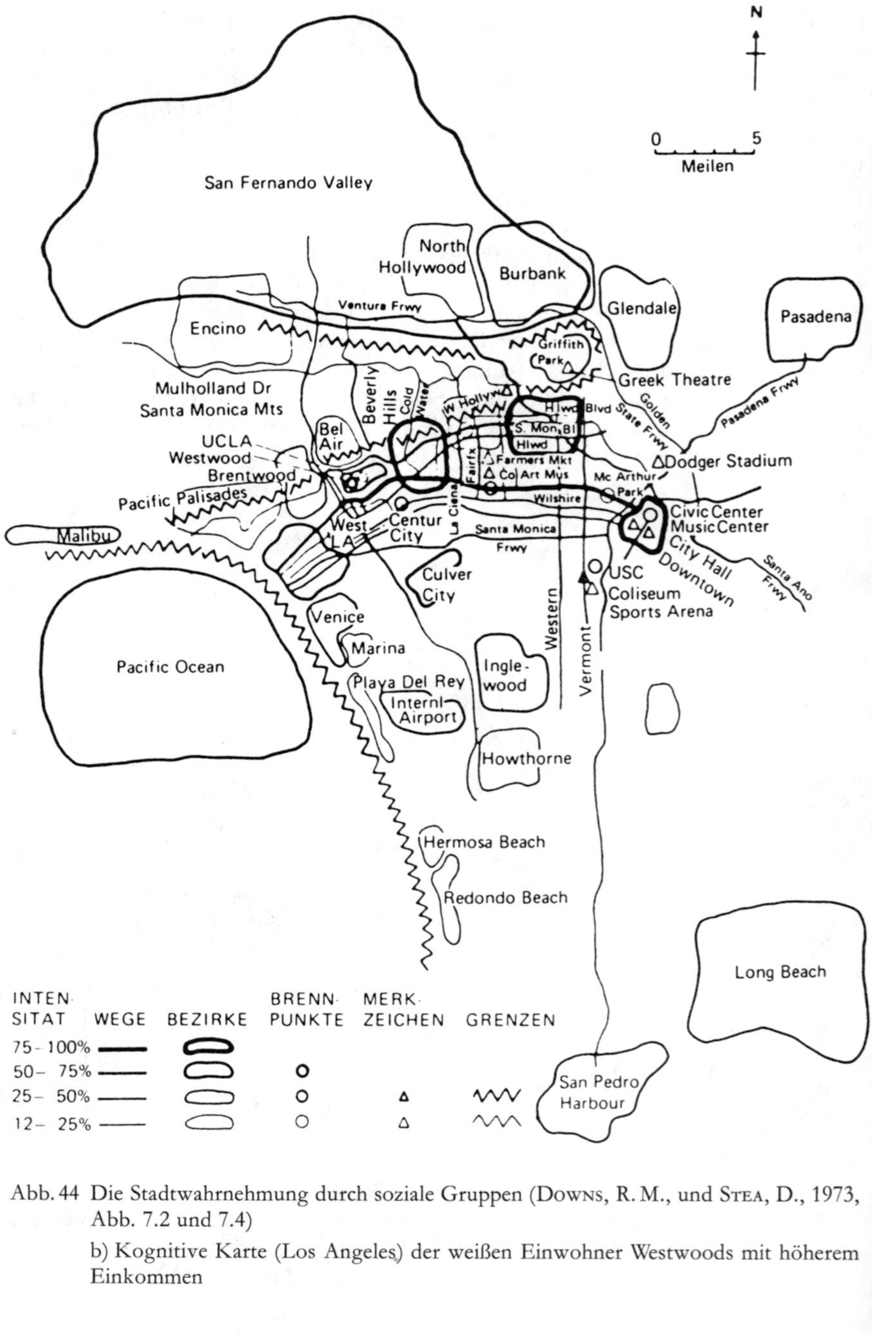

Abb. 44 Die Stadtwahrnehmung durch soziale Gruppen (Downs, R. M., und Stea, D., 1973, Abb. 7.2 und 7.4)

b) Kognitive Karte (Los Angeles) der weißen Einwohner Westwoods mit höherem Einkommen

2.5.4 Abstrakte Raumbegriffe

Gerne übersehen wird die Existenz von *abstrakten Raumbegriffen*. Sie sind nationalökonomischen Theorien eigen und wurden auf dem Wege der Formelsprache der Algebra u. a. von A. G. Wilson (1974) in mathematische Modelltheorien für die Stadtentwicklungsplanung eingebracht. Ein Großteil der sozialgeographischen sowie die gesamte sozialökologische Forschung beruht auf den Datensätzen vordefinierter statistischer Sprengeleinteilungen von Städten, wobei derartige vorgegebene räumliche Aggregierungen nicht mehr einer „Quellenkritik" unterliegen. Auf dieses Problem des statistischen Datenraums von Städten wurde bereits hingewiesen.

2.6 Räumliche Basiskonzepte

Bei der Darstellung der Kategorien städtischer Systeme wurden bereits *räumliche Basiskonzepte* genannt. Es ist Aufgabe dieses Kapitels zu zeigen, daß die folgenden räumlichen Basiskonzepte als übergeordnete Prinzipien auf verschiedene Sachbereiche anwendbar sind:

1. die Stadt als zentriertes System,
2. die Zugänglichkeit,
3. das Kern-Rand-Gefälle (Gradientenanalysen),
4. das räumliche Organisationsprinzip der Komplementärität,
5. das Prinzip der Hierarchie.

2.6.1 Die Stadt als zentriertes System

Die Stadt ist ein zentriertes System. Ihrer Existenz liegt daher bis heute die Prämisse zugrunde, daß das Stadtzentrum der Ort bester Erreichbarkeit ist und gleichzeitig als Motor der Stadtentwicklung fungiert. In zeitlich-räumlicher Perspektive wird dabei dem Stadtzentrum vom jeweiligen Gesellschaftssystem eine unterschiedliche Funktion zugeschrieben. In der mittelalterlichen Bürgerstadt und in der Residenzstadt des Barockzeitalters war das Stadtzentrum stets auch die „soziale Mitte" der Stadt. Die arbeitsteilige Gesellschaft des Industriezeitalters hat im Stadtzentrum die Arbeitsstätten mit der höchsten Rendite lokalisiert (City). Die Konsumgesellschaft will hier ihr Einkaufsvergnügen ansiedeln; die Verknüpfung von Fußgängerzone und Kaufhauskomplexen kommt dieser Ideologie am besten entgegen.

Nun ist die eingangs erwähnte Prämisse heute nur mehr teilweise gültig. Bodenpreiskrater und sichtbarer Verfall der Innenstädte sind ein Indikator für den „Verlust der Mitte" von Stadträumen in den USA und in Teilen Westeuropas. Dies ist nicht nur das Ergebnis reduzierter Zugänglichkeit, sondern ebenso das Ergebnis der Preisgabe historischer Leitbilder von Städten zugunsten des Leitbilds von Suburbia, das verschiedene Versionen besitzt.

2.6.2 Die Zugänglichkeit (Erreichbarkeit)

Die Veränderung der Zugänglichkeit der Stadtmitte im Zusammenhang mit der Abfolge der Verkehrstechnologien ist aus Abb. 45 zu entnehmen. Der Stadt des Fußgängers und des Wagenverkehrs entspricht etwa eine kreisförmige Struktur. Mit der Einrichtung von Straßenbahnen, welche in den europäischen Städten zumeist von den Stadttoren ausgingen (ähnlich wie heute die Verkehrsmittel in orientalischen Städten), setzte ein sternförmiges Wachstum ein, dagegen blieb die Stadtentwicklung in den dazwischen liegenden Sektoren zurück. In Abhängigkeit von der Stadtgröße ließ die Schaffung von konzentrischen Ringen meist länger auf sich warten bzw. erfolgte bei vielen kleineren Städten überhaupt nicht. Dort, wo in großen Städten, wie Wien oder Berlin, kreisförmige Linien konzipiert wurden, erfolgte eine Schließung der genannten Sektoren an der Peripherie, und es blieben nur Segmente schwächerer Entwicklung zwischen radialen und kreisförmigen Massenverkehrslinien zurück. Solange das Primat der öffentlichen Verkehrsmittel gewahrt wird, bleibt das Stadtzentrum der Ort der besten Zugänglichkeit im Stadtraum (und in der Agglomeration). Mit dem PKW-Verkehr sinkt aufgrund der Stauungen und Parkplatzschwierigkeiten die Erreichbarkeit der Stadtmitte.

2.6.3 Das Kern-Rand-Gefälle: Gradientenanalysen

Zu den Basiskonzepten der analytischen Geographie zählt die Vorstellung eines zentral-peripher abfallenden Gradienten („distance decay"). Im folgenden werden zwei Gradientenmodelle der analytischen Stadtgeographie kurz beschrieben, und zwar, erstens, der Gradient der Bevölkerungsdichte und, zweitens, der Gradient der Bodenpreise, welcher auf der Theorie des städtischen Bodenmarktes beruht.

Im Anschluß daran wird unter Bezug auf die Konzepte der Stadtmitte der soziale Gradient, d. h. die zentral-periphere Organisation der städtischen Gesellschaft, behandelt.

1. *Der Gradient der Bevölkerungsdichte.* Der Zusammenhang zwischen der Entfernung vom Zentrum und der innerstädtischen Bevölkerungsdichte wurde zuerst von H. Bleicher 1892 formuliert. C. Clark (1951) formulierte dann die Regel einer negativen Exponentialfunktion der Bevölkerungsdichte in Abhängigkeit von der Distanz zum Zentrum. Dieses selbst wurde allerdings aus der Analyse ausgeschlossen. Die Clarksche Formel lautet:

$$d_x = d_o\, e^{-bx}$$

d_x = Bevölkerungsdichte, x = Distanz vom Stadtzentrum, d_o = Dichte im Stadtzentrum, e = Basis des natürlichen Logarithmus, b = Dichtegradient

In weiterer Folge wurden auch Formeln für den zentralen *Dichtekrater* und für polyzentrische Städte entwickelt.

Eine Erklärung wurde in der Theorie von W. Alonso (1964) (vgl. unten) gefunden, nach der die Zugänglichkeit mit der Distanz vom Zentrum abnimmt. Damit wächst

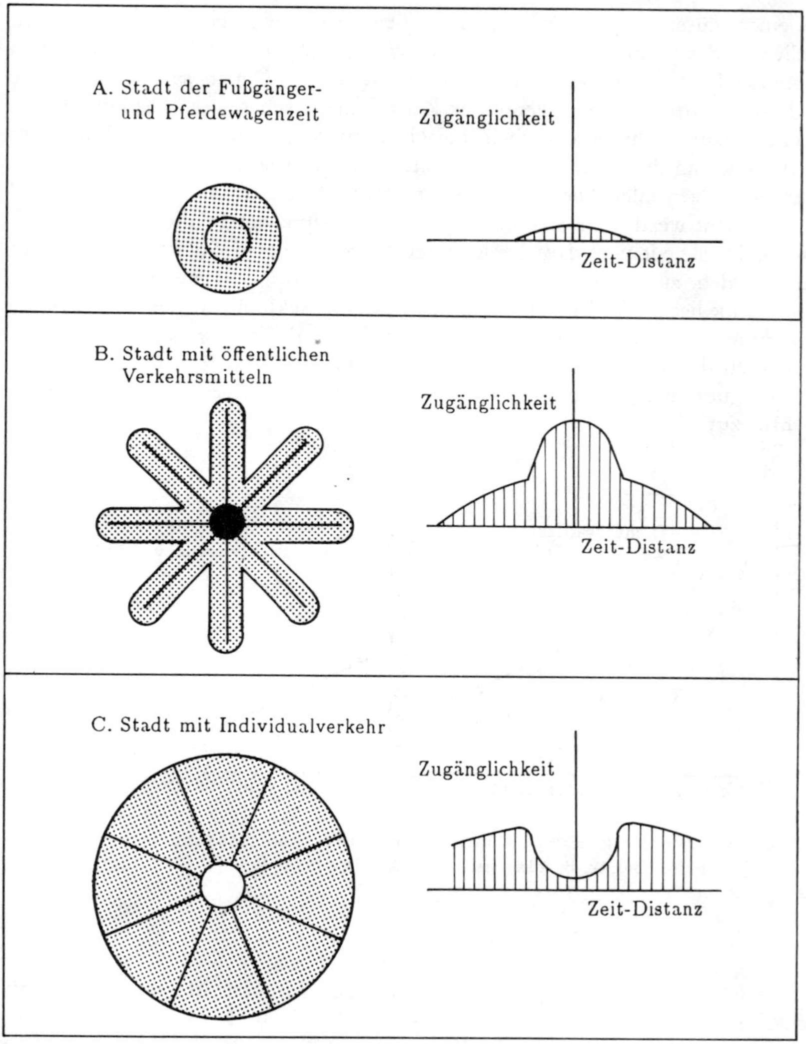

Abb. 45 Die Zugänglichkeit der Stadtmitte (ALLPASS, J., 1967, S. 106)

die vom einzelnen Haushalt beanspruchte Fläche, und ebenso nimmt die Wohndichte ab. In der empirischen Forschung wurden sehr beachtliche Variationen des Dichtegradienten und der zentralen Dichte zwischen verschiedenen Staaten, Kontinenten, aber auch Städten unterschiedlichen Alters und verschiedener Funktion gefunden. B. J. L. BERRY konnte 1963 für die Städte der USA und ebenso für einige asiatische

Städte einen Zusammenhang zwischen der Stadtgröße und dem Dichtegradienten feststellen, der allerdings in den USA in weit geringerem Maß zunimmt als in den untersuchten asiatischen Städten. Interesse verdient auch sein Versuch, die Veränderungen des Dichtegradienten im Zeitablauf zwischen westlichen und nicht-westlichen Städten (im wesentlichen indischen) zu vergleichen. Hierbei kommt er unter Aussparung des zentralen Dichtekraters zur Auffassung (vgl. Abb. 46), daß im Westen die zentralen Dichten zuerst ansteigen und dann abnehmen, während sie in den nicht-westlichen Städten mit dem Wachstum der Städte kontinuierlich ansteigen. Dies bedeutet, daß die letzteren in den inneren Stadtteilen kompakt verbaut werden, zunehmend übervölkert sind und peripher weniger expandieren. Bereits CLARK hat zwei Möglichkeiten der Stadtentwicklung für den Fall, daß die Bevölkerung anwächst, postuliert, und zwar in Abhängigkeit von den Transportkosten. Werden die Transportkosten reduziert, so breitet sich die Stadt flächig aus, wenn nicht, nimmt die Dichte in allen Stadtteilen zu. Mit diesen Postulaten erfolgt der Schritt zur

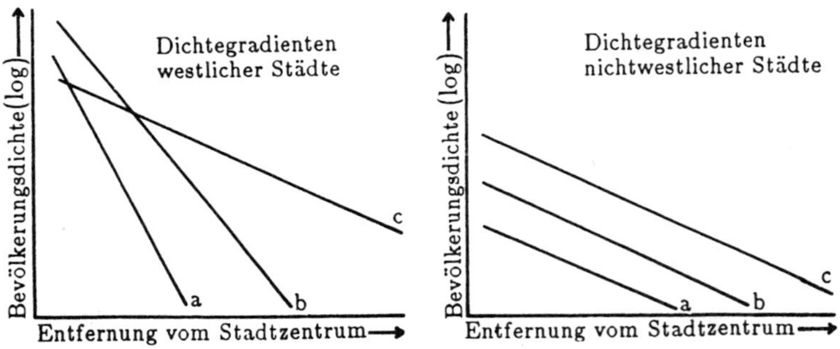

Abb. 46 Veränderungen des Dichtegradienten der westlichen und nicht-westlichen Städte (BERRY, B. J. L., SIMONS, J. W., TENNANT, R. J., 1963, S. 403)

2. *Theorie des städtischen Bodenmarktes.* Diese faßt das räumliche Muster der Stadt als Spiegelbild der Transportkosten und der städtischen Grundrente auf. R. N. HAIG (1928) welcher die Grundlage für die ökonomische Theorie der Stadtstruktur gelegt hat, betrachtet Grundrente und Transportkosten als komplementäre Teile der Gesamtkosten, die er als „Reibungskosten" definiert. Nach seiner Auffassung ist die räumliche Struktur einer Metropole bestimmt durch die Minimierung dieser Reibungskosten. W. ALONSO (1964) hat die ökonomische Theorie weiterentwickelt; er nimmt an, daß die einzelnen Entscheidungsträger, Firmen oder Haushalte, danach streben, Mieten und Transportkosten zu minimieren und gleichzeitig die zu benützende Fläche zu maximieren. Entscheidend in der Vorstellung von W. ALONSO ist die „rent paying ability" des „erfolgreichsten Anbieters". Er ist derjenige, welcher

den größten Ertrag aus einer bestimmten Lage ziehen kann. Dieser Ertrag ist abhängig von der Erreichbarkeit des Stadtzentrums und damit der Zugänglichkeit. Er sinkt je nach der Art der Aktivität unterschiedlich rasch ab. Nach der Steilheit der Profitkurven ergibt sich eine Reihung von städtischen Funktionen. Aus dem Ineinanderschieben der verschieden steilen Profitkurven entsteht die Gesamtkurve der Stadt bzw. der städtischen Agglomeration (vgl. Abb. 47).

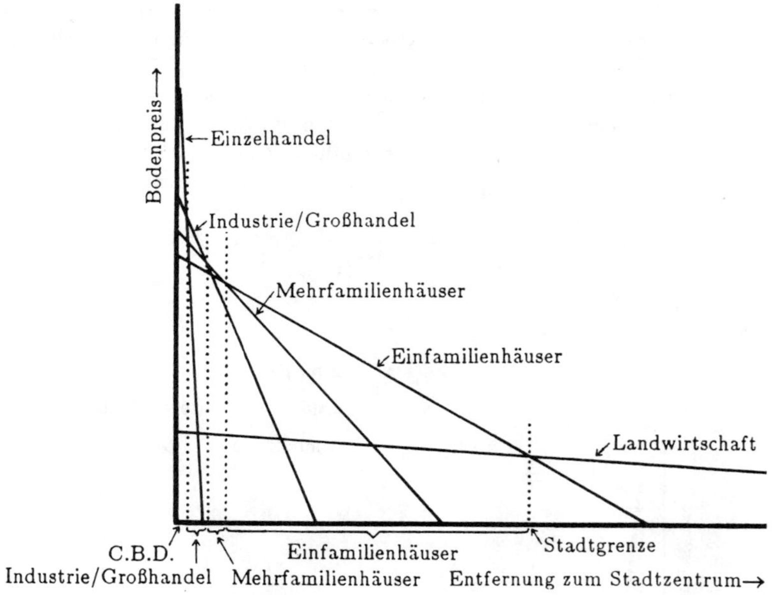

Abb. 47 Ertragsgradienten städtischer Nutzungen (nach: Berry, B. J. L., 1959)

Verschiedentlich wurde Kritik an der Theorie geübt, vor allem an der Annahme eines einzigen Stadtzentrums, an dem symmetrischen Muster der Transportkosten und an der Bedingung der perfekten Konkurrenz. Es wurde darauf hingewiesen, daß außer der Distanz auch andere Faktoren, wie Lageattraktivität, Umweltqualität, Wachstumsrichtung der Stadt usf., eine Rolle spielen.

Die Theorie des Bodenmarktes beruht auf den Verhältnissen der nordamerikanischen Städte in der Zwischenkriegszeit und den fünfziger Jahren. Inzwischen sind sehr starke Veränderungen eingetreten, unter denen insbesonders der Verfall der Innenstädte bemerkenswert erscheint. W. Stöhr (1974) hat versucht, dies gleichfalls von einem ökonomischen Ansatz her zu erklären. Da einerseits im Zentrum der

Metropolitan Areas die Produktionskosten zu hoch werden, und zwar aufgrund der Kosten für technische Infrastruktur und Umweltbelastungen aller Art, und da andererseits infolge der Aussiedlung von hochwertigen Downtown-Funktionen die Nachfrage absinkt, fallen die Ertragskurven unter die Kostenkurven, und es entsteht in der Downtown ein *Ertragskrater,* der den Verfall zur Folge hat. Die Privatwirtschaft ist nicht bereit, das Risiko von Investitionen in einen Standort mit potentiellen Defiziten auf sich zu nehmen.

Das Modell von W. ALONSO setzt das Fehlen von Planungsrestriktionen für die Nutzung der Fläche und die „Erschließung der dritten Dimension" voraus. Dort, wo Reglementierungen durch das Bauklassenprinzip bestehen, ändert sich der Bodenpreisgradient (vgl. Abb. 48), er teilt jede Bauklasse in zwei Teile, deren innerer begreiflicherweise für das eine höhere Rendite abwerfende Geschäftsleben sowie für Büros besser geeignet ist als der äußere Abschnitt, der Wohnzwecken dient. Es ergibt sich daraus für die City eine Einfassung durch eine Zone stärkerer Wohnnutzung und eine zentripetale Lage von Kaufhäusern, Bürobauten, aber auch von

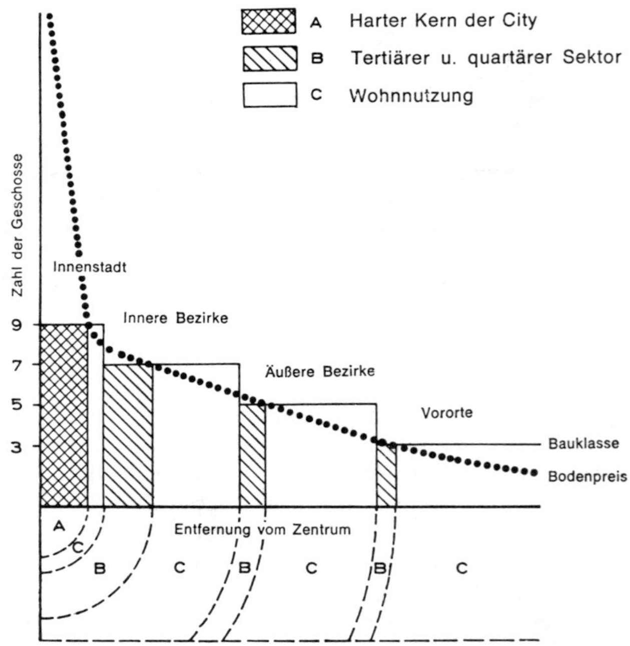

Abb. 48 Bodenpreisgradient und Bauklassen (LICHTENBERGER, E., 1972a, S. 21)

Wohnhochhäusern und dgl. am Innenrand der jeweiligen Bauklasse, und zwar am Schnittpunkt mit Radialstraßen. Die City selbst konnte sich in Europa aufgrund restriktiver Bauordnungen nicht, wie in Nordamerika, vertikal ausdehnen, sondern wurde zu einer flächigen Ausweitung gezwungen, d. h. Miethäuser wurden in Bürohäuser umfunktioniert.

3. Unter Bezug auf die eingangs genannten Konzepte der Stadtmitte ist auch die Frage nach dem *sozialen Gradienten,* d. h. nach der *zentral-peripheren Differenzierung der Gesellschaft im Stadtraum,* zu stellen. Die gängigen Auffassungen der Sozialraumanalyse und „factorial ecology", welche auf der räumlichen Strukturierung der Städte Angloamerikas fußen, lassen sich auf die einfache Formel reduzieren, daß im großen und ganzen der soziale Gradient vom Zentrum zur Peripherie hin ansteigt. Das Paradoxon von hochrangigen Wirtschaftsfunktionen im CBD im Verein mit niedrigem Sozialstatus und sozialer Desorganisation der Bevölkerung im angrenzenden Übergangsgebiet wurde lange nicht als Zeit-Raum-spezifisches Phänomen erkannt, sondern als allgemeingültiges räumliches Ordnungsprinzip der städtischen Gesellschaft aufgefaßt. Eine Revision dieser Auffassung ist notwendig, nicht zuletzt deshalb, weil sich die europäischen Städte nicht in dieses Schema pressen lassen. Zum Verständnis der Vielfalt von Sozialgradienten sei ein Rückgriff auf die historischen Stadttypen Europas gestattet und die Abfolge von verschiedenen gesellschaftlichen Konzeptionen für die Stadtmitte festgestellt.

In der mittelalterlichen Bürgerstadt war der zentrale Marktplatz die „soziale Mitte" der Stadt. Während der Ära des landesherrlichen Absolutismus verschob sich in der Residenzstadt die Mitte der Stadt in Richtung auf den Herrscherpalast, der meist als neues Zentrum am Rande der älteren Bürgerstadt entstand. Somit ist ein zentral-peripher *absinkender Sozialgradient* der sozialräumlichen Organisation bei älteren Städten festzustellen.

Erst das *Industriezeitalter* brach mit dieser Tradition. Seine Schöpfung, die Fabrik, brachte ein von der Produktionsstätte ausgehendes zentrifugales Ordnungsmoment ins Spiel. Aus dieser Sicht begreift man auch, daß in der britischen Stadt ein *zentral-peripher ansteigender Gradient* bei der sozialräumlichen Gliederung den Vorrang gewann, welcher dann auch den angelsächsischen Stadtraum in der Neuen Welt und in Australien bestimmte.

In der *Neuen Stadt* – und das beeinflußt die Stadtplanung der Gegenwart entscheidend – ist die Frage der räumlichen Segregation der städtischen Gesellschaft von vornherein aus den Entwürfen ausgeklammert worden. Ihre Mitte ist als *sozial neutral* zu definieren.

Die Abfolge dieser Konzeptionen erklärt die Fülle von sozialräumlichen Mustern und damit auch von Sozialgradienten in den europäischen Städten, von denen im folgenden bloß die wichtigsten skizziert seien (vgl. Abb. 49).

1. Eine gewisse Abwertung der Wohnqualität der Altstadt setzte in mittel- und westeuropäischen Städten gegen Ende des 19. Jahrhunderts ein, als die zahlenmäßig stark vermehrte Klasse der Bourgeoisie in der Innenstadt nicht mehr genügend Platz fand und, durch das Aufkommen öffentlicher Verkehrsmittel begünstigt, in

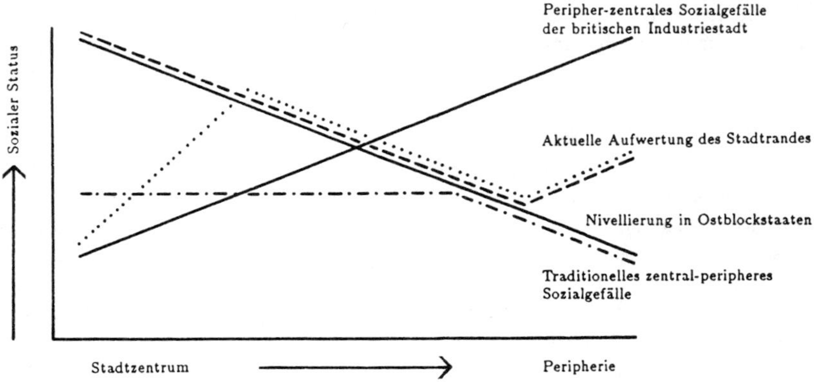

Abb. 49 Zentral-peripher ansteigender bzw. absinkender Sozialgradient in europäischen Städten (LICHTENBERGER, E., 1972a, S. 15)

die Vororte hinauszog. Damit bahnte sich ein *sozialer Abstieg des Stadtkerns* an. Viele französische Großstädte gehören zu diesem Typ einer halb vollendeten Proletarisierung des „historischen Stadtkerns". Freilich hat gerade hier in jüngster Zeit der französische Staat auf dem Wege über den Denkmalschutz und massive Renovierungsprogramme entscheidende Verbesserungen gebracht.

2. Auch dort, wo bis zur Gegenwart herauf ein zentral-peripheres *Sozialgefälle* bestehen blieb, können wir feststellen, daß dieses meist nur für den kompakt verbauten Stadtkörper Gültigkeit hat, während das Weichbild Bevölkerungsgruppen mit höherem Sozialprestige anzieht. Kopenhagen bietet ein gutes Beispiel für diesen aktuellen Vorgang der *„Aufwertung des Stadtrandes"*.

3. Sektorenweise Unterschiede und damit Lagepräferenzen spielen seit der Bildung von Vororten im Mittelalter eine bedeutende Rolle. Häufig gaben die Burg oder später das Schloß der regierenden Dynastie den Kristallisationskern für ein sektorales Wachstum guter Wohngebiete ab. London und Paris sind klassische Beispiele für die Existenz ausgeprägter *West-Ost-Kontraste*. Im Fall von London kennzeichnen sie jedoch lediglich die inneren Stadtteile, während der Planungsraum von Greater London mehr oder minder den amerikanischen Metropolitan Areas entspricht.

4. In den sozialistischen Städten läßt sich aufgrund der dirigistischen Wohnungspolitik ein *Ausflachen des Sozialgradienten* beobachten. Als Beispiel sei Prag genannt, welches vor dem Ersten Weltkrieg, wie Wien und Budapest, einen vom Zentrum zum Stadtrand hin fallenden Sozialgradienten aufwies. In den inneren Bezirken sind heute die sozialen Unterschiede nahezu völlig verschwunden. Nur die äußere

Wohnzone mit einer teilweise aus der Gründerzeit ererbten Dominanz von Kleinwohnungen wird auch gegenwärtig noch zu zwei Dritteln von Fabrikarbeitern bewohnt und weist damit einen wesentlich über dem Stadtmittel gelegenen Prozentsatz an Arbeitern auf.

5. Ferner können wir feststellen, daß überall dort, wo die Industrialisierung erst nach dem Ersten Weltkrieg einsetzte, wie in großen Teilen Südeuropas, der soziale Gradient selbst bei sehr rasch wachsenden Städten nach wie vor vom Stadtzentrum zur Peripherie hin absinkt.

Die Modellvorstellungen eines *zentral-peripher absinkenden bzw. ansteigenden Sozialgradienten* führen im Zusammenhang mit dem Stadtwachstum zu folgenden Aussagen (vgl. Abb. 50): Überall dort, wo ein zentral-peripher absinkender Sozialgradient besteht, kommt es aufgrund des Raumbedarfs der Oberschicht in der Innenstadt zu einem Umbauprozeß und einer *bausozialen Aufwertung* in den angrenzenden

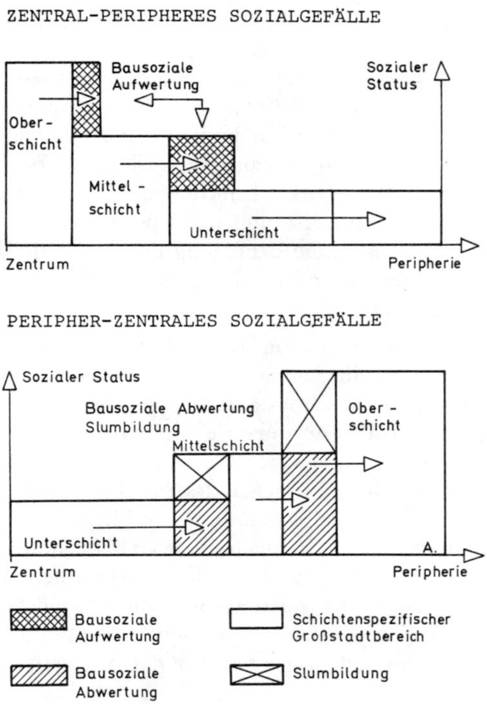

Abb. 50 Zentral-peripheres und peripher-zentrales Sozialgefälle und bausoziale Aufwertung und Abwertung (LICHTENBERGER, E., Entwurf)

Mittelstandsvierteln. In einer mittleren Zone werden ehemalige Unterschichtquartiere zu Mittelstandsbezirken umgebaut. Einem derartigen Prozeß entsprach etwa das Wachstum von Wien, Budapest, Prag, Kopenhagen, Paris und Berlin während der Gründerzeit. Anders läuft die Entwicklung bei der Dominanz eines zentral-peripher ansteigenden Sozialgradienten ab, wie er etwa dem Typ der britischen Industriestädte entspricht. Hier zählt das *Abwohnen der Bausubstanz*, ein „filtering down"-Vorgang, zu den wesentlichen Prozessen vor allem dort, wo sich von der Innenstadt aus Grundschichten in die benachbarten Mittelstandsquartiere hinein ausbreiten. Dieser Mechanismus einer sozialen Abwertung bereitet der britischen Stadtplanung größtes Kopfzerbrechen. Wohl ist sie zur Zeit mit dem gewaltigen Programm der Slumsanierung der frühindustriellen Quartiere unmittelbar im Anschluß an die Altstädte fertig, doch steht sie nunmehr vor der noch gigantischeren Aufgabe einer Sanierung der hoch- und spätgründerzeitlichen Reihenhausgebiete, die bereits heute als „verschattete Gebiete" gelten.

Zentral-peripher ansteigende bzw. absinkende Gradienten der sozialräumlichen Organisation kennzeichnen nicht nur die Kernstadt, sondern auch das Umland. Wie die Analyse des Pendlersystems einer Mittelstadt (Klagenfurt, Österreich) demonstriert (vgl. Abb. 51), steigt die Zahl der Einfamilienhausbesitzer, der verheirateten Pendler und Pendlerehepaare, der Angestellten sowie der Benützer eines Pkws stadtwärts an, während andererseits alleinstehende Personen, Hilfsarbeiter, Kinder von Landwirten gegen die Peripherie des Pendlerraumes hin anteilsmäßig zunehmen. Die Wohnverhältnisse sind an der Peripherie durch das ländliche Gehöft mitbestimmt und zeigen derart den Vorgang der Ausbreitung der Pendlerbewegung in Form der Abschöpfung der agraren Überschußbevölkerung, welche jedoch ihren Wohnstandort beibehält. Als interessantes und unerwartetes Resultat ergab sich, daß aufgrund der hohen Kosten die Benützung des Autos als Verkehrsmittel der Pendler zugunsten der öffentlichen Verkehrsmittel, der Busse und der Eisenbahn, mit der Entfernung abnimmt.

Alle Gradientenanalysen gehen davon aus, daß Städte symmetrische zentrierte Gebilde darstellen. In der Realität ist diese Symmetrie jedoch eher die Ausnahme, und bei nahezu allen Mittel- und Großstädten ist eine *Asymmetrie* die Regel. Besonders ausgeprägt findet sich die Asymmetrie beim Vorgang der Citybildung, bei dem stets eine „Vorderseite" und eine „Rückseite" zu unterscheiden sind. Die Wachstumsfront der City richtet sich gegen das Stadtgebiet mit höherem Sozialstatus, während sich an der Rückseite Stagnations- und Blightphänomene breitmachen und soziale Desorganisationserscheinungen auftreten können. In europäischen Städten sind Asymmetrien sehr häufig durch städtebauliche Intentionen, wie Achsenkonzepte, Boulevardanlagen, die Anlage von Bahnhöfen usf., initiiert worden. Derartige Asymmetrien von Städten können sehr gut durch die kartographische Darstellung der Bodenpreise erfaßt werden, wie das Beispiel von Puebla, Mexiko, belegt (vgl. Abb. 52).

Asymmetrien des Sozialraumes von Städten sind besonders dort ausgeprägt, wo *Überlagerungen von zwei Stadtsystemen* auftreten, wie bei der orientalischen Stadt. M. SEGER (1978) hat ein Profil des Prestigewertes der Einzelhandelsstandorte in Nord-

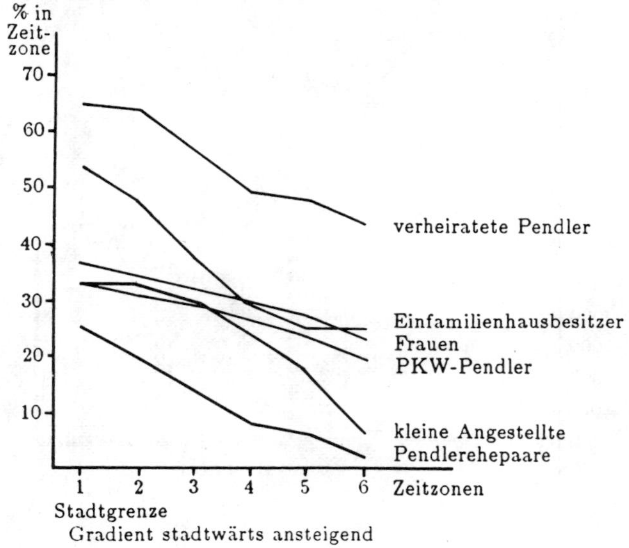

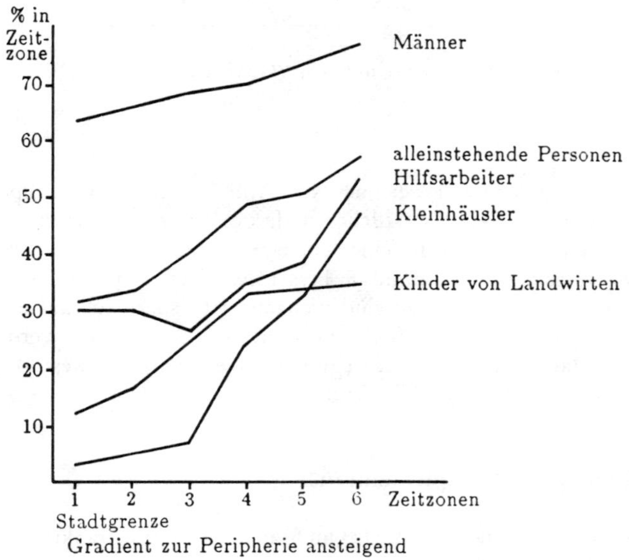

Abb. 51 Gradienten des Pendlersystems einer Mittelstadt (Klagenfurt) (LICHTENBERGER, E., 1976a, S. 86)

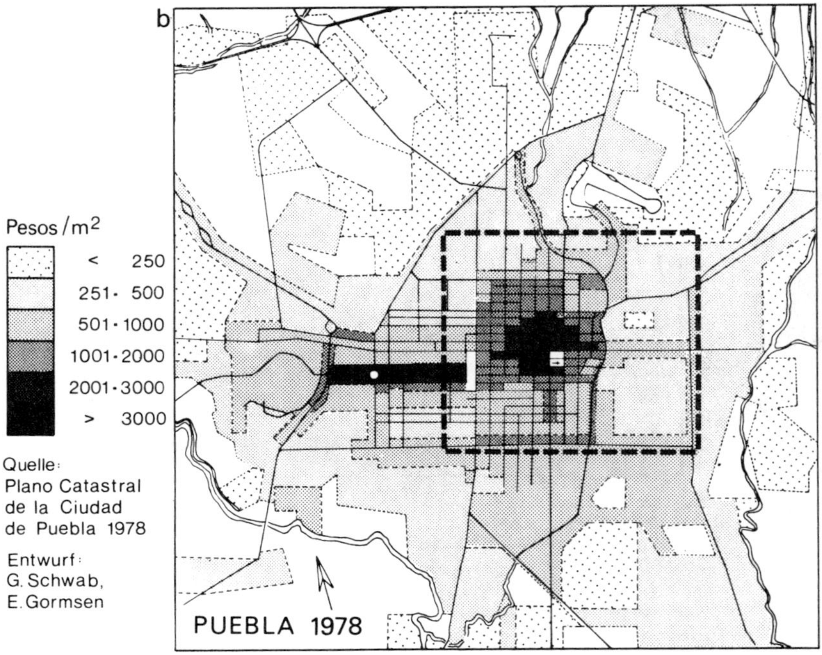

Abb. 52 Asymmetrie der Bodenpreise in Puebla (Gormsen, E., 1980, S. 93)

Süd-Richtung durch Teheran gezeichnet (vgl. Abb. 53), aus dem die Bipolarität des Einzelhandelszentrums (Basar, westliches modernes Zentrum) zu entnehmen ist und die damit verknüpfte Anlagerung einerseits einer ärmeren, traditionellen Bevölkerung und andererseits von ökonomisch besser gestellten und westlich orientierten Bevölkerungsteilen. Asymmetrien sind vielfach nicht spezifisch auf einen Sektor festgelegt, sondern können als Richtungskontraste beschrieben werden. Derart besteht auf der Makroebene von Stadtregion und Kernstadt eine West-Ost-Differenzierung in Wien, eine Nord-Süd-Differenzierung in München.

2.6.4 Das Prinzip der Komplementärität

Das Prinzip der Komplementärität wird im folgenden eingeschränkt auf Fragen der Flächennutzung behandelt und von drei Zugängen aus analysiert. Der erste Zugang geht aus von den politischen Systemen des Privatkapitalismus, Staatskapitalismus und der sozialen Wohlfahrtsstaaten und fragt nach deren unterschiedlichen Regulativen hinsichtlich des *Wachstums von Städten.* Der zweite Zugang geht vom *Bedarf* der

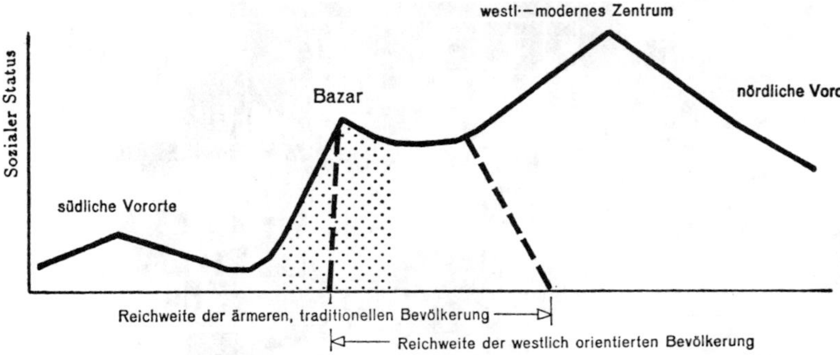

Abb. 53 Asymmetrie und Bipolarität des Stadtzentrums in Teheran (SEGER, M., 1978, S. 195)

Stadt *an gesamtstädtischen Einrichtungen* aus. Letztere werden zumeist unter dem Dachbegriff der sozialen und technischen Infrastruktur subsumiert. Der dritte Zugang fragt nach den Konsequenzen des fortschreitenden arbeitsteiligen Prozesses, durch den immer neue Funktionen erzeugt werden, welche zum Teil spezifische Standortansprüche aufweisen und insgesamt zur Erhöhung des städtischen Flächenbedarfs beitragen.

ad 1. Im *privatkapitalistischen Gesellschaftssystem* gehört es implizit zu den *Mechanismen des Wachstums von Städten,* daß die aus der Bodenspekulation und damit den steigenden Bodenwerten von der Privatwirtschaft gemachten Gewinne als Kapital dazu verwendet werden, den Prozeß der Aufschließung voranzutreiben. Damit wird eine sich aufwärts drehende Spirale in Gang gesetzt. Mit der Aufschließung bestimmter Gebiete erfolgt nämlich ein weiteres Ansteigen der Bodenpreise in randlichen Lagen, wodurch weitere Gewinne erzielt werden. Konkret bedeutet dies, daß im nordamerikanischen Stadtsystem zwei breite *Spekulationszonen* vorhanden sind: Die *innere Spekulationszone* liegt um den Central Business District und wird gegenwärtig durch Verfall und Slumbildung in sehr vielen großen Metropolitan Areas gekennzeichnet. Das Sinken des Bodenwerts auf Null, wie es hier im letzten Jahrzehnt geschehen ist, hat damit indirekt wieder die Voraussetzung geschaffen, um eine „Pionierbewegung der Besiedlung", initiiert durch staatliche „Incentives", wie Steuerermäßigungen und günstige Kredite, in Form der Stadterneuerung in Gang zu bringen und neue Bürohochhausstrukturen entstehen zu lassen. Weit eindrucksvoller, zumindest im Flächenausmaß, sind die um Kernstädte und Suburbs vorhandenen ausgedehnten peripheren *Flächen von Spekulationsbrache,* d. h. von „vacant land" (vgl. Abb. 54). Angaben aus den fünfziger Jahren über das Ausmaß dieses Phänomens sind dem Buch von H. BARTHOLOMEW: Land Uses in American Cities (1965), entnommen (vgl. Tab. 5).

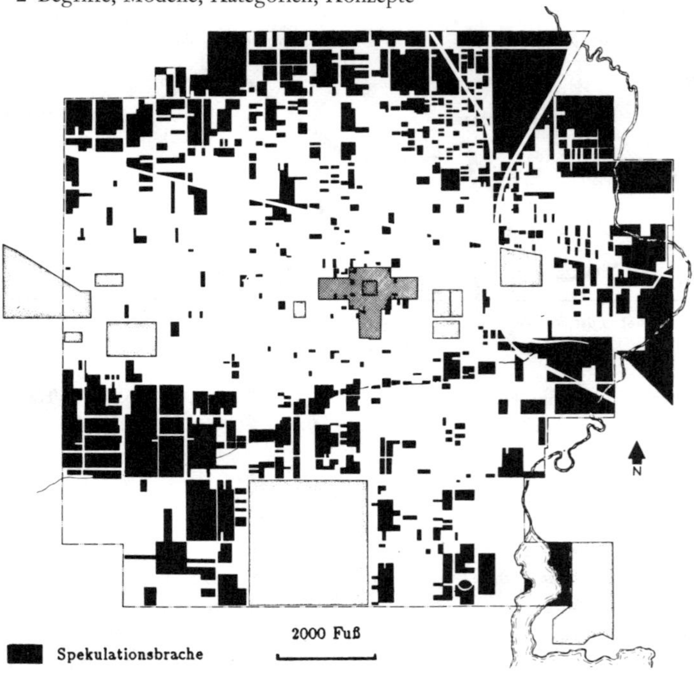

Abb. 54 Brachflächen am Stadtrand in den USA (Jacksonville, Illinois) (Bartholomew, H., 1965, S. 282)

Die Daten zeigen eine deutlich negative Korrelation zwischen der Größe der Kernstadt bzw. der der Suburbs und dem Ausmaß der Brachflächen. Bemerkenswert dabei ist ferner, daß das Ausmaß der Sozialbrache in den Suburbs größer ist als in den Kernstädten. Die kommentarlose Erwähnung dieser Brachflächen durch H. Bartholomew bzw. ihre völlige Negierung in den Analysen der Sozialökologie und in den Lehrbüchern der analytischen Stadtgeographie demonstriert, daß die Nichtnutzung von Flächen bzw. Objekten im liberalistischen System der USA nicht als Problem, sondern als eine Selbstverständlichkeit empfunden wird.

Die ausgedehnten Brachflächen gehen auf einen mehrphasigen, sehr *komplexen Spekulationsprozeß* zurück. In Chicago konnte bei einer Analyse 1956 festgestellt werden, daß Parzellen brachliegen, die bereits vor 1870 aufgeteilt worden waren und bei denen es zum Teil gar nicht mehr möglich ist, die eigentlichen Eigentümer festzustellen. Gerade beim älteren Spekulationsland sind überdies die Parzellen zu klein, als daß es möglich wäre, größere Anlagen zu errichten. Ungeachtet der großen Zahl von brachliegenden Flächen greift jedoch die Aufschließung bereits weit über die Metropolitan Areas hinaus und erzeugt weitere, der tatsächlichen Bebauung vorauseilende spekulative Landkäufe.

Tabelle 5 „Vacant land“ in Kernstädten und Suburbs von Metropolitan Areas

	Kernstädte	
Zahl der untersuchten Städte	Stadtgröße nach Einw.	v. H.-Anteil der Brachflächen a. d. ges. Stadtfläche
28	unter 50 000	47,01
13	50 000–100 000	38,80
7	100 000–250 000	21,85
5	250 000 und mehr	20,37
	Suburbs	
Zahl der Suburbs	Größe nach Einwohnern	v. H.-Anteil der Brachflächen a. d. ges. Suburbs-Fläche
7	unter 5000	60,51
6	5 000–10 000	42,78
10	10 000–25 000	37,77
10	25 000 und mehr	22,28

Bartholomew, H., 1965, S. 73, 97

Rückblickend kann man nur vermuten, daß auch *kontinentaleuropäische Städte* in der liberalistischen Gründerzeit ein derartiges spekulatives Vorfeld besaßen. Es ist spätestens im Ersten Weltkrieg von Notgärten besetzt worden. Vielfach entstanden ausgedehnte Übergangssiedlungen, zum Teil Vorläufer einer Zweitwohnungsperipherie. Interessanterweise treten derartige spontane Siedlungen über Kontinentaleuropa hinweg nach dem Ende des Ersten Weltkrieges in nahezu allen Staaten auf. Sie sind m. E. ein Ausdruck dafür, daß der Erste Weltkrieg mehr war als nur eine große militärische Auseinandersetzung, er bedeutete überdies den Wechsel von politischen Systemen. In den vielfach illegalen Okkupationen von Grund und Boden in der Umgebung von großen Städten, wie Wien, Budapest, Prag, Bukarest, Warschau usf., äußerte sich auch die Tatsache, daß der Rechtsstaat mit seinen Einrichtungen sehr an Ansehen verloren hatte. In der Österreichisch-Ungarischen Monarchie wäre es aufgrund der Polizeimacht nicht möglich gewesen, daß sich arme Zuwanderer am Rande der großen Städte ihre Hütten errichtet hätten.

Die „wilden“ Siedlungen, d. h. die Squattersiedlungen am Rande der großen Städte in der Dritten Welt, belegen deutlich, daß die staatliche und städtische Ordnungsmacht dort den Stadtrand nicht mehr erreicht.

In den *sozialen Wohlfahrtsstaaten Europas* gehört es zum Aufgabenkreis der Stadtplanung, für das Wachstum der Stadt Baulandreserven vorzusehen. Der Ausweisung liegt zumeist ein recht kompliziertes Prognosesystem zugrunde. Grundsätzlich erzeugt gerade damit aber eine vorausschauende Stadtplanung in jeder neuen Planungsphase Reserveland für verschiedene städtische Funktionen. So ist das *Problem der Diskrepanz zwischen Widmung und Nutzung* gleichsam systemimmanent, welches zu Korrekturen in Form von Rückwidmungen führen kann, aber nicht zwangsläufig muß.

In der Wachstumseuphorie der sechziger Jahre haben Planungsbehörden von Städten und Stadtregionen oft sehr ausgedehnte landwirtschaftliche Flächen für Wohn- und Industriezwecke gewidmet. Auch der Wiener Flächennutzungsplan aus dieser Zeit folgte diesem Optimismus, so daß in einer weit vorauseilenden Planung ausgedehnte Agrarflächen im Osten der Donau umgewidmet wurden, und zwar weit größere als bis heute tatsächlich bebaut werden konnten. Interessanterweise nicht in die Baulandausweisung aufgenommen wurden die „wilden Siedlungen“ der Zwischenkriegszeit im Augelände der Donau (vgl. Abb. 55).

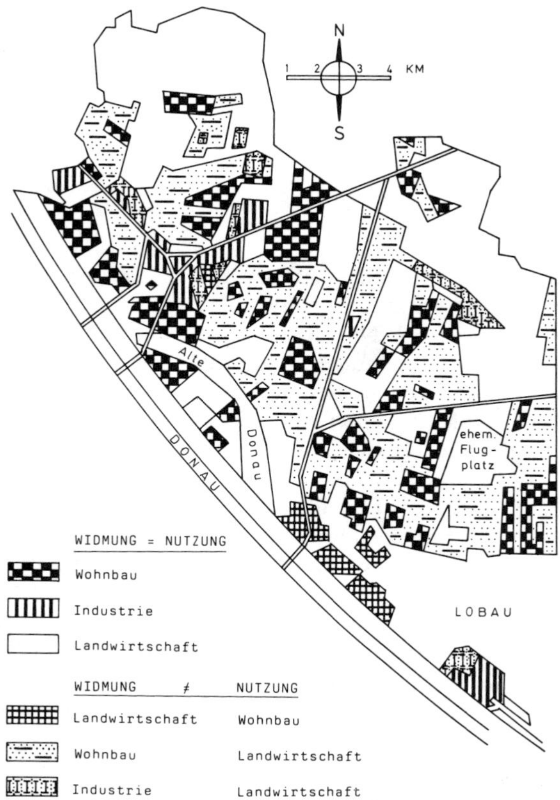

Abb. 55 Die Diskrepanz zwischen Flächenwidmung und Flächennutzung (Entwurf: E. LICHTENBERGER unter Verwendung von RAINER, R., 1962, S. 66 und 67)

Wieder andere Bedingungen bestehen im *Staatskapitalismus*. Zwar werden in den zentralistischen Planungsstrategien sehr viel durchgreifender als im Westen städtische Konzeptionen auf dem Reißbrett in der gesamten Anlage und in den Details von Wohnquartieren geplant und festgelegt sowie soziale und technische Infrastruktureinrichtungen nach strikten Quoten zugeordnet, der „Produktion der physischen Struktur von Städten" fehlt jedoch das Kapital, welches durch Bodenspekulation und Bodenpreissteigerung im privatkapitalistischen System Nordamerikas erzeugt wird. Der Kapitalmangel bei der Ausführung von Bauvorhaben ist daher systemimmanent und führt dazu, daß z.B. die Ausstattung von Großwohnanlagen mit Einrichtungen aller Art, wie Grünflächen, Schulen, Geschäften usf., vielfach – wenn überhaupt – erst nach dem Einzug der Bevölkerung erfolgt.

ad 2. *Gesamtstädtische Einrichtungen* haben durch die Geschichte des Städtewesens hindurch eines gemeinsam: Sie wurden und werden entweder über die Stadtmauer (Stadtgrenze) „hinweggeschoben" oder, in der Gegenwart, in die Sektoren des Stadtrandes verlegt, wo am wenigsten „Widerstand" zu erwarten ist (H. Geipel, 1981).

M.R.G. Conzen (1981) hat mit Recht die große Bedeutung von historischen Stadträndern und ererbten Institutionen vergangener Stadtentwicklungsperioden für das aktuelle Muster der Flächennutzung von britischen Städten herausgestellt und diese in minutiöser Form für einzelne Städte, darunter Sheffield, rekonstruiert.

Auch in Kontinentaleuropa läßt sich in den meisten Städten im Anschluß an die ehemaligen Befestigungsanlagen im früheren Vorstadtraum eine charakteristische Assoziation von Nutzungen feststellen, die aus der vorindustriellen Zeit stammen und sich teilweise erhalten haben, wie Friedhöfe, Spitäler, Gemüsebauflächen, störende Gewerbebetriebe (Schlachthöfe, Gerbereien, in München z.B. Großbrauereien). Gegenwärtig kommt es bei der Neuanlage von störender technischer Infrastruktur, wie Mülldeponien, Kläranlagen, Flugplätzen, Kraftwerken usf., bereits zu großen Schwierigkeiten, da niemand diese sperrige Infrastruktur haben will. Es ist sehr bezeichnend, daß derartige Einrichtungen letztlich stets in diejenigen Stadt- bzw. Agglomerationsräume abgeschoben werden, welche nicht von oberen und mittleren Sozialschichten bewohnt sind.

ad 3. Hinsichtlich der *Aufspaltung von Funktionen* (Standorten) seien im folgenden nur die wichtigsten aufgelistet. Die *Trennung der Wohnungen von den Arbeitsstätten* ist ein – je nach Stadtgröße und wirtschaftlichem Entwicklungsstand von Staaten – verschieden weit in die Vergangenheit zurückreichender Vorgang, auf den in Band II eingegangen wird. Hier nur zwei Beispiele: Die Auflösung der alten Einheit von Wohnung und Betriebsstätte wurde 1963 bei den selbständig Berufstätigen auf der Wiener Ringstraße von der Autorin (1970) untersucht. G. Heinritz (1983) hat im Zusammenhang mit der Bürostandortforschung und der Frage der Suburbanisierung Präferenzen hinsichtlich der Zusammenlegung und der Trennung von Büro- und Wohnsitz festgestellt.

Es ergeben sich überraschende berufsspezifische Gemeinsamkeiten. Die alte Einheit von Wohnung und Betriebsstätte hat sich bei den Architekten am besten erhalten bzw. wird am stärksten angestrebt. Das Umgekehrte trifft auf Rechtsanwälte zu (vgl. Tabelle 6).

Tabelle 6 Einheit von Wohnung und Büro bei den selbständig Berufstätigen der Wiener Ringstraße 1963 und in den Suburbs von München 1980

	Wiener Ringstraße 1963 (Kompletterhebung) v. H.	München Suburbaner Raum 1980 n = 100 v. H.
Architekten	64,1	85,0
Ingenieurbüros	–	50,0
Steuerberater	57,5	45,5
Rechtsanwälte	37,8	35,3
Ärzte	51,5	–
Großhändler	66,2	–

E. Lichtenberger 1970, G. Heinritz 1983

In der Gegenwart vollzieht sich in den Großstädten mit vorherrschender Miethausstruktur in Kontinentaleuropa und in den Oststaaten einschließlich der UdSSR die *Aufspaltung von Arbeitswohnungen und Freizeitwohnungen.* Zweitwohnsitze bilden eine weitere Peripherie um das schon ältere Pendlerumland. Angemerkt sei, daß diese aktuelle Abtrennung der Freizeitwohnung von der Arbeitswohnung im Prinzip nur den Vorgang imitiert, der bereits bei den Oberschichten antiker Städte üblich war. Von der römischen Villa führt über die Villegiatura in den Renaissancestädten eine kontinuierliche Folge zu den barocken Sommerpalästen des Adels rings um die großen Städte, zum bürgerlichen Landhauswesen am Beginn der ersten Hälfte des 19. Jahrhunderts sowie zu den Schrebergärten der gründerzeitlichen Miethausbevölkerung.

Historisch kompliziert ist die *Aufspaltung des Arbeitsstättensektors.* Großhandel und Bankenwesen verselbständigen sich zuerst, Speditionen, Büros, Lagerhaltungsbetriebe entstehen im wesentlichen erst im 19. Jahrhundert. Mit diesen Aufspaltungen treten jeweils Gruppen von Betrieben mit spezifischen Anforderungen auf.

2.6.5 Das Prinzip der Hierarchie

Die Hierarchie ist ein Grundprinzip von Organisationssystemen aller Art, in der Privatwirtschaft und in staatlichen Institutionen. Als räumliches Ordnungssystem wurde sie zuerst von W. Christaller (1933) im zwischenstädtischen System festgestellt und als *Theorie der Zentralen Orte* formuliert.

In der *Organisation des physischen Stadtraumes* ist ein hierarchisches Prinzip auch dort immer wieder angestrebt worden, wo es möglich war, Städte planmäßig anzulegen.

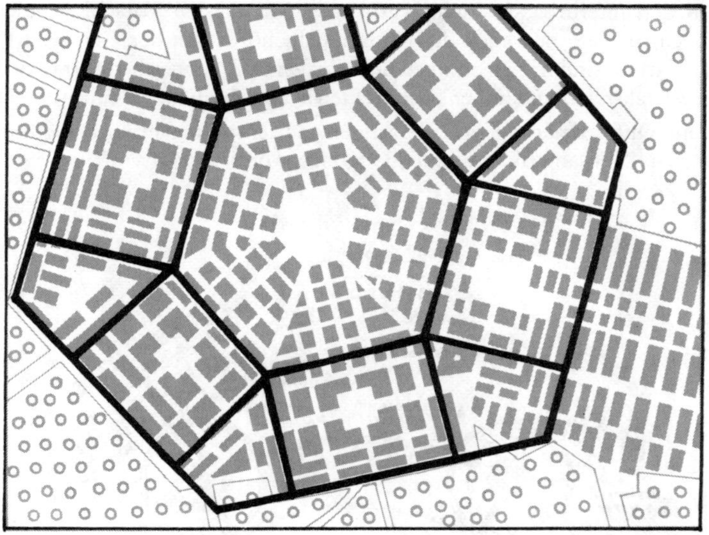

Abb. 56 Grammichele, Sizilien, Planstadt 1693, hierarchische Stadtplanung

Unter den zahlreichen *Plananlagen der Renaissance* ist eine Stadt in Italien, Gran Michele, besonders bemerkenswert. Hier wurde das von W. Christaller formulierte administrative Prinzip der zentralörtlichen Gliederung in den Stadtraum übertragen. Wie aus Abb. 56 ersichtlich ist, sind um das sechseckige Stadtzentrum sechs Stadtviertel jeweils um einen Rechteckplatz gruppiert.

Das Prinzip der hierarchischen Organisation der Stadt kehrt wieder in dem Konzept der *„Neuen Stadt"* von E. Howard (1902). Grundsätzlich ging es Howard dabei um die Neuorganisation der „formlosen" und „inhumanen" grauen Masse der industriellen Großstadt, um ein Zurückführen der Stadtgröße auf einen „menschlichen Maßstab" und keineswegs, wie dies in der späteren Literatur vielfach irrtümlich rezipiert wurde, nur um die Schaffung von *„Gartenstädten"*. Seine Konzeption ist für ein städtisches Siedlungsgebilde von 250000 Menschen (Cluster City) entworfen, bei dem rund 60000 Menschen in der Zentralstadt und die übrigen in sechs ringsum gelegenen Gartenstädten mit jeweils rund 32000 Menschen untergebracht werden sollten (vgl. Abb. 57). Der ideengeschichtlich interessierte Leser wird mit Erstaunen zur Kenntnis nehmen, daß das von W. Christaller eine Generation später formulierte optimale Anordnungsprinzip für die administrative Zuordnung von jeweils sechs Gemeinden zu einem Zentralen Ort bereits mit der Cluster City vorweggenommen wurde. Im Anschluß an die im vorigen Kapitel beschriebene Komplementärität von gesamtstädtischen Einrichtungen erscheint es auch von Interesse darauf hinzuweisen, daß Howard wenig attraktive Einrichtungen, darunter psychiatrische Kliniken, in den interurbanen Raum verbannte. Mit diesem Vorschlag beschritt er übrigens einen Weg, den auch die Kommunalbehörden in der Gegenwart gehen, wenn sie bestrebt sind, Einrichtungen der sozialen und technischen Infrastruktur mit geringer Attraktivität und hohen Störeffekten in den ländlichen Raum abzuschieben. Die innere Differenzierung von derartigen Gartenstädten erfährt allerdings erst durch das aus Nordamerika stammende Konzept der *Nachbarschaftsidee* eine hierar-

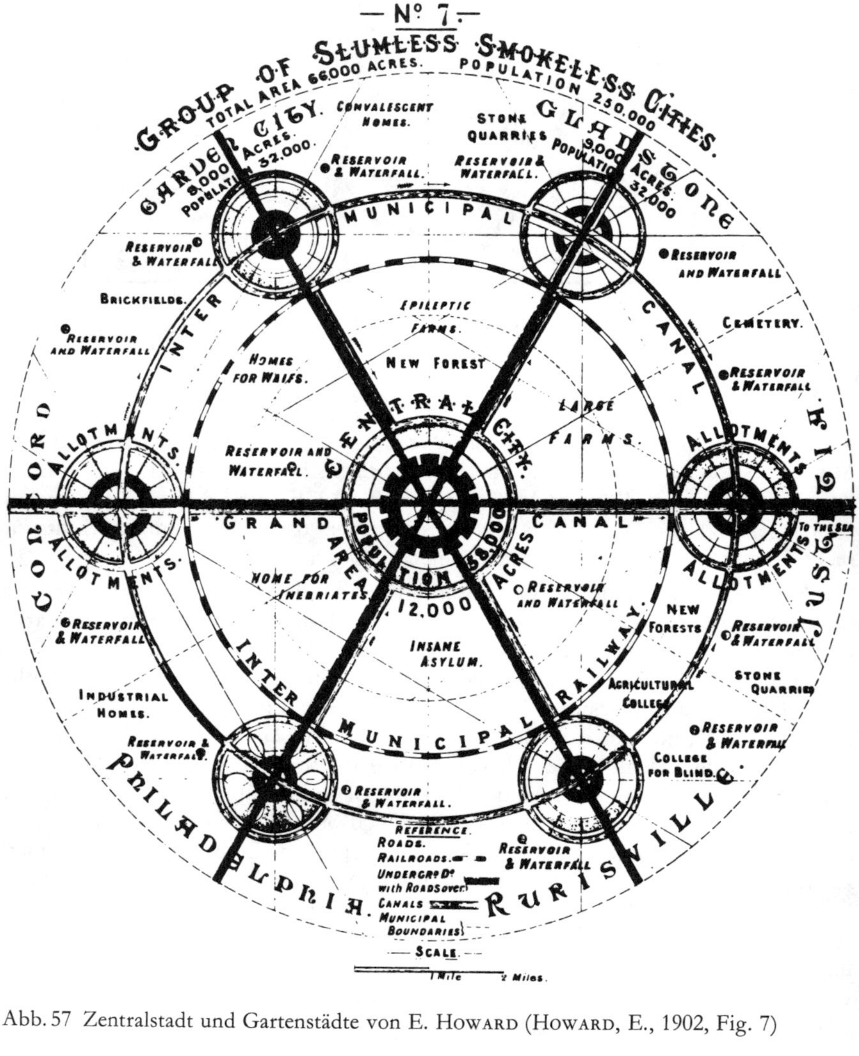

Abb. 57 Zentralstadt und Gartenstädte von E. HOWARD (HOWARD, E., 1902, Fig. 7)

chische Gliederung. Von C. A. Perry (1929) entwickelt, hat es seither die Aufschließung der amerikanischen Suburbs tiefgreifend bestimmt (vgl. Abb. 58). Bedingt durch die familienorientierte Gesellschaftsordnung wurde ein Volksschulsprengel als Grundlage für die Bemessung der Größe der Nachbarschaft gewählt. Die Volksschule wurde im Verein mit anderen Einrichtungen, wie Kirche und Gemeinschaftshaus, zumeist im Zentrum der Nachbarschaft angeordnet, Geschäftszentren an die umgrenzenden Durchfahrtsstraßen gelegt. Vorstellungen über die Größe von derartigen Nachbarschaften schwanken von Staat zu Staat zwischen 4000 und 12 000 Einwohnern (Mittelwert 6000 Einwohner). Nicht beachtet bei der Übernahme der Nachbarschaftsidee in andere gesellschaftspolitische Systeme wurde die Tatsache, daß aufgrund der Finanzierung der Schulen aus der Realitätenbesteuerung das Sozialmilieu von amerikanischen Schulen weit homogener ist als anderswo. Eine derartige Nachbarschaft stellt daher eine lebendigere territoriale Interessen- und Kontaktgemeinschaft dar als die aus der städtebaulichen Retorte stammenden Gegenstücke in vielen europäischen Städten.

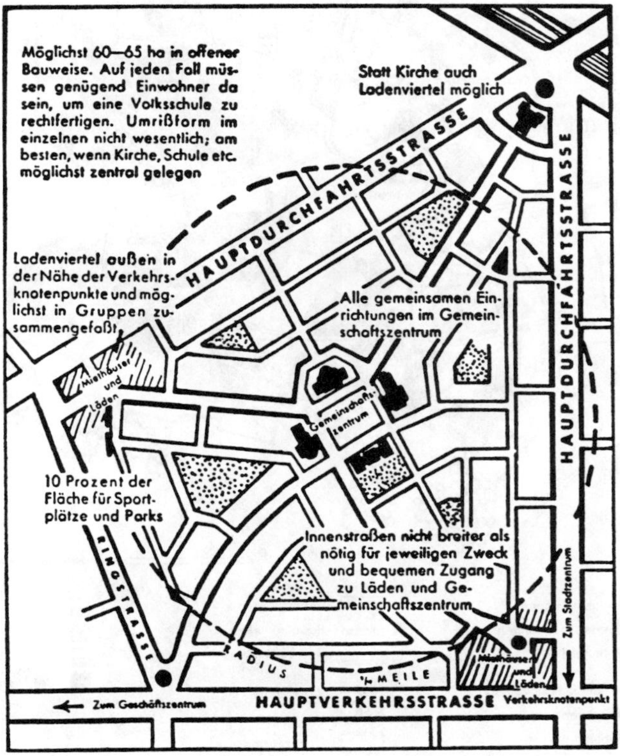

Abb. 58 Nachbarschaftseinheiten nach Perry (Perry, C., 1929)

Bei der *Anlage von Neuen Städten* ist die Nachbarschaftsidee durchgehend verwendet worden. Ferner gehört es zur Regel, daß 4 bis 5 derartige Nachbarschaften zu einem „Stadtteil" zusammengefaßt wurden, der seinerseits mit einem Hauptgeschäftszentrum und höheren Schulen (Colleges) ausgestattet ist. Die Details der Zuordnung von Wohnvierteln, Industrievierteln, Haupt- und Nebenzentren, Schulen und Verkehrswegen sind aus dem abgebildeten Beispiel von Harlow zu ersehen. (vgl. Abb. 59). Aus dieser festgeschriebenen physischen Strukturierung und Anordnung der

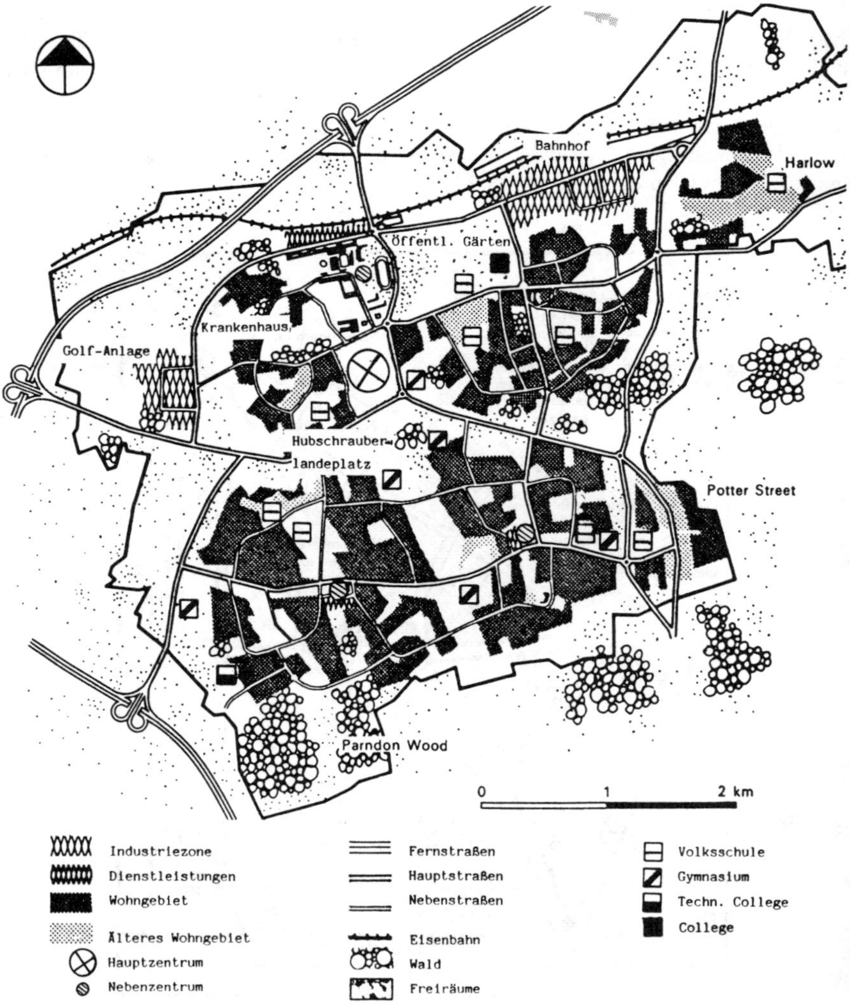

Abb. 59 Neue Stadt: Hierarchisches Prinzip der Nachbarschaften (MERLIN, P., 1971, S. 14)

einzelnen Bau- und Verkehrselemente ist bereits zu entnehmen, daß es sich bei der Neuen Stadt um eine stationäre Konzeption handelt. Das Bebauungsmosaik besitzt nur eine geringe Anpassungsfähigkeit an Umstrukturierungen der Bevölkerung (z. B. Abnahme der Zahl der Schüler, Zunahme der Zahl der alten Leute) bzw. der Wirtschaft (Entindustrialisierung, Wachstum des tertiären Sektors).

Derartige hierarchische Raumstrukturierungen fehlen ansonst im europäischen Städtewesen. Sie sind jedoch in den *traditionellen orientalischen Städten* vorhanden. Auf den unterschiedlichen Grad der Öffentlichkeit bzw. Privatheit der Verkehrswege wurde bereits hingewiesen. Es besteht ein räumlicher hierarchischer Aufbau

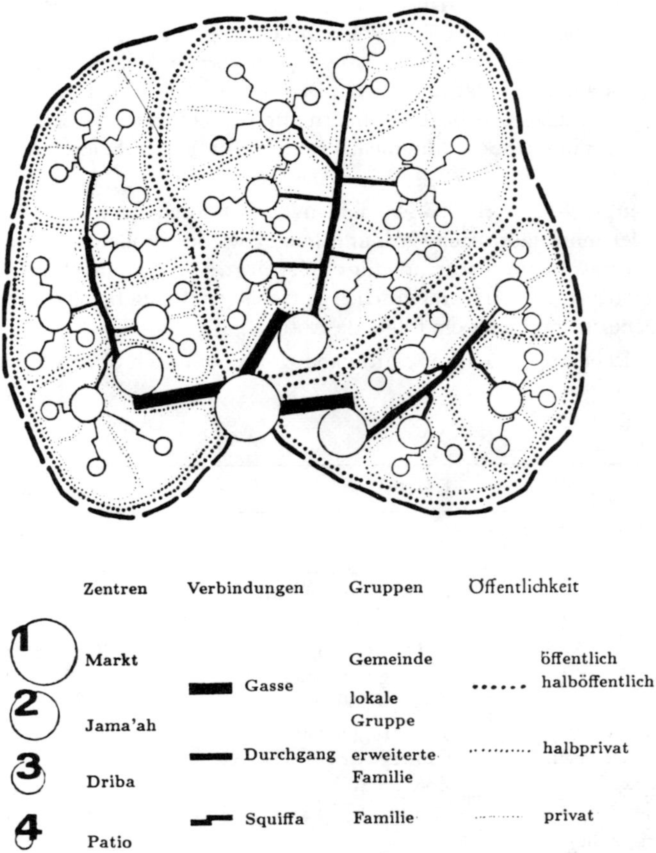

Abb. 60 Orientalische Stadt: Hierarchie der Zentren, Straßenräume und sozialen Gruppierungen (Wirth, E., 1983, S. 420, nach: B. Delaval)

von Familie, Großfamilie und lokaler Viertelsbildung nach herkunftsmäßigen, religiösen und ethnischen Gruppen. Die entsprechende Zuordnung von halbprivaten, halböffentlichen und öffentlichen Verbindungen sowie der Märkte ist aus Abb. 60 zu entnehmen.

Blendet man von diesen Beispielen zur Realität der großen Städte über, so muß man feststellen, daß Hierarchien in der räumlichen Organisation der Kernstädte in der westlichen Welt eher die Ausnahme als die Regel darstellen. Der Hauptgrund für das Fehlen einer zusammenhängenden hierarchischen Gliederung von Städten ist darin zu suchen, daß Baugebiete, Aktionsräume der Bevölkerung, Mobilitätsräume und Wahrnehmungsräume, um nur einige Raumkategorien zu nennen, einander vielfach überlagern, und zwar nicht nur hinsichtlich ihrer Arealdefinitionen, sondern auch aufgrund von gruppenspezifischen und individuellen räumlichen Kategorienbildungen. Insgesamt ist es daher im allgemeinen unmöglich, Großstädte nach einem hierarchischen Prinzip aufzugliedern und die Bevölkerung derartigen Hierarchien, wie Wohngruppen, Nachbarschaften, Stadtvierteln, zuzuordnen. Diese Aussage bedeutet keineswegs, daß die Zeit der Bildung derartiger territorialer Einheiten in Städten grundsätzlich vorbei ist, sondern nur, daß eine hierarchische Strukturierung nicht als räumliches Ordnungsinstrument für große Städte in westlichen Gesellschaften geeignet ist.

Wohl werden auch von europäischen Planungsbehörden derartige hierarchische Prinzipien der innerstädtischen Ordnung immer wieder größeren städtebaulichen Vorhaben, vor allem am Stadtrand, zugrundegelegt. Die Planungsliteratur ist voll von derartigen normativen hierarchischen Vorschlägen. Einen Beleg für die Bundesrepublik Deutschland bietet die folgende Abb. 61.

Die hierarchische Strukturierung wird dabei von unten nach oben vorgenommen.

Kategorie	Umgriff	Einwohnerzahl
Verwaltungsbezirk	–	über 100 000
Stadtteil	15 Min (1000 m) Fußweg zur kollektiven Zone	30 bis 50 000
Stadtviertel (Statistischer Bezirk, Ortsteil)	10 Min (660 m) Fußweg zur kollektiven Zone = 130 ha	10 bis 15 000
Volksschuleinheit (Nachbarschaftseinheit, Verkehrsbezirk)	5–10 Min (500 m) Fußweg zur kollektiven Zone = 80 ha	5 bis 6 000
Wohngruppe (Stimmbezirk, Zelle)	ca. 15 ha	1 bis 2 000

Abb. 61 Hierarchische Stadtgliederung aus der Sicht der Stadtplanung (Breitling, P., 1974, S. 64)

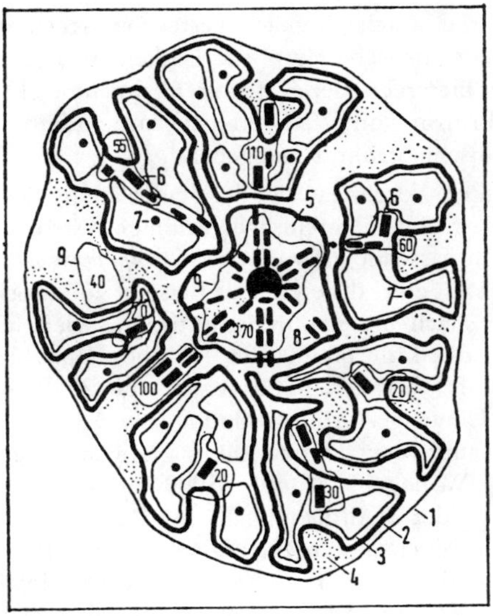

Planungsstruktur:

1. *Territorium (7,66 Mio. Ew.)*
2. *Planungszone (0,6–1,0 Mio. Ew.)*
3. *Planungsgebiet (0,20–0,35 Mio. Ew.)*
4. *Grünzonen*
5. *Gesamtstädtisches Zentrum*
6. *Zentrum Planungszone*
7. *Zentrum Planungsgebiet*
8. *Entwicklungsachsen*
9. *Gebiete besonderer Bevölkerungskonzentration in 1000 Ew.*

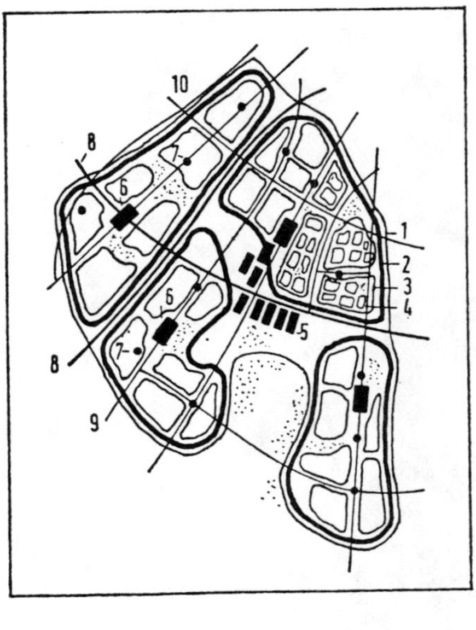

Schema Planungszone:

1. *Planungszone*
2. *Planungsgebiet (0,20–0,35 Mio. Ew.)*
3. *Wohngebiet (25 000–80 000 Ew.)*
4. *Mikrorayon (4000–20 000 Ew.)*
5. *Zentrum Planungszone*
6. *Zentrum Planungsgebiet*
7. *Zentrum Wohngebiet*
8. *Schnellstraße*
9. *Stadtstraße*
10. *Gebietsstraße*

Abb. 62 Hierarchische Stadtplanung in Moskau (Kreis, B. und Müller, R., 1978, S. 315)

Als unterste Einheit dienen Stimmbezirke, welche in vielen westeuropäischen Staaten und in Nordamerika zugleich auch statistische räumliche Einheiten darstellen. Wie man aus den Einwohnerzahlen der hierarchischen Kategorien entnehmen kann, ist jedoch nicht das administrative Prinzip von W. CHRISTALLER, sondern eine „Fußgängerideologie" für die hierarchische Struktur maßgebend.

Bereits die von unten nach oben gerichtete Vorgangsweise der Stadtplanung belegt, daß es in Westeuropa nicht möglich ist, ein hierarchisches Sprengelsystem über ganze Städte zu stülpen. Eine derart umfassende *zentralistische Stadtplanung* ist nur *in den Oststaaten,* allen voran in der UdSSR, zu realisieren. Das Beispiel von Moskau (vgl. Abb. 62) belegt eine von oben nach unten durchstrukturierte vierstufige Hierarchie. Moskau wird in Planungszonen mit 600 000 bis 1 Million Einwohner gegliedert, welche ihrerseits jeweils auf 3 bis 6 Planungsgebiete mit 200 000 bis 350 000 Einwohnern aufgeteilt sind. Derartige Größenordnungen werden in der westeuropäischen Stadtplanung überhaupt nicht in Erwägung gezogen. Erst die nächsttiefere Stufe des sogenannten „Wohngebiets" mit 25 000 bis 80 000 Einwohnern kann mit der obersten Ebene der Stadtplanung in der Bundesrepublik Deutschland zumindest zahlenmäßig verglichen werden. Bis zu dieser Stufe sind auch jeweils Zentren vorgesehen, während im Mikrorayon (4000 bis 20 000 Einwohner), dem Pendant der Nachbarschaft, Versorgungszentren nur mehr teilweise vorhanden sind.

Damit ist die Frage des hierarchischen Bauplans des Einzelhandels angeschnitten, auf die in Kap. 3.5.4 eingegangen wird.

3 Determinanten von Strukturen und Prozessen im Stadtraum

3.1 Überblick

Als externe Determinanten von städtischen Systemen wurden unterschieden:

1. politische Systeme,
2. normative Prinzipien des Städtebaus, welche über die Stadtplanung auch vom politischen System bestimmt werden,
3. Technologien, insbesondere des Bauens und Verkehrs,
4. Entwicklungsstand der nationalen Ökonomie, reflektiert im Prozeß der Arbeitsteilung.

Im folgenden sei besonders auf den Zusammenhang von politischen Systemen und Technologien eingegangen. Vorneweg zwei Feststellungen: Die von vielen Autoren postulierte modellhafte Abfolge von technischer Innovation, politischem Wandel und sozialem Wandel trifft keineswegs auf alle städtischen Systeme zu. Gleichen technischen Entwicklungsstand vorausgesetzt, begünstigen politisch einheitlich strukturierte Systeme die Entstehung einheitlicher Technologien, während andererseits politisch pluralistische Systeme eine pluralistische Technologie „produzieren".

Der Vergleich der privatkapitalistischen Stadtstrukturen in den USA mit den Städten des Staatssozialimus und denen des sozialen Wohlfahrtsstaates belegt diese These. In den *USA* ist aufgrund der Interessenverflechtung von Autofirmen, Öltrusts, großen Organisationen der Bauindustrie, der Hypothekenbanken und des Autobahnbaus, begünstigt durch die oben gekennzeichnete Kapitalbildung durch Bodenspekulation, die Suburbanisierung zu einem sich selbst tragenden Vorgang geworden. In den *Ostblockstaaten* kommt andererseits das integrierte Paket von Massenverkehrsmitteln und Massenmiethäusern nur den Kernstädten zugute. Eine Suburbanisierung im westlichen Sinn fehlt; eine Privatisierung des Wohnens ist in erster Linie in Form des Zweitwohnungswesens entstanden (Datscha).

In den *sozialen Wohlfahrtsstaaten* Westeuropas hat der Pluralismus von Gesellschaft und Wirtschaft zu spezifischen Formen der räumlichen Organisation geführt, auf welche sozialökologische und standorttheoretische Modelle nordamerikanischer Provenienz nur partiell anwendbar sind. Besonders wichtig erscheint in diesem Zusammenhang die diversifizierte Struktur auf dem Boden- und Wohnungsmarkt, wo der wachsende Anteil des öffentlichen Sektors ein Element der Immobilisierung darstellt, und zwar sowohl im Hinblick auf die Betriebsstätten als auch im Hinblick auf die Bevölkerung. Zahlreiche Eingriffe in den Boden- und Wohnungsmarkt (Großbritannien) verstärken die Immobilisierung. In den einzelnen Segmenten der Wohnungswirtschaft besteht eine unterschiedliche Mobilität der Haushalte. Insgesamt wirkt die generelle Immobilisierungstendenz des öffentlichen Wohnungssektors auch auf die anderen Segmente der Wohnungswirtschaft zurück.

Zu den ganz wesentlichen Unterschieden zwischen europäischen und nordamerikanischen Städten gehört die Übernahme der technischen Infrastruktur (Verkehr, Versorgung und Entsorgung) und der soziokulturellen Infrastruktur (Erziehungs-, Forschungs-, kulturelle Einrichtungen, Gesundheitswesen) aus dem Aufgabenbereich der Privatwirtschaft in den der öffentlichen Hand. Besonders wichtig ist der ausgeprägte Pluralismus der Verkehrstechnologie (innerstädtischer Autobahnbau versus U-Bahn-Bau). Dadurch entstehen Subsysteme im Hinblick auf die Standortwahl von Betrieben, Einrichtungen aller Art und die Bevölkerung. Autobesitzer und Nichtautobesitzer sondern sich in ihrem aktionsräumlichen Verhalten voneinander (vgl. D. Klingbeil, 1978, bei Gastarbeitern E. Lichtenberger, 1984).

Die räumliche Teilung der Macht des Staates, ausgedrückt in der Zuweisung von tatsächlichen politischen Befugnissen und Budgetmitteln an verschiedene Ebenen der Administration, ist von entscheidender Bedeutung für die Organisation von Städten und Stadtsystemen. Bei der Analyse von zentralörtlichen Systemen, Agglomerationen und innerstädtischen Gliederungen erscheint die Beschäftigung mit diesem Fragenkomplex absolut notwendig. In diesem von der Stadtgeographie bisher nur wenig behandelten Bereich seien einige Themen herausgestellt:

1. Die Frage des Bodenrechts, des Bodenmarkts und der Bodenpolitik. Hierbei sieht sich die Bodenpolitik europäischer Stadtgemeinden ganz allgemein vor das Problem gestellt, eine geordnete Flächennutzung durchzusetzen, gleichzeitig Spekulation hintanzuhalten und Privatkapital weiterhin an der Stadtentwicklung zu interessieren.

2. Die Strategien zur Ordnung der physischen Struktur der Städte, d. h. die Reglementierung der Bautätigkeit in Form von Bauordnungen, Flächennutzungsplänen und dgl.

3. Die Erfüllung der bereits angesprochenen Aufgabenbereiche der technischen und sozialen Infrastruktur und insbesondere des sozialen Wohnungsbaus.

4. Steuersysteme und städtische Budgets. In diesem Zusammenhang sei zunächst auf die unterschiedliche Finanzkraft von Satellitensiedlungen und suburbanen Siedlungen im deutschen Sprachraum und in Nordamerika aufmerksam gemacht. Während aufgrund der hohen Realbesitzbesteuerung in den USA die Suburbs mit gehobener Mittelstandsbevölkerung eine gute Finanzkraft besitzen, ist es im deutschen Sprachraum notwendig, durch die Ansiedlung von Betrieben kommunale Budgets aufzubessern.

Wie bereits in der Einleitung vermerkt, besteht kaum eine Kommunikation zwischen der Stadtforschung und dem technischen Städtebau. Auch in der Stadtgeographie wurden bisher *technologische Aspekte* kaum berücksichtigt. Dabei sind drei Sektoren der technischen Entwicklung für die Stadt von besonderer Bedeutung: die Technologie des Bauens, die Technologie der installierten Infrastruktur (z. T. auch als „unterirdischer Städtebau“ zu bezeichnen) und die Technologie des Verkehrs.

Die Umstrukturierung der Städte in der Gegenwart erfolgt – wie allgemein bekannt – einerseits aufgrund der Industrialisierung des Bauens und andererseits durch die fortschreitende Motorisierung. Als Reststrukturen zunehmend in „Reservate" verwiesen werden damit traditionelle Bautechnologien, wie die Ziegel- und Natursteinbauweise sowie der Fußgängerverkehr. Entscheidungen über die Stadtstruktur fallen jedoch, stärker als uns dies zumeist bewußt ist, im „Untergrund", d. h. werden von den dort vorhandenen bzw. neu einzubringenden Leitungsnetzen für die Ver- und Entsorgung der Stadt mitbestimmt. Nun sind gerade in dieser Richtung in den letzten Jahrzehnten zwar die Kapazitäten der Anlagen (z. B. Fernheizwerke, Kläranlagen und dgl.) ganz wesentlich erhöht worden, während hinsichtlich der Einbringung von neuen Leitungen adäquate technologische Fortschritte fehlen. Als Konsequenz dieser Entwicklung entsteht ein „Pluralismus" der technischen Infrastruktur: Die zentral-peripheren Prinzipien des technischen Städtebaus der Gründerzeit verlieren in Neubaugebieten ihre Gültigkeit. An der Peripherie bzw. außerhalb der Städte gelegene neue Großwohnanlagen werden zu Ausgangspunkten neuer Leitungssysteme, die zuerst Neubaugebiete und dann erst bestimmte Sektoren älterer Stadtteile ver- oder entsorgen.

Die geringe Kapazität von traditionellen Leitungssystemen ist ein wesentlicher Faktor für die Persistenz von physischen Baustrukturen, deren Austausch nicht nur den Ersatz der lokalen Netze, sondern auch die Neuanlage von Verbindungen höherer Ordnung zu Vorflutern und dgl. erfordern würde. Die großen Schwierigkeiten einer durchgreifenden Stadterneuerung sind nicht nur mittels höherer Baukosten in älteren Stadtquartieren und sozialen Folgekosten zu begründen, sie beruhen ganz wesentlich auf den technischen Problemen und Kosten einer durchgreifenden Auswechslung unterirdischer Versorgungs- und Entsorgungsnetze.

3.2 Politisch-administrative Determinanten

3.2.1 Politische Systeme: Grundsätzliche Feststellungen

Im ersten Teil wurde auf die Bodenpreis-Theorie und die sozialökologische Theorie zur innerstädtischen Struktur kurz eingegangen, die beide aus Nordamerika stammen. Beide Theorien enthalten implizit das *Gesellschaftsverständnis des Privatkapitalismus*. Daraus ergeben sich folgende Rahmenbedingungen:

1. Bei jedem einzelnen Mitglied der Gesellschaft und selbstverständlich bei jedem Unternehmen werden Renditedenken und Gewinnmaximierung nicht nur gestattet, sondern geradezu vorausgesetzt.

2. Es besteht eine weitgehende Konkurrenz auf allen Ebenen der Wirtschaft, und diese bildet die Basis in den gesellschaftlichen Normen. Hohe Effizienz, Produktivität, Spekulations- und Risikofreudigkeit sind allgemeine Leitlinien.

3. Der Liberalismus garantiert dem einzelnen Mitglied der Gesellschaft, ebenso aber auch jedem einzelnen Betrieb, freie Standortwahl.

4. Die kontinuierliche Anpassung an den Markt erfordert ein extrem hohes Maß an

Mobilität der Produktionsfaktoren wie Arbeit und Kapital. Grund und Boden unterliegen in ihrem Transfer praktisch kaum Restriktionen.

5. Die hohe horizontale und vertikale Mobilität der Bevölkerung führt zu einer starken Standardisierung des Verhaltens der tragenden Mittelschichten (70% der Bevölkerung). Arme, Kranke, alte Leute, Neger werden automatisch an den Rand der Gesellschaft gedrängt.

6. Aufgrund eines konsequenten Renditedenkens werden Kapitalinvestitionen nur solange getätigt, als der Marktwert von Objekten dadurch steigt. Daraus entsteht das Dilemma der Kernstädte, in deren abgewohntem Baubestand weder Banken noch Hausbesitzer Investitionen tätigen. In einem Staat, in dem Grund und Boden nur teilweise zu den knappen Ressourcen zählen, ist derart eine Stadterneuerung als flächenhafter Prozeß nur schwer möglich (vgl. unten).

7. Ein viel zuwenig beachtetes Element des Gesamtsystems ist die auf dem Realitätenbesitz beruhende Besteuerung.

8. Dem öffentlichen Sektor obliegen die außerhalb der Marktwirtschaft gelegenen Aufgaben. In einer von der Vorzüglichkeit der freien Marktwirtschaft überzeugten Gesellschaft wird daher von den tragenden Mittelschichten sorgfältig darauf geachtet, daß dieser an sich schmale Aufgabenbereich nicht erweitert wird.

Der *Staatskapitalismus* östlicher Prägung unterscheidet sich in nahezu allen angeführten Punkten von diesen Prämissen.

1. Er ist ein Zuteilungssystem, d. h. eine zentralisierte Wirtschaftspolitik bestimmt weitgehend die Standorte der Investitionen und damit die der Arbeitskräfte.

2. Die sozialisierte Wohnungswirtschaft, welche durch ein Punktesystem reguliert wird, immobilisiert infolge der langen Wartefristen die Bevölkerung.

3. Durch die partielle Immobilisierung der Produktionsfaktoren Arbeit und Kapital werden marktwirtschaftliche Gleichungssysteme zwischen den Produktionsfaktoren außer Kraft gesetzt. Es entstehen graue und schwarze Märkte, auf denen spezialisierte Arbeiten und Konsumartikel durch hohe Preise aufgewogen werden bzw. Mühe gegen Mühe verrechnet wird.

4. Zentralistische Zuteilungsstrategien und kollektive Denkschemata haben eine rigoros arbeitende Stadtplanung erzeugt, welche mit Mitteln des Ausbaus von Massenverkehrsmitteln und Großwohnanlagen operiert und vielfach erst im Nachhinein den Ausbau hierarchisch strukturierter Zentren vornimmt. Interessanterweise haben auch mathematische Modelle in der Stadtentwicklungsplanung Einzug gehalten. Als Erklärung hierfür kann angeführt werden, daß die als einfache Ketten gebauten Nachfragemodelle amerikanischer Provenienz in Produktionsmodelle umfunktioniert werden, bei denen die Zahl der Arbeitsplätze als Richtwert für die Anlage und Strukturierung von Wohngebieten dient.

Die *sozialen Wohlfahrtsstaaten Westeuropas* nehmen eine Übergangsstellung ein.

1. Aufgrund der sozialen Chancengleichheit wird ein beachtliches „Social Overhead" garantiert und gleichzeitig damit das Risiko des einzelnen, aber ebenso auch seine Risikofreudigkeit reduziert.

2. Die Bemühungen um Stabilisierung des Arbeitsmarkts, ferner ein wachsender Anteil der Beschäftigten im öffentlichen Sektor verringern die berufliche Mobilität.

3. Durch die Segmentierung der nationalen Wohnungsmärkte, von denen mehr oder minder große Teile aus dem „Markt" herausgenommen werden, entstehen sehr komplizierte Verhältnisse. Es wird zunehmend schwieriger, von einem derartigen Segment zum anderen zu wechseln.

4. Es bestehen Tendenzen zur Abschöpfung des Spekulationsgewinns bei Grund und Boden, darunter des sogenannten „Planungsmehrwerts". Sie haben in Großbritannien bereits zu einer Reihe von Gesetzen geführt. Restriktionen der Flächennutzung sind die Regel. Auch der Anteil des öffentlichen Besitzes ist stark gewachsen und stellt ein immobilisierendes Element dar.

5. Es wurde schon darauf hingewiesen, daß die technische Infrastruktur (Verkehr, Strom- und Wasserversorgung, Entsorgung) und die soziokulturelle Infrastruktur (Erziehung, Forschung, Gesundheitswesen, kulturelle Einrichtungen) in nahezu allen westeuropäischen Staaten ein Teil des öffentlichen Sektors sind. Gerade die Vereinheitlichung auf dem Schulsektor, welche dem Sprengelsystem anderer administrativer Einrichtungen folgt und in dem standardisiertes Lehrgut von einheitlich bezahlten Lehrkräften angeboten wird, kann als ein wesentlicher Unterschied gegenüber Nordamerika angesehen werden, in dem das Privatschulwesen zu den tragenden Bestandteilen des „Segregationssyndroms" zählt.

6. Besonders ausgeprägt ist der Pluralismus in der Verkehrstechnologie. In den staatlichen und städtischen Budgets konkurrieren öffentliche Verkehrsmittel mit Schnellstraßen.

3.2.2 Bedeutung der administrativen Gliederung von Städten und Stadtregionen

In den genannten politischen Systemen bestehen unterschiedliche Machtteilungen zwischen Gesamtstaat und unteren territorialen Einheiten.

Für die *europäische Stadtentwicklung* war es von entscheidender Bedeutung, daß die liberale Gemeindeverfassung des 19. Jahrhunderts die mittelalterliche Organisationseinheit der Gemeinde übernahm und als wesentlichen Baustein des Staates sogar mit einer erweiterten Autonomie ausstattete. Grundsätzlich besteht eine enorme größenmäßige Kluft zwischen der großen Stadt (Kernstadt) und der Vielzahl kleiner Gemeinden im Umland, soweit nicht, wie in Großbritannien, eine durchgreifende Reform der administrativen Landkarte erfolgt ist. Die Umlandgemeinden besitzen, ebenso wie die Stadtgemeinde, ein eigenes Budget, Verfügungsrecht über Standortzuweisungen (damit zum Großteil Flächennutzungspläne) und haben auch sonst ähnliche Aufgaben im Hinblick auf die Versorgung mit sozialer und technischer Infrastruktur. Es ergibt sich daraus, daß entsprechend den Intentionen der lokalen Eliten und Parteifunktionäre und den vorherrschenden wirtschaftlichen Aktivitäten und Besitzstrukturen sehr unterschiedliche Entwicklungsstrategien verfolgt werden können.

Administrative Stadterweiterungen stoßen auf Widerstand, selbst dort, wo die Städte mit ihrer baulichen Struktur längst das engere Umland überfahren haben. Mit der Flächenknappheit, die dadurch auf dem Stadtgebiet entsteht, ist vielfach die Tendenz von seiten der städtischen Entscheidungsträger verbunden, unerwünschte Infrastruktureinrichtungen und störende Industriebetriebe sowie marginale Bevölkerungsgruppen in das Umland abzuschieben. Dadurch werden Stadtgrenzen in der Gegenwart, so wie in der Vergangenheit, zu sozioökonomischen und baulichen Grenzen. Das wohl großartigste Beispiel auf dem Kontinent bildet Paris, wo jedem Autofahrer, der den Boulevard Peripherique (identisch mit der Stadtgrenze) benützt, die sozioökonomische Zäsur zwischen der Kernstadt und den Vororten eindrucksvoll demonstriert wird.

Die administrative Gliederung von Städten erfolgte in Europa durch *Bezirke*. Allerdings ist die Delegierung von Steuermitteln und Aufgaben an Stadtbezirke selbst im deutschen Sprachraum sehr unterschiedlich. Ein Vergleich zwischen Wien und München mag dies belegen.

Bei der Wiener Bezirksgliederung handelt es sich um eine ins 19. Jahrhundert zurückreichende Zusammenfassung von älteren, historisch-topographischen Einheiten (Vorstädten, Vororten). Die Bezirke wurden bereits damals als mittlere Ebene der Verwaltung mit eigenem Amtsgebäude und administrativen Funktionen ausgestattet. Gegenwärtig bestehen dezidierte Planungsstrategien hinsichtlich der notwendigen Ausstattung mit zentralen Einrichtungen (Krankenhäuser, höhere Schulen, Einkaufszentren), die an den Prinzipien der Regionalplanung für Zentrale Orte der mittleren Stufe orientiert sind. Bezirksvorstände und Bezirksräte werden direkt gewählt. In München blieben die eingemeindeten Vororte als Bezirke erhalten, es wurden ihnen jedoch keine administrativen Funktionen zugewiesen. Derart fehlt in München eine mittlere Verwaltungsebene. Es besteht vielmehr ein administrativer Zentralismus wie in den Städten der Ostblockstaaten, der einen Konzentrationseffekt auch beim privatwirtschaftlichen tertiären Sektor zur Folge hat.

Mit der Expansion städtischer Siedlungen über die administrativen Stadtgrenzen hinweg hat in vielen Staaten die administrative Stadterweiterung nicht Schritt gehalten. Hinsichtlich der Eingemeindungspolitik von Staaten stehen sich zwei Extreme gegenüber, zwischen denen verschiedene Übergänge vorhanden sind (vgl. Kap. 2.1.6).

Die Notwendigkeit zur Schaffung entsprechender administrativer Organisationsstrukturen für Agglomerationen wird zwar in der wissenschaftlichen Literatur ganz allgemein anerkannt, sie ist jedoch in der politischen Praxis – mit Ausnahme von Großbritannien – bisher nur in Einzelfällen durchzusetzen gewesen. Dies hat gute Gründe: Eine durchgreifende Reform der administrativen Landkarte wäre hierzu erforderlich, damit derartige administrative Planungsverbände für Agglomerationen auch mit Rechtshoheit und Budgetmitteln ausgestattet werden könnten. Dem steht die Realität der Planung in Kontinentaleuropa gegenüber, wo der historische Stadt-Land-Gegensatz noch in den Organisationsformen der Regionalplanung und Stadtplanung fortlebt. In der Praxis bestehen dadurch zumeist nur Verbände für bestimmte Einrichtungen, wie die des Verkehrs, der Freizeit usf. Hierbei ist die

Situation vielfach von Staat zu Staat und auch von Stadt zu Stadt sehr unterschiedlich und nicht zuletzt vom jeweiligen politischen Stimmenverhältnis in der Stadt selbst und im Umland abhängig.

In den *Ostblockstaaten* wurde die Gemeindeverfassung als politische Institution beseitigt, und überdies wurden die Gemeinden vielfach zu neuen administrativen Großeinheiten zusammengelegt, so z. B. in Jugoslawien zu solchen mit 50000 und mehr Einwohnern.

Die doppelte Unterordnung der Stadtbehörden in den sowjetischen Städten ist aus Abb. 63 zu entnehmen. Das Exekutivkomitee der Stadtbehörden ist einerseits in der Horizontalen an die Weisungen der lokalen politischen Führungsschicht, d. h. des Stadtsowjets, gebunden, und andererseits im vertikalen Staatsaufbau in sehr komplizierter Weise von den Richtlinien und den Budgetzuweisungen der Ministerien der Unionsrepubliken bzw. des Gesamtstaates abhängig. Daraus resultiert ein äußerst komplexes Entscheidungs- und Investitionsmilieu. Im folgenden seien nur einige Probleme beispielhaft geboten.

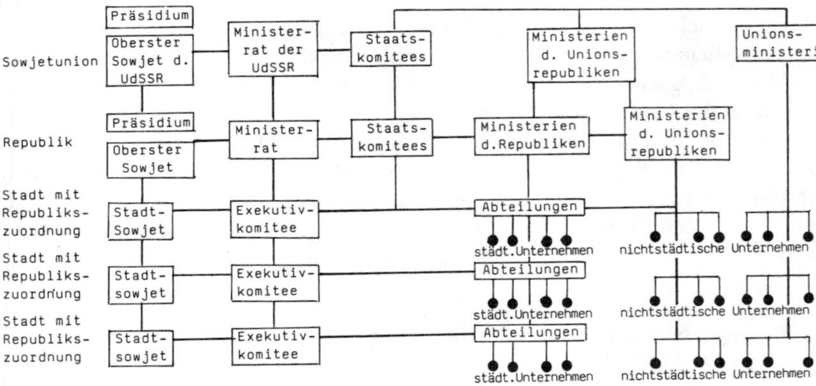

Abb. 63 Die duale Subordination der städtischen Behörden in der UdSSR (Bater, J. H., 1977, nach: Taubmann, W., 1973, Fig. 1)

Zunächst besteht die grundsätzliche Schwierigkeit von seiten der Zentralstellen, die Informationen über Entscheidungen rechtzeitig an untergeordnete Stellen weiterzuleiten. Ein unzureichender Informationshorizont der Stadtbehörden ist die Regel; andererseits benötigen deren Vertreter die Fähigkeit, rasch improvisieren zu können. Mit der Zunahme der Zahl der Ministerien im Lauf der Nachkriegszeit hat sich diese Situation verschlechtert. Die einzelnen Ministerien betreiben überdies ihre spezifische lokale Politik, d. h. konkret, sie bauen in bestimmten Städten jeweils ihre eigenen Einrichtungen. Wenn man von Moskau absieht, das einen Sonderstatus besitzt, so ist es durchaus üblich, daß für die Wasserversorgung und Kanalisation einer Stadt verschiedene Ministerien zuständig sind. Im Hinblick auf den Städtebau ergehen die Richtlinien und kommen die Finanzmittel von den Ministerien der Unionsrepubliken. Der im äußeren Erscheinungsbild relativ monoton wirkende Montagewohnbau ist organisatorisch-institutionell enorm aufgesplittert. In vielen Städten fehlen Verwaltungsstellen, welche für die Erhaltung, Erneuerung und Verbesserung des „öffentlichen Wohnbaus" zuständig sind, von dem zwei Drittel durch verschiedene Institutionen, Organisationen und Betriebe errichtet werden. Hierzu zwei Beispiele: In Saratow (einer Stadt mit einer Million Einwohnern) bestanden 1972 für den Wohnungsbau außer den städtischen Organisationen 80 derartige Einrichtungen, in Kiew 70. Von den Stadtbehörden wird allerdings erwartet, daß sie die lebensnotwendigen Einrichtungen bereitstellen. Auf das Defizit in dieser Hinsicht wurde bereits hingewiesen.

Nun zu *Nordamerika*. Hier fehlt die Gemeindeverfassung – von Ansätzen in den Neuengland-Staaten abgesehen – ebenfalls. Dem Township-System der ländlichen Streusiedlung blieb eine Verankerung im politisch-administrativen Aufbau des Staates versagt. Die zweigliedrige politisch-administrative Struktur besteht aus den Bundesstaaten und den Counties, deren untere Größenordnung, von sehr dünn besiedelten Staaten abgesehen, bei etwa 50000 Einwohnern anzusetzen ist. Der Wirkungsbereich von Counties ist jedoch sehr viel bescheidener als jener der europäischen Gemeinden; so haben sie z. B. keine Funktion als Baubehörde. Das zentralisierte Verwaltungssystem europäischer Städte fehlt in Nordamerika. Der Verwaltungsaufbau der Metropolitan Areas ist außerordentlich zersplittert. Entsprechend dem Census of Governments von 1962 hatten sämtliche Metropolitan Areas zusammen 18442 lokale Regierungsstellen. Hierbei gilt ganz allgemein, daß die Zahl derartiger Lokalbehörden mit der Bevölkerung einer Metropolitan Area steigt. Tabelle 7 zeigt den Zusammenhang zwischen Stadtgröße und Anzahl der Lokalbehörden.

3.2.3 Bodenmarkt und Bodenpolitik

Der Bodenmarkt wird in *nordamerikanischen Städten* vom Gesetz von Angebot und Nachfrage bestimmt. Restriktionen der Nutzung sind nur bedingt vorhanden. Die Bodenspekulation ist eines der mächtigsten Instrumente der Bildung von Kapital, welches sofort in neue Technologien und neue Betriebe investiert wird und mit den Interessen letzterer gekoppelt ist. Peripherieeffekte spielen eine große Rolle, d. h. Spekulation kommt vor allem dort zum Tragen, wo der Boden noch eine nahezu ubiquitäre Ressource darstellt, nämlich im intermetropolitanen Raum. Die Zersiedlung, der Urban Sprawl, wird derart enorm gefördert.

In *Europa* bietet das liberale Bodenrecht ebenfalls den verfassungsrechtlichen Schutz des Eigentums, das in den Grundbüchern fixiert ist (einer bisher viel zuwenig genutzten Quelle für stadtgeographische Forschungen) und im Liegenschaftsverkehr der öffentlichen Administration untersteht. Im wesentlichen ist das *Grundstücksrecht* ein Teil des Sachenrechts. Infolgedessen bilden Realitäten die Grundlage für das Pfandrecht und gleichzeitig für Kredite. Die Entstehung der Hypotheken-

Tabelle 7 Stadtgröße und Anzahl der Lokalbehörden in den Metropolitan Areas

Größenklasse der SMSAs (1960)	Zahl der SMSAs	Zahl der Lokalbehörden (1962)	Durchschnittl. Zahl der Lokalbehörden
insgesamt	212	18422	87,0
1 Million u. m.	24	7227	301,0
500000–1 Million	29	2857	98,5
300000–500000	28	2146	76,6
200000–300000	41	3141	76,6
100000–200000	68	2540	37,4
50000–100000	22	531	24,1

Die Gliederung dieser Lokalbehörden zeigt die folgende Tabelle:

Art der Lokalbehörden	Zahl in den SMSAs 1962	Prozentsatz
insgesamt	18422	100,0
Schuldistrikte	6004	32,5
spezielle Distrikte	5411	29,3
Munizipalbehörden	4142	22,5
Towns und Townships	2575	14,0
Counties	310	1,7

Die komplizierte Verwaltungsstruktur sei am Beispiel von Chicago illustriert: Das Stadtgebiet gehört zwei Staaten an (Illinois und Indiana), ferner 6 Counties; es besteht aus 108 „Civil Townships", 419 „School Districts" und 235 „Special Tax Districts".
Bollens, J. C. und H. J. Schmandt, 1965, S. 147.

banken hängt damit zusammen, die im Verein mit Bausparkassen usf. einen entscheidenden Einfluß auf die Stadtentwicklung genommen haben und noch weiter nehmen. Seit dem Ersten Weltkrieg besteht eine zunehmende Tendenz, dem Grundeigentum erneut Bindungen und Beschränkungen aufzuerlegen, und zwar aufgrund der wachsenden Erkenntnis, daß Boden ein beschränkt verfügbares Gut darstellt und in bestimmter Weise genutzt wird. Es ist ein *Bodennutzungsrecht* entstanden, in dem einerseits Enteignungsmöglichkeiten und andererseits Verbote bestimmter Nutzungsarten enthalten sind. Darin wird den Interessen der Öffentlichkeit gegenüber denen der privaten Besitzer Priorität eingeräumt und daher die Möglichkeit vorgesehen, Enteignungen zu einer „angemessenen Entschädigung" durchzuführen. Die diesbezügliche Rechtslage ist in den einzelnen europäischen Staaten verschieden. Insgesamt haben in erster Linie Verkehrsinteressen (Autobahnbau und dgl.) Enteignungen bewirkt. Mit Enteignung und Verbot wird ein negativer Weg beschritten, während zum Beispiel die mittelalterliche Bürgergemeinde mit Zuweisungen und Geboten von ihrem Kontrollrecht über den Boden Gebrauch gemacht hat. Ähnliches galt übrigens noch für den absolutistischen Flächenstaat. Da derzeit im wesentlichen keine Gebote bestehen, gibt es auch keine generelle Baupflicht. Nur Großbritannien hat bisher in dieser Hinsicht ernsthafte Schritte unternommen: Der Erwerber eines Grundstücks muß dieses im Sinne der durch die Planung vorgesehenen Nutzung in einer bestimmten Zeit bebauen. Auch in der Bundesrepublik Deutschland sind derartige Entwicklungen im Gange. Man beginnt in einzelnen Gebieten, Auflagen zu machen, welche den Erwerber bzw. Besitzer eines Grundstücks verpflichten, im Laufe einer bestimmten Zeit entsprechend der Widmung ein bestimmtes Objekt zu errichten oder andernfalls den Grund weiterzuverkaufen. Insgesamt besteht jedenfalls das Problem einer Diskrepanz zwischen der Widmung einer Fläche im Flächennutzungsplan und ihrer tatsächlichen Nutzung. In Österreich wird daher auch zwischen dem Flächenwidmungsplan (in der Bundesrepublik Deutschland Flächennutzungsplan) und der Flächennutzung unterschieden.

Eine Sonderform des Bodenrechtes besteht in Großbritannien, wo sich das sogenannte *Baurecht* aus der Feudalzeit erhalten hat, bei dem eine Trennung von Eigentum am Bauobjekt und Bodeneigentum besteht und ersteres – zumeist nach 99 Jahren – an den Grundbesitzer zurückfällt. Flächenhafte Slumsanierungen sind aufgrund dieser Rechtslage sehr viel eher möglich als in Kontinentaleuropa.

Durch die Entscheidungen der städtischen Planung über die Verteilung von Standorten durch Flächennutzungspläne, durch Regelungen der Bauhöhe usf. werden Grundstücken und Objekten bestimmte Nutzungsmöglichkeiten vorgegeben. Da eine spezifische Nutzung stets eine potentielle Rendite aufweist, nimmt die städtische Planung indirekt Einfluß auf das Bodenpreisrelief der jeweiligen Stadt. Nun sind Städte vielfach wachsende physische Strukturen. Die städtische Bebauung greift in agrare Gebiete aus. Um eine chaotische Zersiedelung zu verhindern, wird ein Flächennutzungsplan erstellt. Durch die Ausweisung von Bauland erzeugt die Planung einen sogenannten *Planungsmehrwert,* der den jeweiligen Grundstücksbesitzern zugute kommt.

Anhand Abb. 64 sei diese Situation illustriert. Ausgangspunkt ist landwirtschaftlich genutzter Boden mit nur geringem Wert in einem Stadtrandgebiet. Sobald eine Planungsabsicht bekannt wird, steigen die Bodenpreise an. Ein weiteres Ansteigen erfolgt, wenn der Flächennutzungsplan tatsächlich aufgestellt wird und aus ihm eine künftige höherwertige Nutzungsmöglichkeit ersichtlich ist. Sobald dieser Rechtskraft erlangt, wird aus dem „Erwartungsbauland“ das „Bruttobauland“ (Rohbauland). Bis zu diesem Zeitpunkt erfolgen weder Investitionen an Kapital noch an Arbeit (wenn man von der administrativen Tätigkeit absieht). Nichtsdestoweniger ist durch die Tätigkeit der Behörden eine Preissteigerung des Rohbaulandes gegenüber dem Agrarland erfolgt und somit ein Planungsmehrwert geschaffen worden. Erst mit dem Vorhandensein von Rohbauland beginnt der tatsächliche Einsatz von Kapital und Arbeit. Gesellschaften treten als Vermittler zwischen privaten Besitzern und Behörden auf den Plan. Sie erschließen das Rohbauland im Sinne einer Neuordnung des Parzellensystems („Nettobauland“) und bringen die vorgeschriebene Infrastruktur ein („pflichtiges Bauland“).

Das an einem einfachen Beispiel skizzierte, aufgrund der Nutzungsvielfalt in Städten sehr komplizierte Problem des Planungsmehrwerts wurde schon früh diskutiert, und verschiedentlich wurde vorgeschlagen, den „Profit" von Privatpersonen auf den Staat als „Verursacher" umzulenken. Ernsthafte Versuche hat nur *Großbritannien* unternommen. Im folgenden hierzu einige Details. Grundsätzlich war das Konzept der städtischen Bodenpolitik schon bei E. HOWARD und der Bewegung der Neuen Stadt vorhanden. Bereits 1909 wurde in dem Housing and Town Planning Act festgelegt, daß 50% der Werterhöhung über den Marktmechanismus als Planungsmehrwert an den Staat abgeführt werden müssen. 1937 wurde dieser Prozentsatz auf 75% erhöht. 1947 wurde die bisher umfassendste Regelung im sogenannten Town and Country Planning Act zur Lösung der Bodenfrage erlassen. Nach diesem Gesetz gingen sämtliche Entwicklungsrechte, die sogenannten „development rights", auf den Staat über. Recht langwierige Verfahren ließen den Besitzern nur bestimmte Entschädigungen für den Verlust der Entwickungsrechte zukommen. 1967 ist eine gewisse Liberalisierung dieser Gesetze erfolgt. Man mußte zur Kenntnis nehmen, daß bei verfassungsrechtlichem Schutz des Eigentums das Gesetz von Angebot und Nachfrage wirksam blieb.

Die Konsequenzen dieser britischen Gesetzgebung waren tiefgreifend: Die Bautätigkeit wurde zunehmend aus der Hand von Privaten in die des Staates übergeführt; in der Nachkriegszeit wurden etwa drei Viertel des Wohnbauvolumens und ein beachtlicher Teil des Industriebauprogramms vom Staat erstellt. Ferner erfolgten

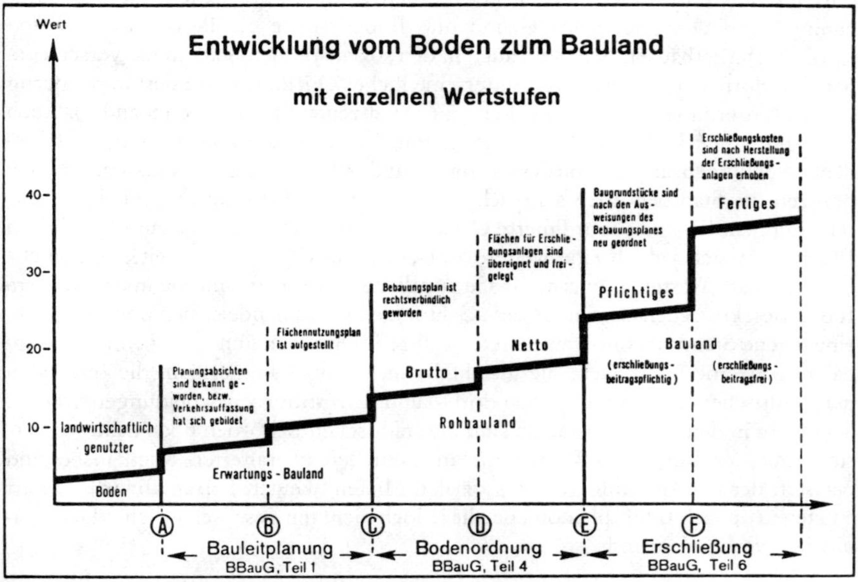

Abb. 64 Der Planungsmehrwert (Handwörterbuch für Raumforschung und Raumordnung, 1970, S. 347/348)

eine Immobilisierung des Bodenmarkts, eine Flucht des Privatkapitals aus der Bautätigkeit und eine Immobilisierung des ebenfalls staatlich kontrollierten Wohnungsmarkts.

Mit der Frage des Planungsmehrwerts ist bereits die der *kommunalen Bodenpolitik* angesprochen. Mit ihr steht und fällt jegliche Möglichkeit, tatsächlich umfassende Pläne von seiten der Kommunalbehörden zu realisieren. „Integrale Stadtplanung" (was immer man darunter verstehen mag) bedarf des Verfügungsrechts über den Boden. Schon die Preußenkönige wußten dies, als sie ihre ehrgeizigen Pläne zur Ausgestaltung und Verschönerung Berlins im 18. Jahrhundert in Angriff nahmen. Sie erwarben nach und nach so viele Grundstücke, daß sie schließlich 40% der Stadtfläche ihr eigen nennen konnten. Heute streben zahlreiche europäische Stadtbehörden diesem Beispiel nach. So begann Stockholm schon um die Jahrhundertwende mit dem Aufkauf von Grundstücken außerhalb und innerhalb der damaligen Stadtgrenze und damit derjenigen Areale, auf denen dann später die Satellitenstädte errichtet wurden. Allerdings bestehen selbst im gleichen Staat sehr große Unterschiede in der Bodenpolitik der einzelnen Städte. Eine zu massive Aufkaufpolitik hat überdies zwei Seiten. Sie bewirkt einerseits ein Ansteigen der Bodenpreise und vertreibt dadurch potentielle Interessenten (Personen, Betriebe) ins Umland und gestattet andererseits eine gezielte Bodensubventionsstrategie für erwünschte Bewerber.

In den *Ostblockstaaten* wurde das Hindernis, welches das Privateigentum für eine durchgreifende Planung darstellt, bekanntlich völlig ausgeschaltet. Die Verstaatlichung betraf den städtischen Grund und Boden sowie die Betriebsobjekte und (größeren) Miethäuser. Nun sind auch in den sozialistischen Städten die verschiedenen Standorte in einer Stadt von unterschiedlicher Qualität, zumindest unter Bezug auf das Kriterium der Zugänglichkeit (zum Stadtzentrum und untereinander). Auch hier sind daher die Entscheidungsträger mit dem Problem konfrontiert, verschiedene Nutzungen an verschiedenwertige Standorte zuweisen zu müssen. Freilich besitzen die Stadtbehörden als solche keineswegs die Priorität in derartigen Entscheidungen; sie sind subordinierte Organe (vgl. o.). Neben der genannten „dualen Ebene" hat sich jedoch eine weitere Entscheidungsebene entwickelt, die manche Parallele zum Westen aufweist. Große staatliche Wirtschaftsunternehmen, auf dem Industriesektor ebenso wie auf dem Sektor des Einzelhandels, beginnen nämlich, eine eigene Standortpolitik zu betreiben. Ihre Intentionen ähneln denen internationaler Konzerne im Westen, die gleichfalls recht unbekümmert um die Interessen der städtischen Bevölkerung Standorts- und Investitionsentscheidungen treffen. Vor allem in den Satellitenstaaten sind die städtischen Behörden noch dazu schwerstens mit der Bürde des Eigentums am zum Teil überalterten Miethausbestand belastet, der überdies infolge der „sozialen Mieten" keinen Ertrag abwirft. Derart entstehen optisch Blightphänomene, die jedoch nicht mit gesellschaftlicher Desorganisation verbunden sind.

3.2.4 Wohnungswirtschaft und Wohnungspolitik

Die Unterbringung der Bevölkerung ist eines der Grundprobleme von Städten. Aus der Wohnungsfrage des 19. Jahrhunderts ist die Sozialpolitik entstanden. Während der Arbeitsmarkt in der westlichen Welt weitgehend den Prinzipien der internationalen Verflechtung unterliegt, ist die Wohnungswirtschaft sehr viel stärker den nationalen Systemen verhaftet und von den nationalen Besonderheiten der Gesellschaftspolitik abhängig, den speziellen Formen der Steuergesetzgebung, der „Privilegierung" bestimmter sozialer oder demographischer Gruppen und den tradierten, über das Sozialprestige im Bewußtsein der Bevölkerung verankerten Wohnvorstellungen.

Im folgenden sei zunächst auf den *Wohnungsbedarf* eingegangen. Hinsichtlich der Voraussetzungen für den Wohnungsbedarf lassen sich seit der industriellen Revolution drei Phasen unterscheiden:

1. In der ersten Phase entsteht der Bedarf durch ein sehr starkes *Bevölkerungswachstum* der Stadt. Dieses Wachstum besteht aus zwei Komponenten: dem Geburtenüberschuß der ortsbürtigen Bevölkerung und der Zuwanderung. Die Komponente des *Geburtenüberschusses der ortsbürtigen Bevölkerung* war für das Wachstum der europäischen Städte in der Früh- und Hochphase der Industrialisierung sehr wesentlich. Derart resultierte z. B. in Wien in der Hochgründerzeit das starke Bevölkerungswachstum der Stadt zur Hälfte (!) aus den hohen Geburtenziffern der ortsbürtigen Bevölkerung. Ähnliches ist heute in den Städten der Dritten Welt zu beobachten (vgl. z. B. Mexiko). Bei Beibehaltung von Dreigenerationenhaushalten kommt es zu einer Erhöhung der Wohndichte, während die Zuwanderer häufig als Untermieter, Bettgeher und dgl. nur „provisorische" Wohnplätze finden.

2. Die zweite Phase ist gekennzeichnet durch *Änderung der Haushaltsstrukturen.* Die Dreigenerationenfamilie löst sich auf, die Durchschnittsgröße der Haushalte sinkt, die Zahl der als Wohnungssucher auftretenden Personen steigt. Zu ihnen zählen bisherige familienfremde Personen, gewerbliche Hilfskräfte und Untermieter. Selbst wenn die Einwohnerzahl der Stadt nur mehr wenig oder kaum zunimmt, kann trotzdem aufgrund der raschen zahlenmäßigen Zunahme der Haushalte eine große Wohnungsnot entstehen. Besonders gravierend wird diese, wenn die unter 1. angeführten Faktoren weiter wirksam sind. Das Wiener Beispiel sei angeführt, wo unmittelbar nach dem Ersten Weltkrieg über 140 000 Haushaltsneugründungen erfolgten und die durchschnittliche Haushaltsgröße von 4,1 im Jahr 1910 auf 3,0 im Jahr 1934 absank.

3. In der dritten Phase entsteht der Wohnungsbedarf durch die *steigenden Ansprüche* im Hinblick auf Fläche und Ausstattung der Wohnungen. Hier gilt die Aussage, daß selbst bei stagnierender Einwohnerzahl der Flächenbedarf steigt und eine Wohnungsnot entsteht, welche durch das Fehlen von gut ausgestatteten Wohnungen gekennzeichnet ist. Damit wird in dieser dritten Phase die Wohnungsnot definiert durch den Anteil von Substandardwohnungen aus vergangenen Bauperioden. Erst in dieser Phase können von breiten Bevölkerungsschichten Wohnvorstellungen und Wohnwünsche tatsächlich artikuliert werden, und erst in dieser Phase werden auch

die unterschiedlichen Bedürfnisse verschiedener Haushaltsstrukturen von der Angebotsseite her berücksichtigt.

Die *Wohnungsnot* wird somit in den genannten Phasen unterschiedlich definiert, nämlich

- in der ersten Phase durch *zu hohe Belegungsdichten* (in gründerzeitlichen Städten in Europa ebenso wie in denen der Dritten Welt heute) von 6 bis 10 Personen pro Wohnung bzw. 4 bis 6 pro Raum,
- in der zweiten Phase durch das *Zusammenleben von mehreren Haushalten* in einer Wohnung,
- in der dritten Phase durch *zu geringen Wohnungsstandard*. Zur Illustration einige internationale Daten zur *Wohnfläche pro Person:*
  - in Nordamerika bei vorherrschender Eigenheimstruktur: 40 m^2 und mehr,
  - in Wien, einer Stadt mit abnehmender Bevölkerung und enormer Bautätigkeit: 33 m^2 (1981),
  - in Belgrad: 14 m^2 (1981),
  - in Japan bei enorm starker Zuwanderung in die Städte, starker Zunahme der Zahl der Haushalte und steigenden Komfortansprüchen: 6–8 m^2.

Es ist begreiflich, daß aufgrund dieser sehr unterschiedlichen Situation in gesellschaftspolitischen Formulierungen der „optimalen" Wohnungsgröße für bestimmte Haushaltsstrukturen nur ein auf den jeweiligen Staat beschränkter Wert zukommt.

Nun zum *Wohnungsangebot*. Das bereits öfters verwendete Schlagwort vom *Pluralismus* der europäischen Stadtstrukturen trifft in besonderem Maße auf den Wohnungsmarkt zu. In den *sozialen Wohlfahrtsstaaten Europas* bestehen mehrere Segmente mit unterschiedlichen Zugangsbedingungen. Es handelt sich im wesentlichen um die folgenden:

1. Nur ein Teil des Wohnungsmarkts – in den einzelnen europäischen Staaten und Städten von unterschiedlichem Umfang – wird von marktwirtschaftlichen Prinzipien beherrscht, d. h. es entscheidet die Kaufkraft des Wohnungswerbers.
2. Daneben besteht ein von Staat zu Staat unterschiedlich komplexes Bündel von Privilegierungen der Angehörigen bestimmter institutioneller Gruppen (Berufsstände, Betriebe, Parteien), welche Wohnungen unter dem Marktpreis erhalten können, gleichsam als eine Art „Treuepfand" für die Zugehörigkeit zu einer bestimmten Institution.
3. Durch verschiedene Eingriffe des Gesetzgebers, wie die Mieterschutzgesetzgebung, ist es schließlich zu einer Reduzierung der freien Verfügung der Hauseigentümer über Mietwohnungen gekommen. Derart sind recht komplizierte Strukturen eines „Pseudoeigentums" entstanden, welche insgesamt zu einer Immobilisierung der Bevölkerung beitragen. Es ist nicht möglich, derartige Privilegien auf einem „transparenten Markt" zu erwerben.

Als ein Exkurs über die unterschiedliche Situation in benachbarten Staaten sei eine Darstellung mit Bezug auf die *Bundesrepublik Deutschland* und *Österreich* und, konkret, die Situation von Wien und München eingeblendet.

Wohnungswirtschaft und Wohnungspolitik stehen in der Bundesrepublik Deutschland und in Österreich unter anderen Rahmenbedingungen. Seit 1917 besteht in Österreich die Mieterschutzgesetzgebung, welche auch durch das neue Mietengesetz 1981 in den wesentlichen Belangen nicht geändert wurde. In Wien entfällt ungefähr die Hälfte des Wohnungsbestands noch immer auf Mieterschutzwohnungen (Baualter vor 1917), welche zu einer Art „Pseudoeigentum“ mit niedrigen Mieten und hohen Ablösesummen geworden sind und deren Mieter eine sehr geringe Mobilität aufweisen. Dieses Faktum ist von außerordentlicher Bedeutung für die Segregationsprozesse und auch für die Verteilung der Gastarbeiter, weil damit die aus der sozialökologischen Theorie geläufige „Fluchtreaktion“ der einheimischen Bevölkerung weitgehend fehlt.

Die niedrigen Mieten der Mieterschutzwohnungen beeinflussen aber auch das Mietniveau von Wohnungen anderer Rechtsformen. Nach wie vor „soziale“, d. h. nicht kostendeckende Mieten weisen auch die älteren Gemeindewohnungen in Wien auf, kostendeckende dagegen z. T. die seit den sechziger Jahren entstandenen. Insgesamt beträgt der Anteil der kommunalen Wohnungen in Wien bereits mehr als ein Viertel des Gesamtbestandes. Dieser soziale Wohnungsbau der Stadtgemeinde streut über das gesamte Stadtgebiet und wird in Mittelstandsquartieren von den Kommunalpolitikern als Instrument der „Wahlgeometrie“ benützt, welches gleichzeitig als Mittel einer Antisegregationsstrategie fungiert.

Genossenschafts- und Eigentumswohnungen treten in Wien im Vergleich zum kommunalen Wohnungsbau zurück und spielen nur bei der Stadterneuerung eine größere Rolle, während die „Stadterweiterung“ weitgehend durch kommunale Wohnanlagen erfolgt.

Die *Konsequenzen einer unterschiedlichen staatlichen Wohnbaupolitik* spiegeln sich sehr eindrucksvoll in einer Darstellung von Bauträgern und Bautätigkeit in Wien und München von 1954 bis 1980 wider (vgl. Abb. 65). Die unter der Bezeichnung „sozialer Wohnungsbau“ in den Statistiken der Bundesrepublik Deutschland aufscheinende Bauform ist im Prinzip mit dem öffentlich geförderten Wohnbau in Wien identisch, der hier Genossenschafts- und Eigentumswohnungen zugute kommt. Ein „sozialer Wohnungsbau“ entsprechend der Wiener Begriffsfassung, nach der darunter ausschließlich der kommunale Wohnungsbau mit Mieten à fonds perdu verstanden wird, fehlt in München. Der Bauboom in München wurde weit überwiegend vom Privatkapital finanziert, während der durch die öffentliche Hand geförderte Wohnungsbau seit Ende der sechziger Jahre auf einen unbedeutenden Anteil zurückgegangen ist. Den kapitalistischen Spielregeln des Wohnungsmarktes entsprechend, kam es seit der Rezession in München zu einem schlagartigen Rückgang von Investitionen privater Kapitalanleger und damit nach Fertigstellung begonnener Bauten zu einem ebenso drastischen Rückgang der Neuzugänge an Wohnungen. In Wien wurde dagegen das Ausbleiben von Privatkapital durch den Einsatz öffentlicher Förderungsmittel für den Wohnungsbau überkompensiert, so daß seit 1978 die Zahl der fertiggestellten Wohnungen sogar angestiegen ist. Es erfolgt somit eine Ankurbelung der Bau- und Wohnungswirtschaft durch den österreichischen Staat, der aus Steuermitteln das fehlende Privatkapital ersetzt. Es darf angemerkt werden, daß die Verstaatlichung des Bankenwesens in Österreich eine wesentliche Voraussetzung für eine Reihe von weiteren Eingriffen in die Marktmechanismen darstellt, wie Wohnungsverbesserungskredite an Mieter (!), beachtliche Mietzinsbeihilfen und günstige „Startwohnungen" für Junghaushalte, wodurch soziale Spannungen auf dem Wohnungssektor in Wien zweifellos entschärft und Segregationstendenzen verringert werden.

Die Beschäftigung der Stadtgeographie mit Fragen vergleichender Wohnugnspolitik und Wohnungswirtschaft steht erst in den Anfängen. Besonders limitiert sind die Informationen über die *Ostblockstaaten.* Aufgrund der verhältnismäßig umfangreichen Literatur über Polen werden vielfach die dort herrschenden Verhältnisse als auch für andere europäische COMECON-Staaten zutreffend aufgefaßt. Diese Auffassung ist unrichtig. In den Ostblockstaaten bestehen vielmehr von Staat zu Staat beachtliche Unterschiede hinsichtlich zentralistischer Planung und Finanzierung der Wohnbautätigkeit sowie der bürokratischen Prozeduren der Zuweisungssysteme.

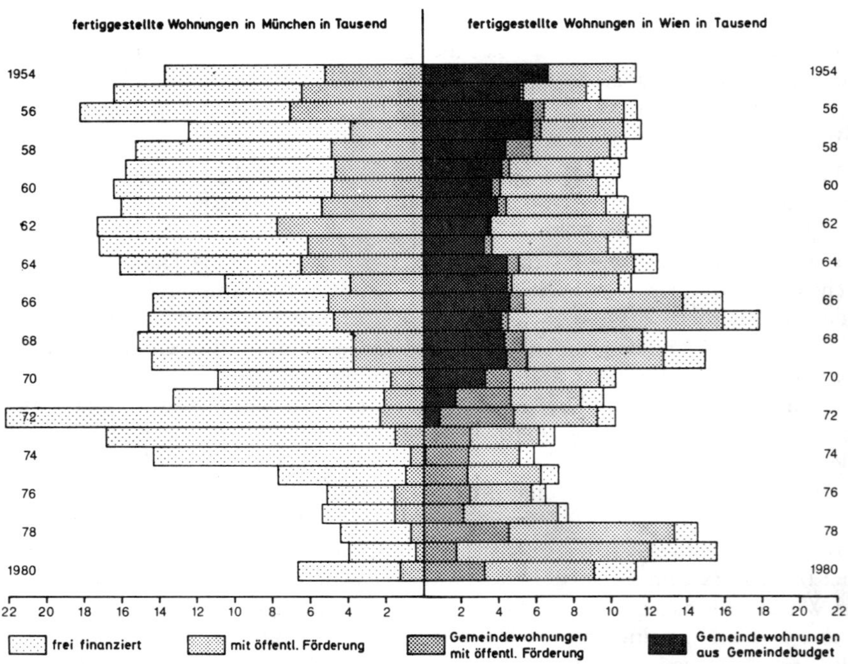

Abb. 65 Bauträger und Bautätigkeit in Wien und München 1954–1980 (in: HEINRITZ, G., und LICHTENBERGER, E., 1984, S. 74, Entwurf: W. MATZNETTER)

Gemeinsam ist allen Staaten, daß die Wohnung als Teil des „Social Overhead“ aufgefaßt wird und dementsprechend die Mieten nur Anerkennungsbeträge (im Durchschnitt unter 5% des Einkommens) ausmachen. In vielen Staaten, allen voran in der UdSSR, hat man ferner bereits in den späten fünfziger Jahren zur Kenntnis genommen, daß es nicht möglich ist, den Wohnungsbau ausschließlich aus dem Steueraufkommen zu finanzieren. Genossenschaftswohnungen und teilweise sogar Eigentumswohnungen wurden als neue Organisationsformen zugelassen. In den neuen Städten Sibiriens überwiegt bereits der Eigentumswohnungsbau, dessen Ausstattung besser ist als diejenige des staatlichen Wohnungsbaus. In Jugoslawien stellt es die Pflicht der Betriebe dar, für die Unterbringung der Arbeitskräfte zu sorgen. Auch beim Genossenschafts- und Eigentumswohnungsbau sind jedoch in allen Ostblockstaaten die Wartezeiten für Bewerber enorm lang. Einen unterschiedlichen Anteil besitzt – nicht zuletzt bedingt durch die Unterschiede im baulichen Erbe – der Einfamilienhausbau, dessen Anteil am Wohnungsbestand negativ mit der Stadtgröße korreliert. In allen Nachfolgestaaten der Österreichisch-Ungarischen Monarchie und in Polen gilt die für Warschau abgebildete Aussage (vgl. Abb. 66), daß im Privatbesitz befindliche Einfamilienhäuser einen Rahmen um den geschlossenen Stadtkörper bilden.

3.2.5 Kommunale Aufgaben und Einrichtungen

Für die räumliche Organisation von Städten ist es von entscheidender Bedeutung, ob und wieweit die Aufgabenbereiche der technischen und sozialen Infrastruktur in der Hand der Privatwirtschaft bzw. in der des Staates oder von Kommunalbehörden liegen, da nur in letzterem Fall die Möglichkeit besteht, Defizite bei der Erbringung von Leistungen aus dem Steueraufkommen zu decken und damit diese in das „Social Overhead“ einzubeziehen.

In den *europäischen Städten* zählen die meisten Einrichtungen der technischen und sozialen Infrastruktur zum kommunalen Aufgabenbereich, dessen Umfang im Prinzip auf die mittelalterliche Bürgergemeinde zurückgeht. Mit der Subordination der Stadt unter den Verwaltungsapparat des absolutistischen Staates wurden viele Aufgaben von der staatlichen Bürokratie übernommen. Die Errichtung kultureller Institutionen, wie Universitäten, Museen, Theater, wurde ebenso wie die von sozialen Einrichtungen, Spitälern, Waisenhäusern und dgl., eine Verpflichtung des Herrscherhauses. Die neuen Errungenschaften des technischen Städtebaus im 19. Jahrhundert blieben zunächst in der Hand der Privatwirtschaft, und erst der *Munizipalsozialismus* der Jahrhundertwende, dessen Ideen zuerst in Wien von Bürgermeister K. LUEGER konzipiert wurden, leitete ein neues Kapitel der Kommunalpolitik ein. Die „Verstadtlichung“ der Massenverkehrsmittel und anderer städtischer Versorgungseinrichtungen, wie der Gas- und Elektrizitätswerke, rollte in Wien zu Beginn des 20. Jahrhunderts noch als spektakuläres Ereignis ab. Recht unauffällig vollzog sich dann die Nachahmung im Laufe der Zwischenkriegszeit über Europa hinweg. In vielen Fällen wurden die Stadtbehörden auch zum größten Unternehmen in der von ihnen verwalteten Stadt (Sparkassen, Baugesellschaften usf.).

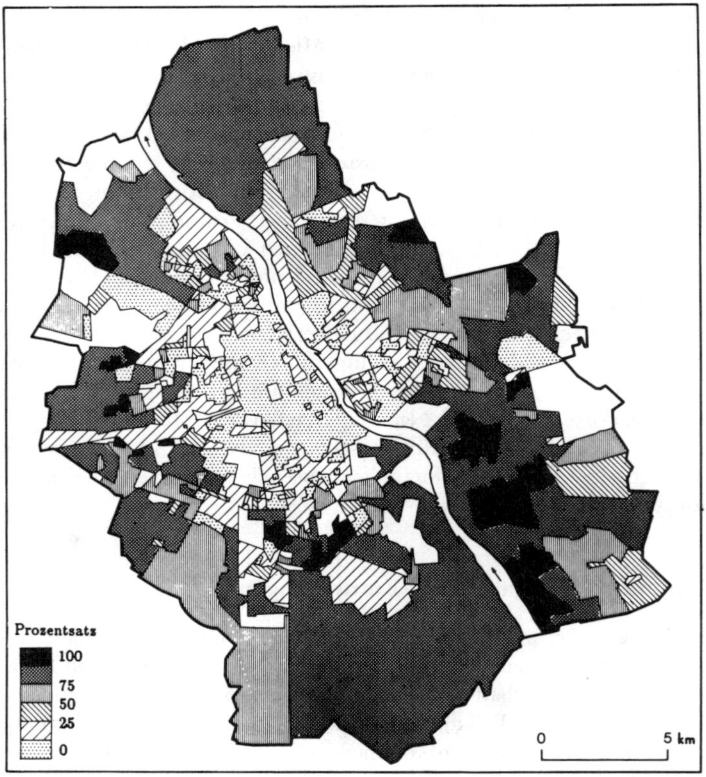

Abb. 66 Der Anteil des Privateigentums am Wohnungsbestand in Warschau 1970 (Hamilton, F. E. I., 1979, S. 211)

Die Gemeinnutzenpolitik von öffentlichen Dienstleistungen und die Sozialtarife bilden einen Pfeiler, Wohlfahrtsprogramme den zweiten. Sie umfassen Schulen, Spitäler, Erholungsanlagen und einen umfangreichen sozialen Wohnungsbau. Die Zahl der Programme kann meist nicht aus dem regulären Budget realisiert werden, die Städte müssen Anleihen aufnehmen. Eine hohe Verschuldung ist die Regel.

In *Nordamerika* sind die Infrastrukturleistungen im wesentlichen in der Hand von Privatunternehmen verblieben, vielfach Großbetrieben, wie bei der Wasser- und Stromversorgung, die häufig sogar mehrere Staaten umspannen bzw., wie die Bell-Company, das Telephonwesen des Gesamtstaates in der Hand haben. Derartige Unternehmen sind in ihrem räumlichen Interessenbereich daher auch nicht mit irgendwelchen Metropolitan Areas identisch. Sehr spät, im wesentlichen erst nach dem Zweiten Weltkrieg, hat das Federal Government verschiedene Subventionsprogramme gestartet, darunter solche zur Aufrechterhaltung des Betriebes von U-

Bahnen. Eine massive Investitions- und Subventionspolitik zugunsten der öffentlichen Verkehrsmittel, wie sie in den Stadtentwicklungsprogrammen europäischer Groß- und Millionenstädte an der Tagesordnung ist, fehlt jedoch. Der Zusammenbruch der Massenverkehrsmittel hat derzeit bereits, von den Mittelstädten ausgehend, die Ebene von Halbmillionenstädten erreicht. Umgekehrt können wir feststellen, daß in Europa in zahlreichen Halbmillionenstädten in der Nachkriegszeit U-Bahnen errichtet wurden.

Private bzw. kommunale *Infrastruktureinrichtungen* bevorzugen verschiedene Teile der Stadt. Dort, wo der städtische Magistrat Kosten und Verantwortung für die

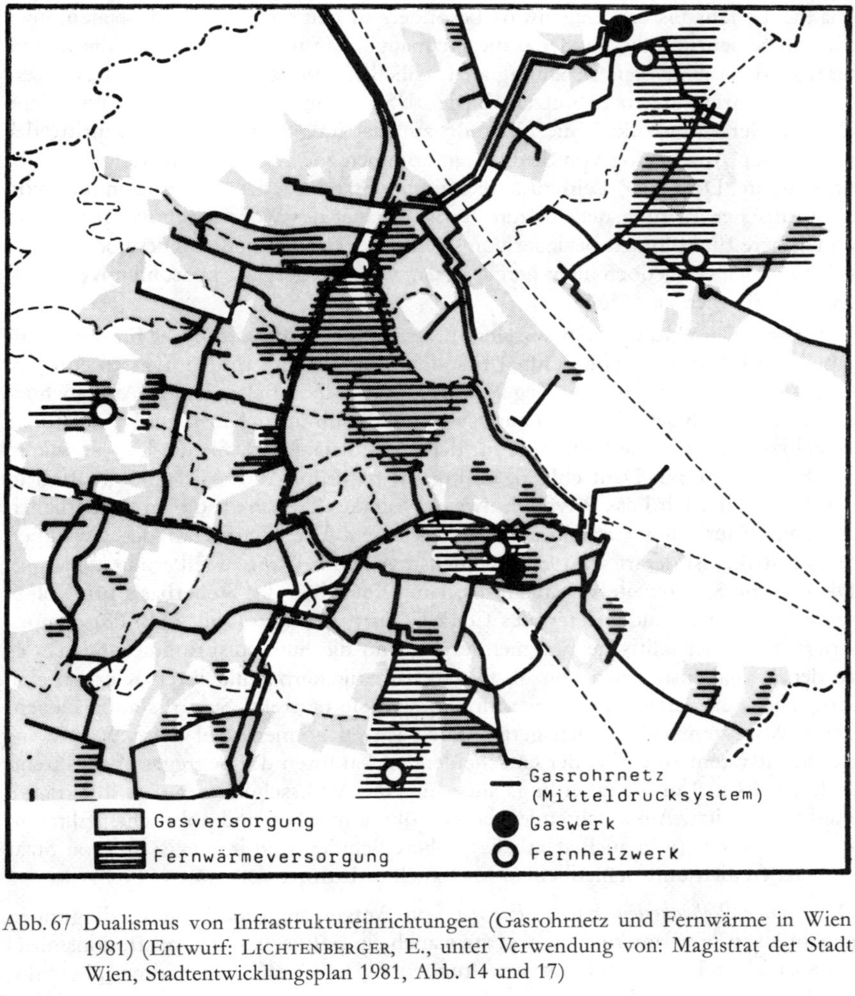

Abb. 67 Dualismus von Infrastruktureinrichtungen (Gasrohrnetz und Fernwärme in Wien 1981) (Entwurf: LICHTENBERGER, E., unter Verwendung von: Magistrat der Stadt Wien, Stadtentwicklungsplan 1981, Abb. 14 und 17)

technische Infrastruktur trägt, bedeutet dies in der Regel eine vom Zentrum zu den Rändern hin vorstoßende Aufschließung, die in vielen Fällen (vor allem in Südeuropa) eine Unterversorgung im Weichbild der Stadt zur Folge hat. Allerdings entstehen in jüngster Zeit auch hier neue Netze, so z. B. bei Fernheizanlagen. Abb. 67 demonstriert am Wiener Beispiel die seinerzeit vorbildliche Gasnetzstruktur des technischen Städtebaus der Gründerjahre und die aktuelle „duale Standortpolitik" der Kommunalverwaltung, welche das Fernwärmenetz einerseits mit den Standorten der kommunalen Großwohnanlagen im Süden und Osten verbindet und andererseits das Stadtzentrum versorgt.

Gerade aus Gründen der nach außen hin abnehmenden technischen Ausstattungsqualität besteht bis zur Gegenwart besonders in den sozialistischen Staaten, aber auch in Südeuropa die Tendenz, die Neubaugebiete möglichst eng an die bereits bestehende geschlossene Bebauung anzuschließen und damit die vorhandenen Versorgungseinrichtungen zu nutzen. In den USA ist im Hinblick auf die räumliche Qualität der Infrastruktur die Situation zumeist umgekehrt. Die Fortschritte der technischen Ausrüstung von Siedlungen kommen zuerst den jeweils jüngsten Suburbs zugute. Dort gehört ein guter technischer Standard, d. h. die Einbringung von unterirdischen Leitungsnetzen, zum fertigen Paket des Wohnangebots für mittlere und höhere Einkommensbezieher von seiten der Privatwirtschaft. Dieselben Privatunternehmer sind jedoch nicht bereit, in den vom Niedergang bedrohten Kernstädten Investitionen zu tätigen.

Unter den Einrichtungen der sozialen Infrastruktur hat das *Schulwesen* für die sozialräumliche Gliederung von Städten besondere Bedeutung. In den meisten europäischen Staaten ist es heute die Regel, daß die städtischen Behörden, in Aufgabenteilung mit dem Staat, das Erziehungswesen übernommen haben und einheitliche Gehaltsschemata sowie Lehrpläne für den Gesamtstaat bzw. für die Länder, wie in der Bundesrepublik Deutschland, Gültigkeit besitzen. Anders ist die Situation in den *USA*. Hier wird das Privatschulwesen von der *Lokalsteuer,* die im wesentlichen auf dem Haus- und Grundbesitz ruht, erhalten. Die Steuerkraft des jeweiligen Schuldistrikts ist derart vom Einkommensniveau der Wohnbevölkerung abhängig. Die enorme Spannweite von mehr als dem Dreifachen der Steuerbasis pro Volksschüler in den Schuldistrikten des Cook-County, Chicago (vgl. Abb. 68) demonstriert die steuerpolitische Fragmentierung und die Steuerdiskriminierung. Da es zu den Verhaltensnormen von Mittelstandsamerikanern zählt, ihren Kindern eine möglichst gute Erziehung zu vermitteln, sind sie bestrebt, Suburbs aufzusuchen, deren Wohnstandard sie sich gerade noch leisten können. Auf diese Weise wird das Schulsystem zu einem der entscheidenden Faktoren der Segregation, während andererseits in Europa (allerdings auch nur) das Volksschulwesen eine integrative Funktion besitzt. Ausweichtendenzen von ökonomischen und politischen Eliten in spezielle private (und auch staatliche) höhere Schulen sind in gewissem, von Staat zu Staat freilich unterschiedlichem Maß auch in Europa vorhanden.

Der *soziale Wohnungsbau* hat *in Europa* von Anfang an andere Startbedingungen gehabt als in Nordamerika. Er war stets auch ein politisches Demonstrationsmittel der sozialdemokratischen Stadtverwaltungen. Sie haben sich daher zumeist bemüht,

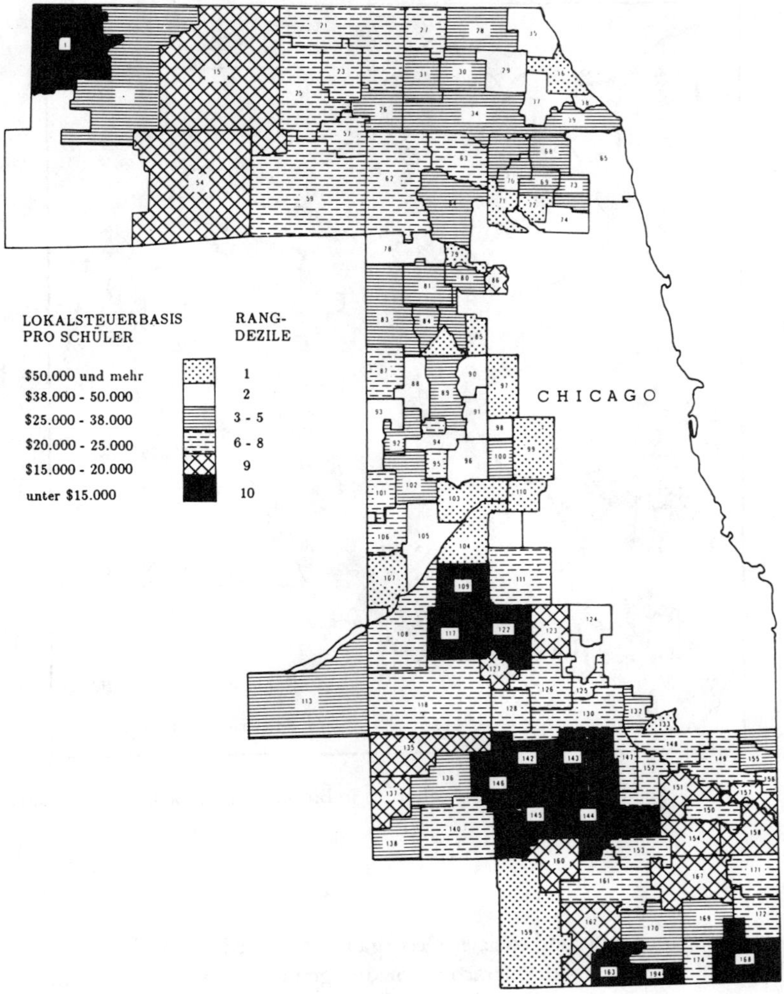

Abb. 68 Lokalsteuersatz für Volksschulen im Umland von Chicago (Cook Country) 1966 (MORRILL, R. L., 1974, S. 230)

ihn auch architektonisch attraktiv zu gestalten. Überlegungen der Wahlarithmetik haben ebenfalls als eine Art Antisegregationsstrategie stets eine gewisse Rolle gespielt. Solange die Standorte in den älteren Baubestand eingebettet waren, ist es kaum zu einer Diskriminierung gekommen. Erst mit den *Superwohnanlagen* – vor allem französischer Satellitenstädte, den „Sarcellites“ – entstanden die Phänomene

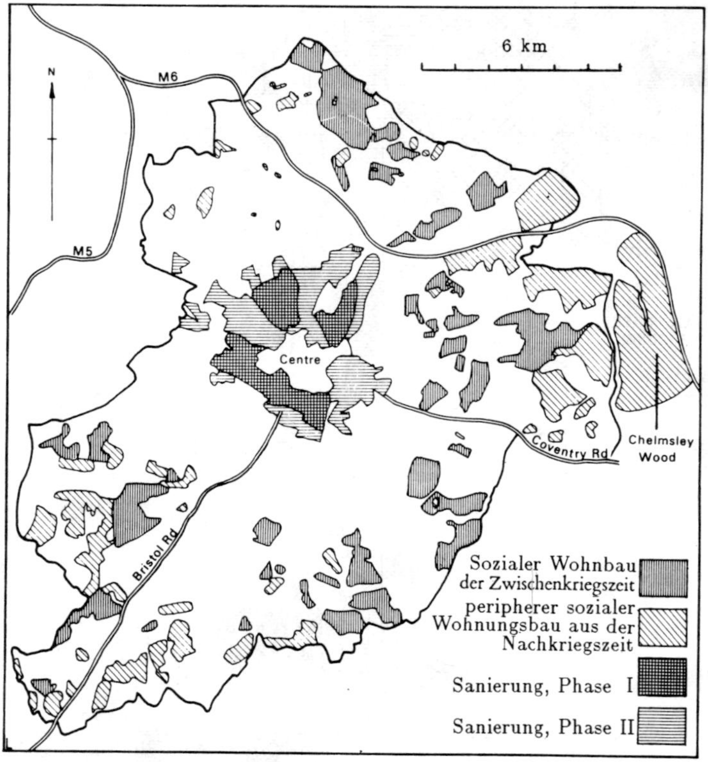

Abb. 69 Standorte des sozialen Wohnbaus in Birmingham (Paris, C., und Lambert, J., 1979, S. 237)

von Jugendkriminalität und sozialer Desorganisation, die jedoch interessanterweise mit der Dauer des Bestandes derartiger Siedlungen eher ab- als zunehmen, da sich die Bevölkerung zu neuen Gemeinschaftsbildungen findet, ähnlich wie dies schon in den gründerzeitlichen Arbeitermiethausquartieren der Fall war.

Hinsichtlich des Standortes bestehen insofern Gemeinsamkeiten, als die sozialen Wohnungsbauten in der ersten Phase der Zwischenkriegszeit stets im Anschluß an den gründerzeitlichen Stadtkörper errichtet wurden. Erst in der Nachkriegszeit – und hier ist Großbritannien vorangegangen – wurden sie zu einem Instrument der Innenstadtsanierung (vgl. Abb. 69). Derart bestehen Konvergenzen zu Stadterneuerungsprogrammen in den Oststaaten (u. a. Budapest).

Ebenso wie bei anderen Einrichtungen der technischen und sozialen Infrastruktur ist auch das *Public Housing Program* in den *USA* von der Bereitwilligkeit der

Regierung in Washington abhängig, dafür Geld aufzubringen. Die Intentionen haben daher entsprechend der jeweils führenden politischen Richtung des öfteren gewechselt. Von flüchtigen ausländischen Besuchern häufig mit „Urban Renewal" gleichgesetzt, ist das „Public Housing Program" ausschließlich als Hilfsmaßnahme für die Ärmsten der Armen gedacht. Dementsprechend bestehen strikt eingehaltene Vorschriften über die maximale Einkommenshöhe, welche jährlich überprüft wird. Familien mit höherem Verdient *müssen* ausziehen (!). Diese Aussiebung der Aufstiegswilligen und Tüchtigeren hat zu dem katastrophalen Resultat geführt, daß viele dieser Wohnsilos als Horte des Verbrechens anzusehen sind, aus denen die Angst vor der Kriminalität die Menschen vertreibt. Da die Kosten derartiger Wohnbauvorhaben nur etwa 50% derjenigen am freien Wohnungsmarkt betragen, erstaunt es auch nicht, daß als Standorte nur sehr billige Baugründe – zwischen Eisenbahntrassen, in halb verfallenen alten Industrie- und Lagerhausvierteln und dgl. – in Frage kommen. Von einzelnen Städten (wie insbesondere New York) abgesehen, ist die zahlenmäßige Bedeutung des sozialen Wohnungsbaus mit knapp 1% Anteil am gesamten Wohnungsbestand überdies sehr gering (E. Lichtenberger, 1974). Insgesamt besitzt der soziale Wohnungsbau also im interkulturellen Vergleich eine außerordentlich starke Differenzierung nicht nur hinsichtlich der Quantität, sondern vor allem im Hinblick auf den sozialen Status der Bewohner. In Städten der Entwicklungsländer zählt es bereits als sozialer Aufstieg, wenn man von den Behelfshütten der Stadtränder in einen Sozialbau umziehen kann. Auch in den meisten kontinentaleuropäischen Städten hat der soziale Wohnungsbau längst das Stigma der Diskriminierung und Marginalisierung abgestreift.

Die Schaffung von *öffentlichen Grünflächen* und *Erholungsanlagen* zählt zu den wichtigen Aufgaben europäischer Kommunalverwaltungen. Im Liberalismus verschmolz das Allmendekonzept der mittelalterlichen Stadtgemeinde mit den ästhetischen Prinzipien barocker Gartenkultur. An der Stelle des Befestigungsareals entstanden in vielen Fällen bei der Abtragung desselben Parkanlagen. Selbst das spekulationsfreudige späte 19. Jahrhundert sparte im gründerzeitlichen Rasterschema kleine Parks aus. Das *„soziale Grün"* des kommunalen Wohnbaus ist inzwischen zu einem selbstverständlichen Inventar auch von Genossenschafts- und Eigentumswohnanlagen geworden, freilich noch nicht in Südeuropa.

Der vieldiskutierte *„Green Belt"*, den E. Howard als Begrenzungsrahmen seiner New Town vorsah, erhielt in den dichtverbauten kontinentaleuropäischen Städten eine komplementäre Rahmenaufgabe zugewiesen, so im Luegerschen Grüngürtelkonzept für Wien im Jahre 1904. Das Grüngürtelkonzept hat sich, von London ausgehend, auch in anderen Teilen des ehemaligen britischen Empires ausgebreitet. Selbst der Stadtentwicklungsplan von Ottawa, der Hauptstadt Kanadas, enthält einen mehrere Meilen tiefen Grüngürtel (vgl. Abb. 70). Allerdings findet auch hier die charakteristische *Overspill-Bewegung* zu den Satellitenstädten statt, welche für die britische Entwicklung kennzeichnend ist. Auch in den USA wurden Grüngürtelkonzepte verschiedentlich in Stadtentwicklungsplanungen aufgenommen; sie konnten jedoch aufgrund der enormen Suburbanisierung nirgends realisiert werden. Die Schaffung von öffentlichen Grünflächen und Erholungsanlagen in Städten fehlt als

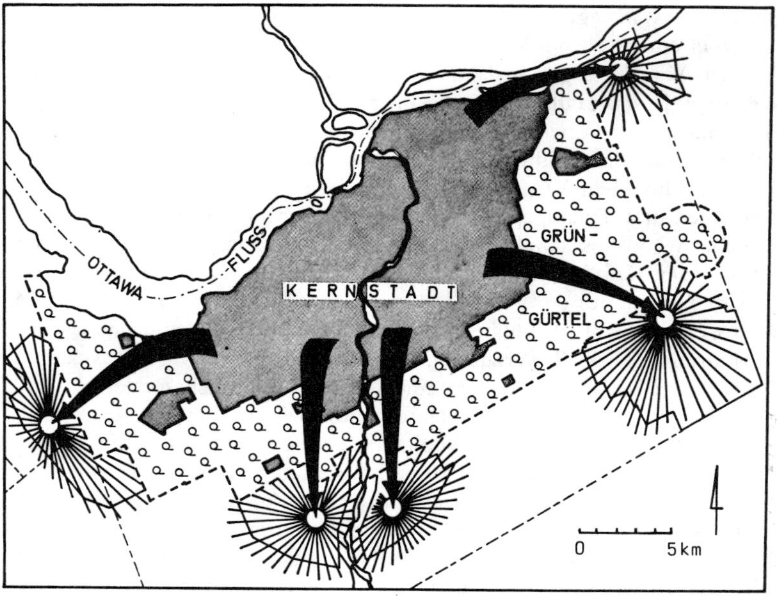

Abb. 70 Grüngürtel und „overspill" von Satellitenstädten in Ottawa (WESCHE, R., und KUGLER-GAGNON, M., 1978, S. 98)

aktueller Vorgang in den USA. Bei den älteren City Parks handelt es sich um in der Hand der Allgemeinheit verbliebene Areale aus der Zeit der Stadtgründung bzw. um Stiftungen von seiten des privaten Mäzenatentums um die Jahrhundertwende. Klubsystem und Privatbesitz sind gegenwärtig die Voraussetzungen für Neuanlagen. Diese beschränken sich auf die Suburbs von Mittel- und Oberschichten.

Konträr ist die Situation in den sozialistischen Staaten, wo gesamtgesellschaftliche Erholungsanlagen absolute Priorität vor dem „privaten Grün" besitzen. Transformiert in den *„Erholungswald"* ist das Grüngürtelkonzept, zuerst 1935 im Moskauer Stadtentwicklungsplan integriert, nun in den meisten größeren Städten der UdSSR vorhanden. Abb. 71 stellt das staatliche Erholungsareal der Moskauer Region dar, in dem mehrere Erholungsgebiete ausgewiesen sind, von denen jedes spezifische Funktionen besitzt. Im Anschluß an die gegenwärtige Erholungszone, die im Anschluß an die Stadtgrenze eine Tiefe von 20 bis 40 km besitzt, sind peripher bereits weitere Erholungsareale in Planung.

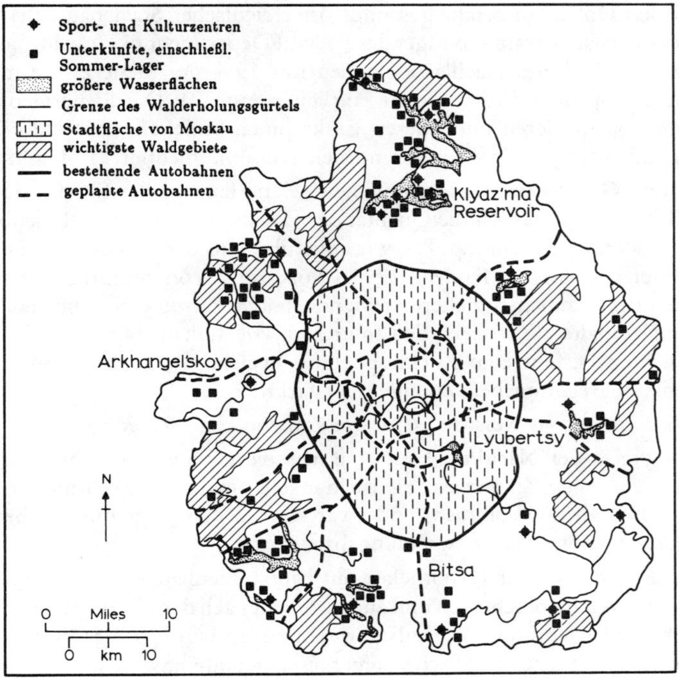

Abb. 71 Der Walderholungsgürtel von Moskau (Shaw, D. J. B., 1979, S. 134)

3.2.6 Die Rolle der Steuersysteme für die Entwicklung von Städten

Die entscheidende Rolle der Steuersysteme für die Entwicklung von Städten und Suburbs ist bisher im internationalen Vergleich nicht untersucht worden. Im folgenden können daher nur einige Aspekte geboten werden. Grundsätzlich ist davon auszugehen, daß in allen Staaten wesentliche Anteile des Bruttonationalprodukts vom Staat zurückbehalten werden. Sie betragen in sozialen Wohlfahrtsstaaten bereits über die Hälfte (Schweden). Sektorale Verwendung ebenso wie Zuweisungsprinzipien an verschiedene administrative Ebenen (Länder, Gemeinden) sind unterschiedlich, dementsprechend auch die Budgets von Städten.

Zunächst die Situation in den *USA*. Die dortige Steuerstrategie unterscheidet sich durch zwei Instrumente wesentlich von der der sozialen Wohlfahrtsstaaten:

1. Es werden massive Steuernachlässe bei der Einkommensteuer für Hypothekenrückzahlungen und Hypothekenzinsen gewährt. 1982 betrug dieser Steuernachlaß

39 Milliarden Dollar (ungefähr gesamter österreichischer Staatshaushalt) und war somit größer als das gesamte Budget des Federal Department of Housing and Urban Development. 75% des Nachlasses kamen nur 19% der Steuerzahler mit einem Einkommen von über 30000 Dollar jährlich zugute (!). Die Steuerideologie der Förderung von mittleren und oberen Einkommensbeziehern, wie die Förderung des Einfamilienhausbaus, ist damit eindrucksvoll dokumentiert (P. Dreier, 1984).

2. Haus- und Grundsteuern bilden bis heute den Hauptpfeiler für das Budget der lokalen Behörden. Derart ist die Qualität des Hausbestandes für die Lokalbehörden von entscheidender Bedeutung. Da, wie angeführt, aus der Lokalsteuer die Schulen erhalten werden, ist die Tendenz der Bevölkerung von Suburbs mit mittleren und oberen Einkommensbeziehern verständlich, den Zuzug einkommensschwacher Schichten abzuhalten. Zwischen den Interessen von Lokalbehörden und denen der Mittelschichten besteht eine Rückkoppelung, welche die auch im Sozialprestige verankerten Segregationsbestrebungen verstärkt.

Die *europäische Situation* weist folgende wesentliche Unterschiede auf:

1. Es erfolgte in der Nachkriegszeit eine massive gesetzliche Wohnbauförderung mit extrem niedrigen Zinssätzen. Sie ist in erster Linie der Errichtung von Apartmenthäusern zugute gekommen, und zwar sowohl dem Eigentumswohnungsbau als auch dem Genossenschaftswohnungsbau.

2. Die Steuernachlässe für Hypotheken auf Einfamilienhäuser sind, verglichen mit Nordamerika, relativ bescheiden und zumeist nicht nach dem Einkommen gestaffelt. Ein Boom der Errichtung von Einliegerwohnungen wurde in der Bundesrepublik Deutschland durch eine spezifische Steuergesetzgebung ausgelöst.

3. In Europa sind durch die Inflation im Zusammenhang mit zwei Kriegen die auf dem Haus- und Grundbesitz lastenden Steuern vielfach zu reinen Anerkennungsgebühren abgesunken. Es wird als „selbstverständlicher Strukturmangel" hingenommen, daß Wohngemeinden im Umland von Städten große Schwierigkeiten haben, ihre öffentlichen Aufgaben zu erfüllen, denn die Grundsteuer erbringt selbst dort, wo Mittel- und Oberschichten wohnen, nur geringe Erträge für das Gemeindebudget. Durch verschiedenste Zuweisungsarrangements bezüglich der Steuern (wie Gewerbesteuer, Lohnsummensteuer) in Form eines Ausgleichs zwischen Arbeitsstättenzentren und Wohngemeinden wird versucht, dieses Manko zu beheben.

Politiker und Bevölkerung haben in den letzten beiden Generationen vergessen, daß in der Gründerzeit auch in Europa die auf dem Grund- und Hausbesitz lastenden Steuern eine wesentliche Säule des Steueraufkommens waren. Derart entfielen zum Beispiel in der Österreichisch-Ungarischen Monarchie 40% der Einnahmen des Staates vor dem Ersten Weltkrieg auf die sogenannte „Hauszinssteuer". Damals war es leicht möglich, mittels Steuerfreijahren die private Bautätigkeit sehr stark anzukurbeln. Steuerfreijahre waren im Liberalismus auch ein Schrittmacher für die Vertreter der Wirtschaftscity beim Umbau der Innenstädte. Steuernachlässe motivieren heute in den USA die Privatwirtschaft wiederum, in Urban Redevelopment-Programme in den Downtown massiv zu investieren.

3.3 Normative Prinzipien des Städtebaus und der Stadtplanung

3.3.1 Städtebau und Stadtplanung zwischen Utopie und Wirklichkeit

Den Sozialwissenschaften ist es bisher nicht gelungen, eine Brücke zum technischen Städtebau zu schlagen. Eine wissenschaftliche Beschäftigung mit den Konsequenzen, welche von verschiedenen Formen der Technologie des Bauens und des Verkehrs ausgehen und die Gesellschaft beeinflussen, fehlt weitgehend. Umgekehrt haben Basiskonzepte der Sozialwissenschaften, wie die Vorstellung von der Sukzession von Sozialgruppen und Nutzungen im Stadtraum, wie sie u. a. der sozialökologischen Theorie eigen ist, keinen Eingang in den Städtebau und die Stadtplanung erfahren.

Die normativen Prinzipien des Städtebaus und der Stadtplanung bestimmen die physische Struktur von Städten ganz wesentlich. Städtebau versteht sich als *Stadtgestaltung* im weitesten Sinn. Er war und ist in seinen besten monumentalen Leistungen architektonische Repräsentation und Symbol für die Selbstdarstellung geistiger Werte, religiöser Ideen, politischen und wirtschaftlichen Machtanspruchs. Gleichzeitig ist er ein Teil der Kunst, und bedeutende Künstler, die sich von bisher gültigen Lösungen distanzierten, haben ihn daher immer entscheidend beeinflußt. Er enthielt stets soziale Utopien, indem eine harmonische Ordnung, ein Gleichgewicht der verschiedenen städtischen Funktionen angestrebt wurde, und fand überall dort sein ideales Terrain, wo Idealstädte von überschaubarer Größe und mit klar definierten funktionellen Organisationsstrukturen zu kreieren waren.

Im Industriezeitalter ist der Städtebau von den ästhetischen Gestaltungsaufgaben abgerückt. Er wurde zum technischen Städtebau, ging als solcher gleichsam in den Untergrund der Städte und hat die großen Leistungen der Stadtassanierung in der zweiten Hälfte des 19. Jahrhunderts vollbracht (Wasserleitungen, Kanalisation, Strom- und Gasleitungen und dgl.). Im Zuge der immer umfangreicher werdenden Aufgabenbereiche der Stadtbehörden ist der Städtebau schließlich in die Bautätigkeit der Kommunalbehörden integriert worden. In der Gegenwart gewinnen technische und verwaltungsrechtliche Gesichtspunkte die Oberhand, eine immer stärkere Bürokratisierung und Technokratisierung erfolgt. Ästhetische Prinzipien treten gegenüber Kostenüberlegungen zurück. Hinsichtlich der ästhetischen Maßstäbe entsteht eine zunehmende Unsicherheit. Es werden daher als „Alibi" Bürgerinitiativen bemüht, um gestalterische Details festzulegen. Es erfolgt eine Gleichsetzung des so verstandenen Städtebaus mit der Stadtplanung, wobei die Detailvorhaben häufig von wahltaktischen Überlegungen diktiert werden.

Fragt man unter diesen Gesichtspunkten nach den *Beziehungen zwischen Stadtplanung, Städtebau und Stadtforschung,* so muß als Problem von nicht zu unterschätzender Bedeutung auf die grundsätzlichen Verständigungsschwierigkeiten zwischen Wissenschaftlern, Technikern, Beamten, Politikern und Künstlern hingewiesen werden. Es bestehen keine objektivierbaren Prozeduren des Transfers von wissenschaftlicher Erkenntnis in Aktivitäten bzw. solche der Umsetzung in bauliche Gestaltungen.

Betrachtet man die Hierarchie der städtebaulichen Planungskategorien und blendet man ferner die oben angesprochene pluralistische Struktur des Boden- und Wohnungsmarktes, der Bautätigkeit, die divergierenden Interessen von Öffentlichkeit und privater Wirtschaft ein, werden die realen Schwierigkeiten offensichtlich.

Zuerst einige grundsätzliche Feststellungen. Die einzelnen Elemente des städtischen Systems sind hinsichtlich ihrer künftigen Entwicklung in unterschiedlichem Maße abschätzbar. So ist die Bevölkerungsentwicklung, welche zumeist als Hauptbezugsbasis für Flächenausweisungen dient, äußerst schwer abzuschätzen, während andere Faktoren, wie steigender Motorisierungsgrad, steigender Wohnstandard, ebenso Verschiebungen vom sekundären zum tertiären Sektor hin, aufgrund von internationalen Vergleichsdaten relativ besser zu prognostizieren sind.

Selbst wenn alle diese systematischen Entwicklungen transparent und abschätzbar wären, bliebe noch das grundsätzliche Problem bestehen, daß es keine allgemein verbindlichen Strategien für die räumliche Allokation von neu auftretenden Einrichtungen und Flächen aller Art gibt, ebenso wie für die Sukzession nach verfallenden bzw. schrumpfenden Einrichtungen. Auf das Defizit der Stadtforschung hinsichtlich des Angebots an räumlichen Verteilungsmodellen wurde bereits hingewiesen.

Betrachten wir die einzelnen *Planungskategorien* etwas näher:

1. Voraussetzung für jede *Stadtentwicklungsplanung* ist eine wissenschaftliche Situationsanalyse unter Benützung der zur Verfügung stehenden Ansätze der Stadtforschung. Mittels Konstanthaltung von externen Variablen werden zumeist sektorielle Prognosen erstellt (Bevölkerungsentwicklung, Wirtschaftsentwicklung, Verkehrsentwicklung usf.). Diese sektoriellen wissenschaftlichen Resultate gehen an sektorielle Fachplanungsbereiche, von denen sektorielle Leitpläne erstellt werden. Voraussetzungen hierfür sind:

- Die Formulierung der gesellschaftspolitischen Zielsetzung, die meist vorgegeben ist,
- die Überprüfung der öffentlich-rechtlichen Situation,
- die organisatorisch-verwaltungstechnische Überprüfung,
- Feststellung der Finanzierung,
- Fragen der öffentlichen Meinungsbildung und damit der publizistischen Effizienz.

Diese sektoriellen Leitpläne werden zumeist unter absoluter Priorität der gesellschaftspolitischen Zielsetzungen in einer häufig nicht nachvollziehbaren Form der Konsensbildung zwischen Personen zu einem Stadtentwicklungsplan zusammengefügt.

2. Die Umsetzung des Stadtentwicklungsplanes, der meist in sehr kleinem Maßstab, 1 : 50 000, erstellt wird und die Aufgabe hat, eine Grundlage für eine langfristige Planung von Investitionen aller Art darzustellen, geht meistens im Sprung zum Maßstab 1 : 10 000, zum tatsächlichen *Flächennutzungsplan*. Es werden Zuweisungen von Nutzungsarten aufgrund von Flächenbilanzierungen vorgenommen, Baugebiete und Freiräume ebenso wie spezifische Nutzungsbereiche ausgegrenzt. Bei diesem Schritt steht die physische Planung absolut im Vordergrund. Eine Überprü-

fung der Zuweisung anhand der erhobenen wissenschaftlichen Grundlagen erfolgt meist nur mehr in Ausnahmefällen.

3. *Bebauungspläne* (in Österreich: *Verbauungspläne*) gehen den Schritt in den großen Maßstab. Hier sind rechtlich verbindliche Festsetzungen von Bedeutung, Regelungen der erforderlichen Maßnahmen des Bodenverkehrs, der Vorkaufsrechte der Gemeinde, Entschädigung, Enteignung, Erschließung usf., ferner Festsetzungen über die äußere Gestalt baulicher Anlagen und dgl. mehr. Juristen und Techniker haben das Wort.

4. In konkreten Bauvorhaben, vor allem größerer Art, erfolgt schließlich die Verwirklichung, wobei dort, wo es sich um *„städtebauliche Modellgebiete"* handelt, nochmals wissenschaftliche Grundlagenforschung eingebracht werden kann. Dies kann in Form von „action research" erfolgen, d. h. einer laufenden Untersuchung, vor allem der Meinungsäußerung der Bevölkerung bzw. von sozioökonomischen Veränderungen. Dies ist jedoch nur ausnahmsweise der Fall, und wenn, dann in erster Linie bei Stadterneuerungsvorhaben.

3.3.2 Die ideologische Polarisierung des Städtebaus zwischen Urbanismus und antiurbaner Haltung

Das 19. Jahrhundert war das Jahrhundert des technischen Städtebaus. Grundsätzliche Äußerungen zur sozialen und wirtschaftlichen Struktur der Stadt fehlen. Im Hinblick auf die ästhetischen Gestaltungsprinzipien folgte der Städtebau noch weithin den Richtlinien, die einerseits an den monumentalen Prinzipien des absolutistischen Städtebaus orientiert waren und andererseits auf den bereits in der vorindustriellen Zeit gegebenen verwaltungsrechtlichen Gesichtspunkten der Reihenhausaufschließung fußten. Städtebau wurde als Kunst aufgefaßt, nicht nur von Camillo SITTE, sondern auch von den meisten seiner Zeitgenossen, und mit der größten Selbstverständlichkeit überdies auf die großen Städte zugeschnitten. In der ersten Hälfte des 20. Jahrhunderts vollzieht sich dann ein grundsätzlicher Wandel in den Prinzipien des Städtebaus. Es kommt zur *Polarisierung zwischen Urbanisten und Vertretern einer antiurbanen Haltung,* wobei beide Gruppen die Entflechtung und Separierung von städtischen Funktionen in der räumlichen Gliederung von Städten verfechten.

Zunächst sei auf den *Urbanismus* eingegangen, der in der Spätgründerzeit noch der *Tradition der geschlossenen Reihenmiethausbebauung* verhaftet ist. Als ein Beleg für die gängigen Konzeptionen wurde die Planung für den 22. Wiener Gemeindebezirk ausgewählt (vgl. Abb. 72). Sie stammt von Otto WAGNER, einem Hauptvertreter der Wiener Richtung des Städtebaus. Folgende Merkmale des Projekts verdienen Hervorhebung:

1. Das Rasterschema entspricht dem im 19. Jahrhundert auf dem Kontinent angewandten Aufschließungsprinzip. Es ist, was heute gerne übersehen wird, funktionsneutral und gestattet die Auswechslung der Funktionen.

2. Die Bebauung besteht aus 7- bis 8geschossigen Wohnbauten in geschlossener Miethausbebauung.

3. Daraus resultiert bei einem Überbauungsgrad von 50% und einer vorgesehenen Fläche von 619 Hektar die Unterbringung von rund 30 000 Wohnungen für 150 000 Einwohner.

4. Die daraus zu errechnende Dichte von 500 Einwohnern pro Hektar Nettobauland mag für die gegenwärtige Stadtplanung im deutschen Sprachraum sehr hoch erscheinen, entsprach aber durchaus den damals in kontinentaleuropäischen Millionenstädten üblichen Einwohnerdichtewerten. Einer zentralen Achse werden repräsentative und wirtschaftliche Funktionen zugeordnet: Amtsgebäude, Schulen, Geschäfte.

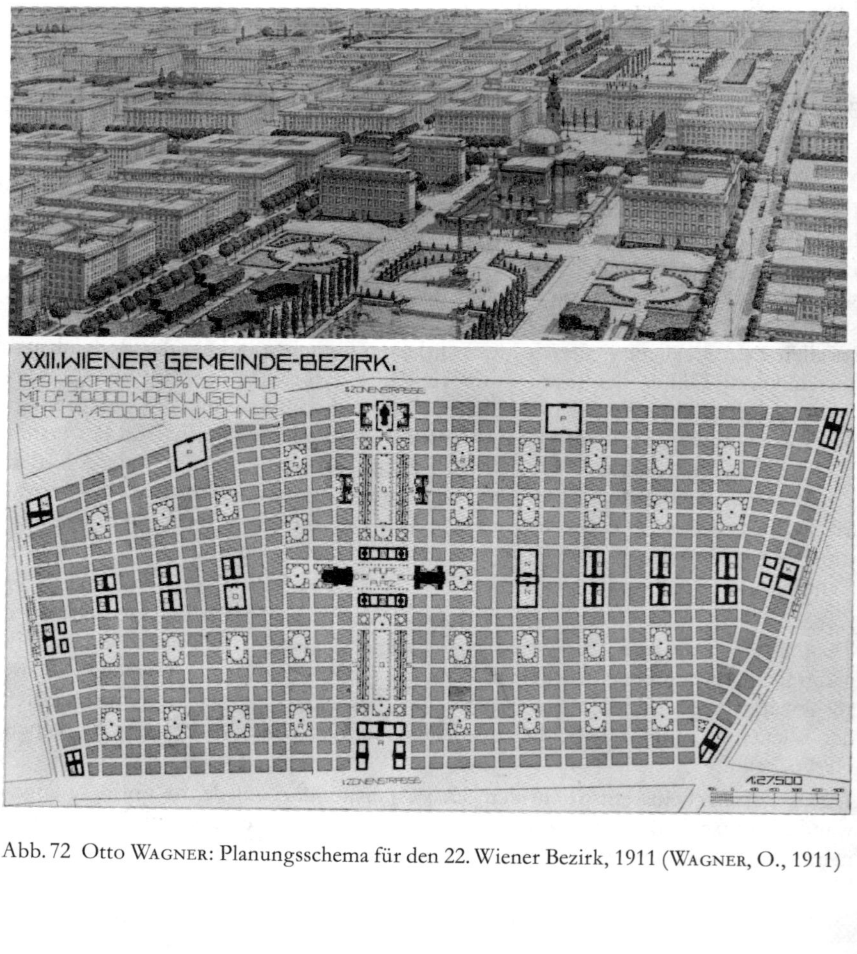

Abb. 72 Otto Wagner: Planungsschema für den 22. Wiener Bezirk, 1911 (Wagner, O., 1911)

5. Ohne explizit formulierte Einzugsbereiche war eine Streuung verschiedener Einrichtungen, darunter insbesonders von Schulen und Grünflächen, in der Rasteraufschließung vorgesehen.

6. Angaben zur sozialen Struktur, d. h. zur Wohnungsgröße und Wohnungsausstattung, fehlen. Vom Städtebau bestand damals keine Brücke zur Sozialpolitik.

Der traditionelle Städtebau endete mit dem Ausbruch des Ersten Weltkriegs. Nur die Ideologie des Urbanismus, das Bekenntnis zur großen Stadt, lebte weiter. Der Hauptvertreter und gleichzeitig optimistische Bejaher der Lebensform der großen Stadt in der Zwischenkriegszeit war LE CORBUSIER, der in seiner *„ville contemporaine"* 3 Millionen Menschen unterbringen wollte (vgl. Abb. 73) und vor Dichtewerten von bis zu 2000 Einwohnern pro Hektar nicht zurückschreckte. Er kreierte erstmals die *Hochhauscity* mit 60stöckigen Bürobauten im Zentrum, umgeben von einem Wohndistrikt, in dem achtstöckige Wohnbauten im Zickzack aneinandergereiht waren. Zwischen den Hochhäusern befanden sich Grünflächen und zentrale Einrichtungen. Außerhalb einer ausgedehnten Grünlandschaft waren Gartenstädte mit Einfamilienhäusern angeordnet. Mit seinen Projekten vollzog LE CORBUSIER den Schritt in eine damals utopische Zukunft des Städtebaus. Seine Ideen brachten in weiterer Folge einen grundsätzlichen *architektonischen Wandel,* dessen *Bedeutung für die Stadtentwicklung* gar nicht hoch genug eingeschätzt werden kann. Folgende Elemente wurden von besonderer Bedeutung:

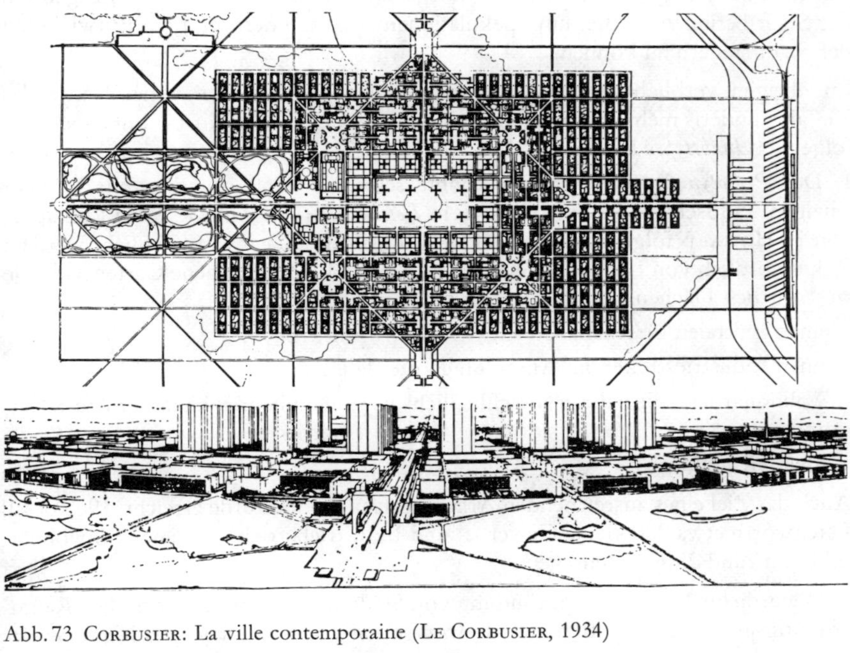

Abb. 73 CORBUSIER: La ville contemporaine (LE CORBUSIER, 1934)

1. Das *Aufbrechen der geschlossenen Bebauung* und damit das Abgehen von einem der ältesten Prinzipien des Städtebaus, wodurch die alten Elemente der Straße und des Hofes aufgegeben wurden.
2. Die *Polarisierung der Wohnformen* von Hochhaus und Einfamilienhaus.
3. Die *Trennung von Flächennutzungskategorien* und
4. die *Trennung von verschiedenen Verkehrsebenen.*

Die erste Hälfte des 20. Jahrhunderts gehörte freilich nicht den urbanistischen Großprojekten. Sehr viel mächtiger als diese Bewegung der Urbanisten war die antiurbane Grundhaltung weiter Kreise der Städtebauer. Die *Gartenstadtbewegung* erfaßte, von Großbritannien ausgehend, große Teile Nordwesteuropas (vgl. Abb. 74). Sie ebbte im deutschen Sprachraum ab und wandelte sich in Frankreich zur chaotischen Urbanisierung der „pavillons", ganz ähnlich der Entwicklung an den Stadträndern in Ostmitteleuropa und Südosteuropa. Mit dem Konzept der *Neuen Stadt* gelang es E. Howard, in Vorwegnahme von Ideen des sozialen Wohlfahrtsstaates, einen Stadttyp zu schaffen, der sich in nahezu allen wichtigen Merkmalen von älteren Stadttypen abhebt. Das Konzept der Stadtmitte wurde bereits erwähnt, in der – in Vorwegnahme der Ideologie einer Konsumgesellschaft – die für die menschlichen Bedürfnisse zentralen Einrichtungen der Versorgung mit Gütern und Diensten angesiedelt sind. Einem Gleichgewichtsdenken entsprach die Vorstellung, daß eine Autarkie auf dem Sektor der Arbeitsplätze vorhanden und die Zahl der Arbeitsplätze mit der Arbeitsbevölkerung im Einklang stehen soll. Revolutionär war die Forderung von E. Howard, daß sich der Grund und Boden im Eigentum der Stadt befinden müßte, um Spekulationen zu verhindern und die Entwicklung der Stadt steuern zu können.

Im übrigen verblieb auch die Idee der Neuen Stadt in der ersten Hälfte des 20. Jahrhunderts mehr oder minder im Experimentierstadium. Insgesamt haben sich folgende *Haupttypen* herausgebildet:

1. Der *Prototyp* der Neuen Stadt konnte selbst in Großbritannien nur in einer einzigen städtischen Siedlung, nämlich in *Letchworth* (vgl. Abb. 75), den Prinzipien von E. Howard folgend, ohne direkten Eingriff des Staates verwirklicht werden: 59 km nördlich von London gelegen, besitzt diese 1903 begonnene Gartenstadt alle wesentlichen Flächennutzungselemente, wie

- einen zentralen Geschäftsbereich,
- einen Industriestreifen im Anschluß an die Bahn,
- Wohnquartiere, die nahezu ausschließlich aus Einfamilienreihenhäusern bestehen, und
- einen Grüngürtel.

Auch das Ziel eines ausreichenden Arbeitsplatzangebots wurde erreicht; 1965 besaß Letchworth etwa 200 kleine Gewerbe- und Industriebetriebe bei einer Einwohnerzahl von rund 25 000 Menschen.

1934 wurde die Idee der Neugründung von Städten dann von der britischen Raumordnungspolitik aufgegriffen und als *Strategie zur Dezentralisierung des Wachstums der*

Region von London verwendet. Der eigentliche Boom der Neugründung von Städten setzte jedoch erst nach dem Zweiten Weltkrieg ein.

2. Die Konzeption der Neuen Stadt als *zentraler Ort* wurde ferner überall dort verwendet, wo – wie in Italien und den Niederlanden – Agrarkolonisationen erfolgten. In Italien stellen die Pontinischen Sümpfe, in der Campagna von Rom gelegen,

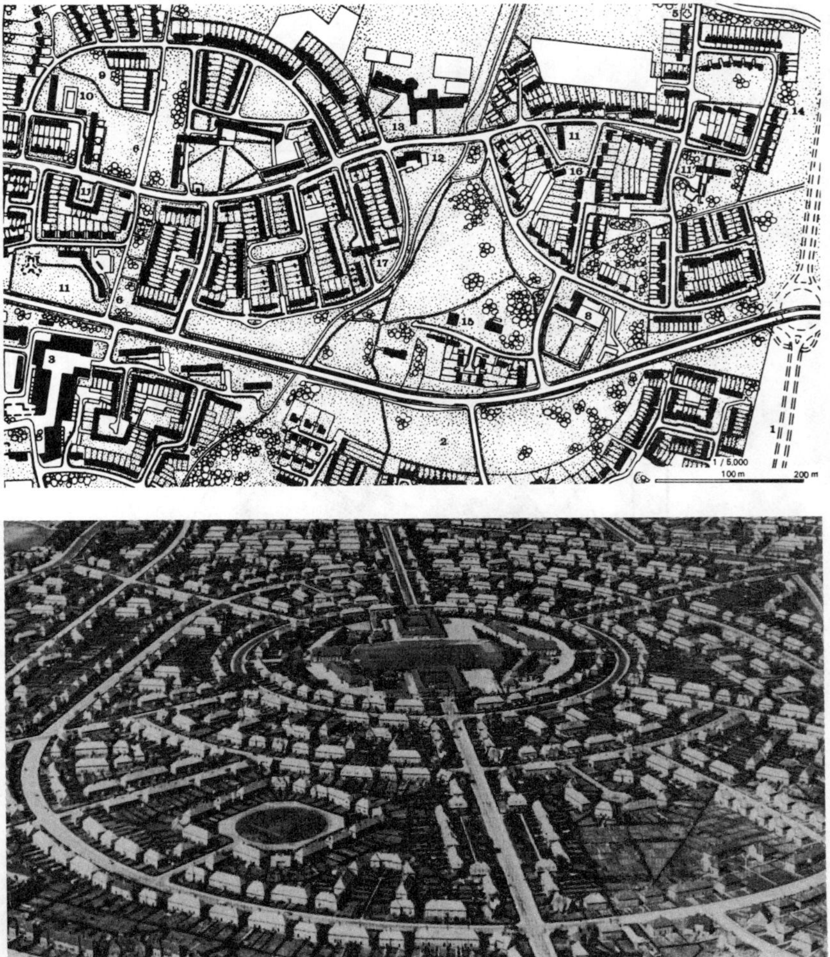

Abb. 74 Gartenstadtidee (Merlin, P., 1971, S. 23; Leister, I., 1970, S. 72)

ein Kernstück der Bonifikationen der dreißiger Jahre dar. Als zentrale Stadt wurde *Latina,* das bis 1947 Littoria geheißen hat, gegründet. Aus der Zeit von B. Mussolini ist heute nur mehr die zentrale Platzanlage mit anschließenden Wohnblöcken erhalten. In der Nachkriegszeit erfolgte ein starker Ausbau durch Industrieanlagen und Miethäuser, nicht zuletzt aufgrund der Zuwanderung von Kolonisten, welche von den zahlreichen Einzelhöfen abwandern und diese verfallen lassen.

3. Große Bedeutung erhielt die Konzeption der Neuen Stadt im Zusammenhang mit der Errichtung von industriellen Großbetrieben. Als Vorläufer dieser *neuen Industriestädte* können in Deutschland die Werksiedlungen angesehen werden, für die vor allem die Familie Krupp im Ruhrgebiet beispielgebend war. Das beste

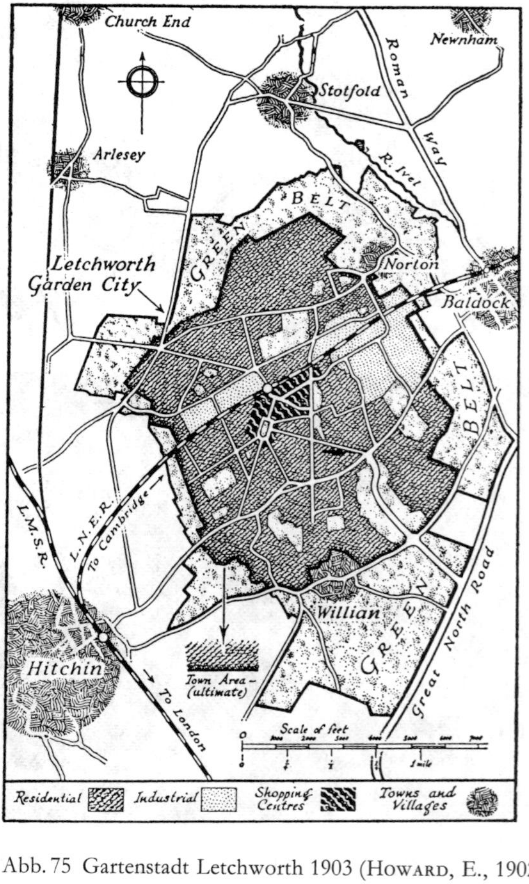

Abb. 75 Gartenstadt Letchworth 1903 (Howard, E., 1902)

Beispiel für eine neuangelegte Industriestadt im Westen des Eisernen Vorhangs bildet *Wolfsburg,* 1938 als „Stadt des KdF-Wagens" begründet. Durch das Dritte Reich wurden großzügig Sonderverhältnisse geschaffen, welche der Trägergesellschaft einen raschen Erwerb von Grund und Boden gestatteten. Die ursprüngliche Planung sah auf der Höhe des Rückens im Süden des Werksgeländes – und damit gleichsam in Akropolis-Lage – die Parteibauten vor, darunter ein Forum mit dem Rathaus. Diese Anlage wurde nach dem Zweiten Weltkrieg umgeplant, als die Gemeinde den Namen der alten Gutssiedlung annahm. 1947 wurde ein Plan für 35000 Einwohner erstellt, die Stelle der Parteibauten nahm ein Krankenhaus ein, die Bahnhofstraße wurde zur zentralen Geschäftsstraße. Über diese ursprüngliche Planung ist Wolfsburg inzwischen längst hinausgewachsen; es zählte 1981 bereits 131000 Einwohner. Im Westen des Eisernen Vorhangs ist die Zahl von neuen Industriestädten auch nach dem Zweiten Weltkrieg bescheiden geblieben, während in den Satellitenstaaten und in der Sowjetunion, besonders in Sibirien, zahlreiche neue Industriestädte gegründet wurden.

3.3.3 Bauordnungen und die dritte Dimension

Die physische Struktur von Städten als dreidimensionales Gebilde von Freiflächen und baulicher Kubatur wird entscheidend durch die Möglichkeiten der Einflußnahme von Behörden in Form von Bauvorschriften und Bauordnungen bestimmt. Die vertikale Struktur des Baukörpers hängt nicht nur von der Bautechnologie ab. So gab es z. B. die technische Möglichkeit des Hochhausbaus bereits im mittelalterlichen Italien: Die Wohntürme von San Gimignano beweisen es. Doch zwang der Stadtrat der italienischen Stadtstaaten die Adelsfamilien, ihre Turmbauten, welche gleichzeitig Wohnfunktion hatten, abzubrechen. Die kurze Periode eines mittelalterlichen Hochhausbaus in Europa war damit zu Ende. Die Begrenzung des Baukörpers der Städte in der Vertikalen wurde auch vom Absolutismus beibehalten. Aufgrund der Technik der Ziegelbauweise mit dem Leiterngerüst entstand die einheitliche, ruhige Trauflinie einer maximalen Bauhöhe von rund 25 Metern, welche, erstmals in Paris 1795 in der Bauordnung verankert, über Europa hinweg als „Traufhöhen-Prinzip" Nachahmung fand und den europäischen Städtebau bis zum Ersten Weltkrieg bestimmte.

Aus der Festlegung von Traufhöhen entstand das *Bauklassenprinzip* (in der Bundesrepublik Deutschland die Baustaffel- oder Bauzonenpläne, in Frankreich Bauhöhenpläne). Hierbei wurden Zonen offener und geschlossener Bauweise festgelegt. Der *geschlossene Baukörper* wird im allgemeinen in drei Dimensionen definiert:

1. Es wurden Baublöcke festgelegt. Dabei fand vielfach ein funktionsneutrales Rasterschema Verwendung (vgl. oben), in dem entsprechend den jeweiligen Bedürfnissen Blöcke für Schulen, kleine Grünflächen, Amtsgebäude, später an den Stadträndern auch für Fabriken eingefügt wurden.
2. In der Vertikalen wurde die Traufhöhe definiert.
3. Ferner wurde die Straßenbreite festgelegt.

Nicht definiert wurden dagegen die Hofräume und deren Nutzung sowie der Abstand zwischen auf tiefen Parzellen hintereinandergestaffelten Gebäuden. Entsprechend der „Ausschlachtung" von Grundstücken nach liberalistischen Grundregeln entstand derart die *Hinterhofbebauung* und damit ein für die aktuelle Stadtplanung schwer zu lösendes Problem in gründerzeitlichen Baugebieten. Erst in der Zwischenkriegszeit erfolgten – wenn auch nicht in allen Staaten – Revisionen der Bauordnungen, wonach der Mindestabstand von Gebäuden mit der „lichten Weite" festgelegt wurde.

Als Beispiel sei der Wiener Bauklassenplan vorgeführt. Er zeigt eine Übereinstimmung der Bauklassen mit den historischen topographischen Einheiten der Stadt und weist folgende Stufen auf:

- Bauklasse IV: Innenstadt, ursprünglich 6 (heute aufgrund der Traufhöhe 8 bis 9) Geschosse;
- Bauklasse III: innere Bezirke (ehemalige Vorstädte): in der Gründerzeit 5 Geschosse, derzeit 7;
- Bauklasse II: äußere Bezirke (ehemalige Vororte): in der Gründerzeit 4 Geschosse, derzeit 6;
- Bauklasse I: offene Bebauung, 2 Geschosse.

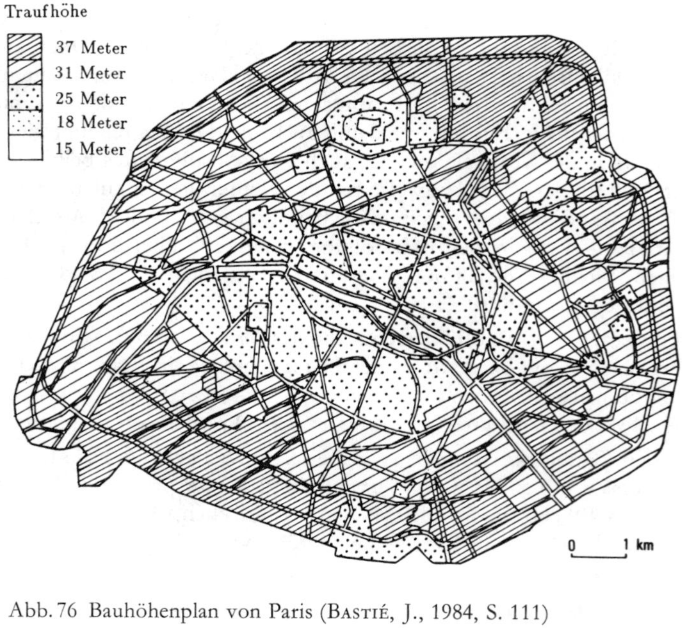

Abb. 76 Bauhöhenplan von Paris (Bastié, J., 1984, S. 111)

Paris setzte die Maßstäbe für die gründerzeitliche Reihenmietshausverbauung in Europa und revidierte 1974 als erste westeuropäische Stadt das Bauklassenprinzip (vgl. Abb. 76). Die Traufhöhen der Kernstadt gleichen nunmehr einer an den Rändern aufgebogenen Schüssel. Während im inneren Stadtraum die Traufhöhe von 25 Metern beibehalten wurde, erfolgte gegen die Stadtgrenze hin eine *„Aufzonung“* um jeweils zwei Geschosse auf 31 bzw. 37 m Traufhöhe. Damit ist eine Revision des Zonenprinzips erfolgt, welche erneut ein Modell liefert, und zwar für die Stadtentwicklung in Südeuropa und in den sozialistischen Ländern, allen voran in der russischen Metropole.

Grundsätzlich wird in vielen europäischen Staaten – allerdings nicht in allen – im gründerzeitlichen Baugebiet noch immer ein – wenn auch modifiziertes – Bauklassenprinzip beibehalten. Bei Neubebauung und neuen Aufschließungen wurde es jedoch seit den fünfziger Jahren durch die Einführung des neuen normativen Prinzips der *Geschoßflächendichte* (vgl. Abb 22) von einer in der Vertikalen elastischen Bauregulierung abgelöst.

Damit hat relativ spät auch in den europäischen Städten der *Hochhausbau* seinen Einzug gehalten (vgl. Abb. 77). Freilich unterliegt er vielfach noch immer Sondergenehmigungen im Hinblick auf die Standortwahl. Seine Verortung im Stadtraum unterscheidet sich jedoch grundsätzlich von der in Nordamerika. Dort reflektiert

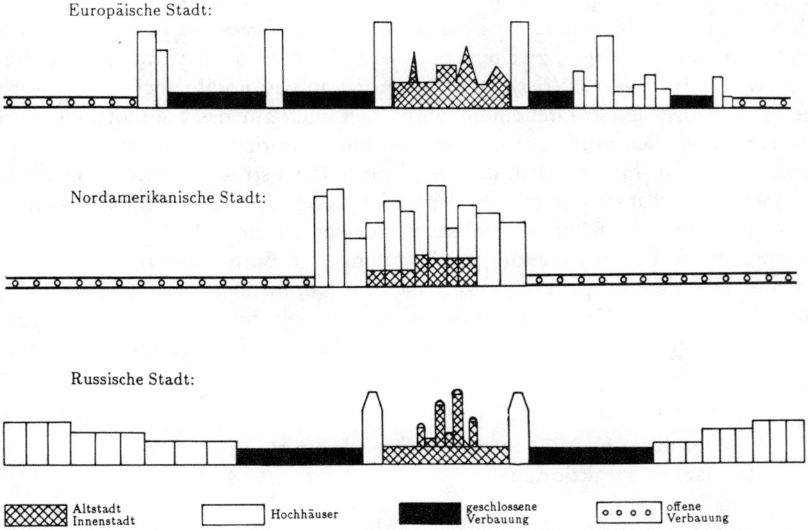

Abb. 77 Hochhaussilhouetten von europäischen, nordamerikanischen und russischen Städten (Entwurf: A. Andiel)

die Vertikalstruktur der Skyline den Gipfel der Bodenpreise in der Stadtmitte, während umgekehrt in den europäischen Städten unter dem Einfluß des Denkmalschutzes die Stadtmitte weitgehend vom Hochhausbau ausgespart bleibt. Damit halten die neuen Landmarken der Banken, Versicherungen, Großkonzerne und Hotels einen Ehrenabstand von den alten Landmarken der Kirchen, Rathäuser und Schlösser. Aus Gründen des Anschlusses an die Hauptstränge der Ent- und Versorgung etablieren sich Hochhäuser in den Narbenzonen der städtischen Bebauung, dort, wo traditionelle Bauklassen aneinanderstoßen und ehemalige Stadtgrenzen durch Freiflächen oder niedrige Objekte nachwirken. Häufig markieren neue städtebauliche Dominanten nicht nur den Rand der Altstadt, sondern in zentripetaler Weise auch die Eingänge zu älteren Vorstädten und Vororten. Hochbauten kennzeichnen schließlich die Wachstumsfront des zentralen Geschäftsbezirks, durch den Nahverkehr stark frequentierte Bahnhöfe sowie Auslieger der City; ferner sind sie zu einem Instrument der Slumsanierung geworden.

Der Hochhausbau hat außer den Großstädten auch bereits Mittelstädte erfaßt. Bei den Großstädten folgt auf die Hochhäuser am Rande des Stadtkerns (Altstadt) nach außen hin nur mehr der Wohnhochhausbau der Peripherie. Bei Mittelstädten mit einer unter Denkmalschutz stehenden Altstadt fehlt vielfach die Anlagerung von Hochbauten an den Stadtkern, und Hochhäuser markieren nur mehr das Takeoff der Bevölkerungsentwicklung am Stadtrand. Hinsichtlich des anzustrebenden Musters von Hochhausbauten im Stadtgebiet bestehen jedoch nirgends städtebauliche Leitbilder. Von der Detailplanung zur städtebaulichen Gesamtkonzeption der dritten Dimension der Stadt ist noch ein weiter Weg.

In der Praxis unterliegt somit die *Bautätigkeit in großen Agglomerationen* drei unterschiedlichen Grundsätzen: Erstens einem *modifizierten Bauklassenprinzip* im geschlossen bebauten Stadtkörper, zweitens der *Geschoßflächendichteregulierung* im Weichbild und drittens *örtlichen Flächennutzungsregulierungen* in den Randgemeinden außerhalb der Stadtgrenze. Diese Dreiteilung wirkt sich auch auf das Standortmuster von Betrieben aus, allen voran auf das des konsumentenorientierten tertiären Sektors. Ferner sei darauf hingewiesen, daß die Arbeitsstättenstruktur der City in Europa nicht wie in Nordamerika die Höhe der Bodenpreise in eine entsprechende vertikale Baustruktur umsetzen konnte; sie ist statt dessen zu einer flächigen Ausweitung gezwungen, die als Umwidmung von Wohnungen in Büros zunächst den geschlossen verbauten Stadtkörper erfaßt hat. Erst im Zusammenhang mit den neu geschaffenen Knoten von Massenverkehrsmitteln und Schnellstraßen ist ein disperses Muster von Cityausliegern außerhalb der geschlossenen Bebauung entstanden.

3.3.4 Flächennutzungspläne und die Separierung städtischer Funktionen

Flächennutzungspläne (Generalbebauungspläne) gehören zu den wichtigen Rechtsgrundlagen der Stadtplanung und der Bautätigkeit in der Stadt. Erste Ansätze gehen auf die Zeit des starken Großstadtwachstums im letzten Drittel des 19. Jahrhunderts zurück. Hingewiesen sei auf die 1877 erschienene Denkschrift des Österreichischen Ingenieur- und Architektenvereins, in der bereits Grundprinzipien moderner Stadtplanung vorweggenommen sind. So wurden unter anderem Geschäftsviertel, der Berufsarbeit gewidmete Bezirke und – dies ist ein Gesichtspunkt, der später in der Stadtplanung nicht mehr aufscheint – sozial abgestufte Wohnviertel unterschieden und darauf hingewiesen, daß jede dieser Kategorien an die Art der Parzellierung und Bebauung, an die Verkehrswege und die Umgebung (!) ganz verschiedene Anforderungen stellt.

In allen Großstädten des deutschen Sprachraums entstanden im späten 19. Jahrhundert die Vorläufer dessen, was wir heute als *Flächennutzungspläne* bezeichnen. Im folgenden sei auf den Flächennutzungsplan von Frankfurt hingewiesen, der in recht vorbildlicher Weise bereits im Jahr 1884 zwei Leitprinzipien herausgestellt hat (vgl. Abb. 78):

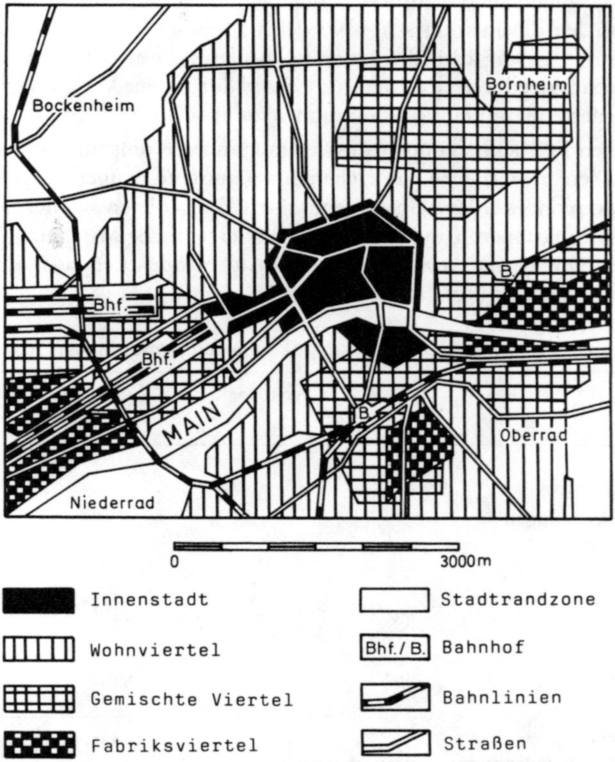

Abb. 78 Flächennutzungsplan von Frankfurt (Gruber, F. v., 1892)

Es erfolgte erstens eine Regulierung der Gebäudehöhe durch die Einführung von zum Stadtrand hin abnehmenden Bauklassen und damit Geschoßzahlen (Baustaffelpläne) und zweitens eine funktionelle Sonderung von Wohngebieten, Mischgebieten und Industriegebieten unter Berücksichtigung der Bahnlinien und im speziellen Fall von Frankfurt des Hafengeländes entlang des Mains.

Die Trennung der städtischen Funktionen wurde 1927 von der Bewegung der Urbanisten, angeführt von LE CORBUSIER, in der sogenannten *Charta von Athen* verankert, in der eine grundsätzliche Separierung der Daseinsgrundfunktionen der Bevölkerung, nämlich Wohnen, Arbeiten, am Verkehr teilnehmen, sich erholen usf., gefordert wurde. Es ist hier nicht der Platz, um auf die Bedeutung dieser Doktrin einzugehen. Sie führte in weiterer Konsequenz dazu, daß von Architekten und Städtebauern nicht nur die oben genannten Daseinsgrundfunktionen räumlich separiert wurden, sondern ebenso die einzelnen Wohnformen, wie das Ein- und das Mehrfamilienhaus, das Miet- und das Hochhaus. Bei dieser fortschreitenden Separierung stieg in einem Circulus vitiosus der Flächenbedarf der einzelnen Funktionen an. Vor allem den ebenfalls nach Verkehrsarten gesonderten Verkehrsbändern und -flächen mußte zunehmend mehr Raum zugewiesen werden. Wenn man heute in der wissenschaftlichen Diskussion schon wieder von dieser strikten Flächentrennung abgerückt ist, so gelang es bisher doch noch nicht, die inzwischen eingespielten bürokratischen Prozeduren zu durchbrechen und durch neue Verfahren die nunmehr wieder geforderte Mengung von Funktionen zu erzielen.

Die derzeitigen Flächennutzungspläne stellen zumeist Kompromisse dar, in denen Wohnbauflächen, gewerbliche Bauflächen und gemischte Baugebiete sowie Sonderbauflächen getrennt werden. Unter gemischten Baugebieten werden Kerngebiete mit zentralen Funktionen (City) und dgl., ferner eigentliche Mischgebiete, in denen sämtliche Nutzungen mit Ausnahme von störenden Industrien zulässing sind, und Dorfgebiete verstanden (vgl. Tab. 8).

Tabelle 8 Art und Maß der baulichen Nutzung (Baunutzungsverordnung 1968)

	Geschoßzahl	Geschoß-flächenzahl
Kerngebiet:		
Handelsbetriebe, zentrale Einrichtungen der Wirtschaft	6	2,4
Gewerbegebiete (G)	6	2,4
Mischgebiete (G + W)	6	1,2
Wohngebiete (W)	6	1,2
Kleinsiedlungsgebiete	2	0,4
Wochenendhausgebiete	1	0,2
Dorfgebiete	2	0,8
Industriegebiete		0,8 Grundflächenzahl

Entwurf LICHTENBERGER, E., nach MÜLLER, W., 1979, S. 192

Mit der Erstellung von Flächennutzungsplänen ist ein unlösbares Problem verbunden, nämlich das der *Diskrepanz zwischen geplanter und tatsächlicher Nutzung*. Flächennutzungspläne nehmen nämlich einen künftigen, prognostisch ermittelten Zustand vorweg. Derart entsteht der oben besprochene Planungsmehrwert. Steigen durch die Ausweisung von zu umfangreichen Flächen für höher qualifizierte städtische Nutzungen die Bodenpreise innerhalb des Stadtgebietes zu stark an, so erfolgt eine Dezentralisierung von Bevölkerung und Arbeitsstätten in das Umland, und zwar noch lange, bevor die ausgewiesenen Flächen im Stadtgebiet selbst mit den vorgesehenen Nutzungen erfüllt sind.

Dasselbe Problem tritt auf, wenn Entwicklungspläne für eine Stadtregion erstellt werden und aufgrund von Bevölkerungsprognosen Ausweisungen für Nutzungsänderungen erfolgen. Erweist sich die Bevölkerungsprognose als zu optimistisch – wie dies gegenwärtig in Agglomerationen mit stagnierender Bevölkerungszahl der Fall ist –, so entstehen Probleme dadurch, daß Rückwidmungen von Flächen als bürokratische und juristische Prozeduren bei weitem noch nicht so entwickelt sind wie die Umwidmung von agrarwirtschaftlichen Flächen in Bauland. Die Privatwirtschaft hat zu Flächennutzungsplänen ein grundsätzlich ambivalentes Verhalten. Auf der einen Seite profitiert sie von den von der öffentlichen Hand erbrachten Vorleistungen, wie z. B. von der Verkehrsinfrastruktur (Autobahnknotenpunkte) bzw. technischen Infrastruktur (Nutzwasser, Kraftstrom und dgl.). Ihre Manager versuchen sogar aufgrund von Vorinformationen über künftige Investitionen des Staates und der Stadt, durch „rechtzeitigen" Grunderwerb einen besonders hohen Planungsmehrwert zu erzielen. Auf der anderen Seite erfolgt jedoch ein räumliches Ausweichen über die Stadtgrenze (vgl. oben), und es kommt zu Phänomenen des „Planners' Blight" in den Arealen, in denen die Privatwirtschaft nicht mehr bereit ist zu investieren. Letztere Situation ist besonders für Nordamerika charakteristisch.

Im Hinblick auf Formalkategorien und Nutzungsklassen unterscheiden sich die *Flächennutzungspläne in nordamerikanischen Städten* kaum von den europäischen Gegenstücken (vgl. Abb. 79). In der praktischen Durchführung bestehen jedoch wesentliche Unterschiede, von denen die wichtigsten herausgegriffen seien:

1. Sie enthalten vielfach Angaben über die Grundstücksgröße und die Hauswerte. Damit werden sie in den Suburbs als ein Instrument verwendet, um die Invasion von Bevölkerung mit niedrigem Sozialstatus bzw. von Farbigen zu verhindern. In einer Art „Schachspiel" versuchen die verschiedenen Suburbs, unerwünschte Bewerber abzuweisen. Flächennutzungspläne werden damit als *Mittel zur Segregation* und Aufrechterhaltung eines bestimmten Sozialstatus verwendet; sie erlangen eine Funktion, die sie in Europa nicht besitzen.

2. Vor allem in den großen Städten sind jährlich zehntausende *Umwidmungen* an der Tagesordnung. Der Druck von seiten der Wirtschaftsmanager, Interessen durchzusetzen, äußert sich darin.

3. Die Parzellenschärfe von Bebauungsplänen fehlt. Beim herrschenden System der *„Subdivision Control"* wird eine Parzellierung nur gestattet, wenn für ein größeres Landstück ein Aufschließungsplan einer Terraingesellschaft vorliegt. Diese Maß-

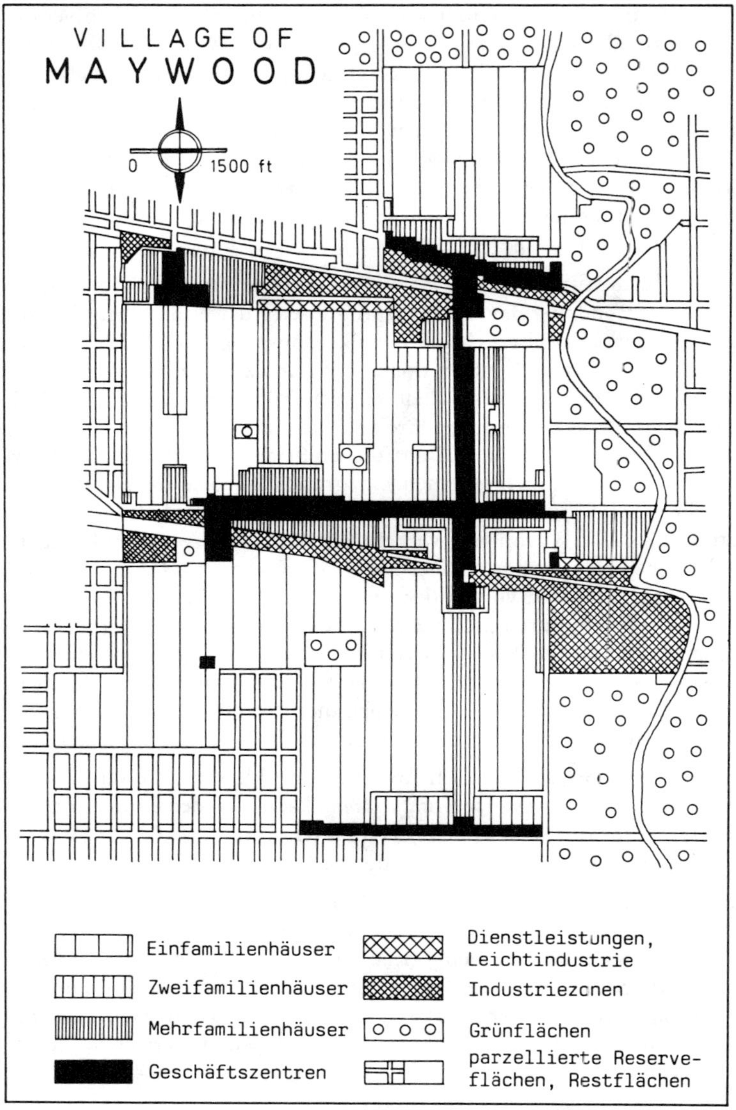

Abb. 79 Flächenwidmungsplan einer US-amerikanischen Kleinstadt (nach: BARTHOLOMEW, H., 1965, S. 139)

nahme fördert private Großbaugesellschaften und Großprojekte, welcher Art auch immer. Gleichzeitig wird damit diesen eine Funktion zugewiesen, welche in Europa den Behörden zukommt, nämlich die Anlage von Straßen, die Einbringung der technischen Infrastruktur usf. Bei der sogenannten *„Planned Unit Area Development"* werden überhaupt verschiedene Landnutzungen zu einer Einheit zusammengefaßt. Die Errichtung der zahllosen von der Privatwirtschaft geplanten und erbauten Shopping Centers und Industrial Parks ist auf dieser Rechtsbasis erfolgt.

4. Weit mächtiger als in Europa sind nordamerikanische Stadtbehörden im Hinblick auf den *„Open Space"* (Freiraum), d. h. die Planung und Errichtung öffentlicher Straßen und Plätze. Diese eilte stets der tatsächlichen Bebauung voraus. Von der rechtlichen Seite ist es daher sehr viel leichter möglich, innerstädtische Highway-Trassen zu realisieren. Dieser Stadt-Autobahn-Bau wurde seit 1962 überdies vom Federal Aid Highway Act mit einer 90%igen finanziellen Beteiligung unterstützt, wenn ein gesamtstädtischer Verkehrsplan vorlag.
5. Viel zuwenig beachtet wurden bisher in der Forschung die vielfach grundsätzlichen Unterschiede in den Vorschriften hinsichtlich der Verwendung von Baumaterialien, Leitungsverlegung, Dachgestaltung usf. Nordamerikanische Einfamilienhäuser in der üblichen Holzrahmenbauweise würden, als „Leichtbauweise" klassifiziert (sie wiegen nur knapp ein Viertel im Vergleich zum konventionellen Ziegelbau), in den meisten kontinentaleuropäischen Städten keine Bezugsgenehmigung als Dauerwohnsitz erhalten (!). Diese großen Unterschiede zwischen den Bauvorschriften und damit in der Bauqualität beeinflussen selbstverständlich auch Lebensdauer und Erneuerungsbedarf von Bauten ganz wesentlich.

3.3.5 Städtebau im Sozialismus

Der Städtebau im Sozialismus hat grundsätzlich andere Rahmenbedingungen als der im Westen. Die Stadt und das städtische Leben werden als höchste Form des sozialistischen Lebens angesehen. Nur in der Stadt kann die Perfektion der sozialistischen Gesellschaft erreicht werden. Die vielzitierte Aufhebung des Stadt-Land-Gegensatzes ist dahingehend zu interpretieren, daß das Land auf das Niveau der Stadt angehoben werden muß. Gerade aufgrund dieser sehr starken Betonung einer städtischen Ideologie, die sich auch in den Investitionen äußert, sehen sich die großen Städte der sozialistischen Länder mit dem schwierigen Problem des starken Zuzugs konfrontiert, das trotz aller Restriktionen (Aufenthaltsgenehmigung, Arbeitsgenehmigung) nicht bewältigt werden kann.

Die sozialistische Stadt vertritt ein neues politisches System, und daraus ergeben sich – bei allem Stückwerk, das heute dem Reisenden entgegentritt – doch einige grundsätzliche Konsequenzen:

1. Gesamtstaatliche und gesellschaftliche Einrichtungen haben in der Bautätigkeit grundsätzlich Vorrang gegenüber der Privatsphäre.

2. Die sozialistische Stadt bedarf eines neuen Stadtzentrums. Was mit den Altstädten aus der „kapitalistischen Periode" geschieht, ist offen, und die Politik ist von Staat zu Staat uneinheitlich. Bulgarien hat z. B. in seine Altstädte zum Teil enorme Investitionen getätigt, während in der DDR in die Altstädte bisher nur wenig investiert wurde, der Bauzustand der Häuser schlecht, ein Teil sogar unbewohnt ist.
3. In den Entwicklungsplänen von Stadtregionen sind überall ausgedehnte Erholungsareale und Zweitwohnungsgebiete ausgewiesen.
4. Die Großwohnanlagen sind nach dem Konzept des „Mikrorayons" strukturiert und folgen damit einem hierarchischen Prinzip, das im Westen nur bei „gesetzten Diensten" besteht.

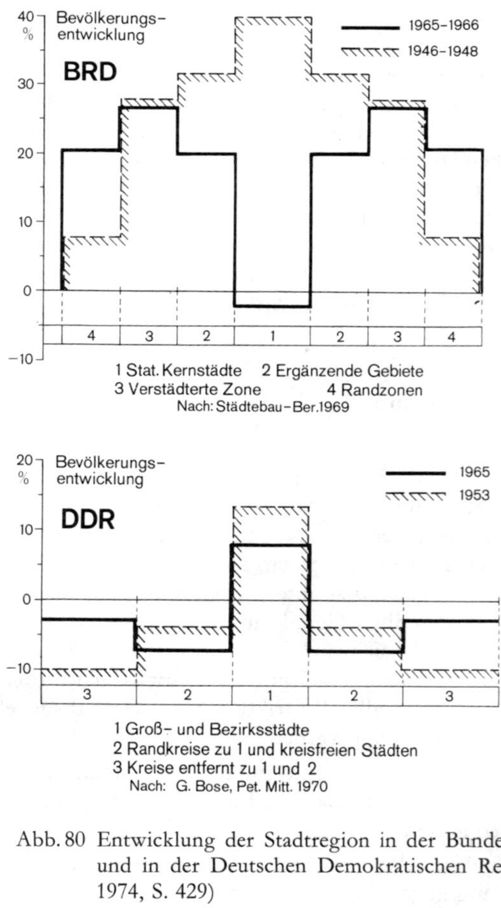

Abb. 80 Entwicklung der Stadtregion in der Bundesrepublik Deutschland und in der Deutschen Demokratischen Republik (Schöller, P., 1974, S. 429)

Von P. Schöller wurden die Unterschiede der Entwicklung der Stadtregionen in der Bundesrepublik Deutschland und der Deutschen Demokratischen Republik wiederholt untersucht. Die Bevölkerungsentwicklung in den Stadtregionen entspricht einerseits dem Modell einer Dekonzentration in der Bundesrepublik Deutschland und andererseits dem Konzentrationsprinzip der Bevölkerung auf die Kernstädte in der Deutschen Demokratischen Republik (vgl. Abb. 80).

Den besten Eindruck von den langfristigen Zielsetzungen eines sozialistischen Städtebaus erhält man, wenn man das Lehrbuch des Städtebaus der DDR (Autorenkollektiv, U. Lammert, 1979) mit einem Lehrbuch aus der Bundesrepublik Deutschland (W. Müller, 1979) vergleicht. Bereits aus den Prinzipien der Quotenbildung werden systemimmanente Unterschiede transparent. Im Städtebau der DDR besitzen gesellschaftliche Einrichtungen Priorität. Sie werden jeweils von der „Betriebsseite" aus definiert, d. h. es wird eine Nutzungseinheit (NE), wie z. B. ein Platz in einer Kinderkrippe, ein Bettenplatz in einem Spital usw., jeweils unter Bezug auf 1000 Einwohner festgelegt, ferner die Fußgängerdistanz ausgewiesen, die Bruttogeschoßfläche pro NE angegeben, die Vorzugsgröße der NE pro Einrichtung und das Einzugsgebiet pro 1000 Einwohner. Diese äußerst detaillierten Angaben finden in den westdeutschen Handbüchern kein Gegenstück. Hier wird mit dem Flächenbedarf pro Einwohner unter Bezug auf die Flächengliederung der Bauleitplanung und zulässige Nutzungen operiert. Die Angaben für die DDR und die Bundesrepublik Deutschland sind daher nicht direkt vergleichbar.

Die Schwachstelle in dem System der sozialistischen Oststaaten bildet der „private Raum", dazu zählt in erster Linie der Wohnraum. Während in der Bundesrepublik Deutschland 23 bis 40 m^2 pro Einwohner, je nach Wohnform, ausgewiesen werden, wird in der DDR eine Fläche von 18 bis 20 m^2 pro Einwohner erst angestrebt, während der tatsächliche Durchschnitt 1980 bei 12 m^2 lag.

3.4 Technologische Determinanten

3.4.1 Entwicklungsschema von Technologien

Drei Sektoren der technologischen Entwicklung sind für die Stadt von besonderer Bedeutung: die Technologie des Bauens, die Entwicklung der technischen Infrastruktur (auch als „unterirdischer Städtebau" bezeichnet) und die Technologie des Verkehrs. Diese Technologien sind selbstverständlich in den generellen technischen Fortschritt eingebunden. Ihre Entwicklungsstufen sind jedoch nicht gleichgeschaltet; es gehört vielmehr zum Charakteristikum der Stadtentwicklung, daß in den letzten 100 Jahren in verschiedenen zeitlichen Abschnitten jeweils bestimmte Technologien beherrschend aufgetreten sind. Dabei war der Einsatz der Technologien und ihre Koppelung stets von gesellschaftspolitischen Zielsetzungen und damit von den politischen Systemen abhängig. In einem Zeitschema wurde das Auftreten entscheidend neuer Technologien in den genannten Sektoren synchron dargestellt (vgl. Abb. 81).

	Bauen	*Verkehr*	*Technische Infrastruktur*
Gründerzeit	Ziegelbauweise erste Hochbauten 1880	Öffentlicher Verkehr	Glanzzeit unterirdischen Städtebaus
	Stahlbauweise CBD, USA elektr. Aufzüge Stahlbetonbauweise	Pferdestraßenbahn Straßenbahn Stadtbahn U-Bahn	*Liniennetze:* Kanalisation Licht, Gas, Wasser ↓
Zwischenkriegszeit	Holzfertigteilbauweise	Bus Elektrifizierung der Straßenbahn Pkw ↓	
Nachkriegszeit	Montagebauweise, Glas-Aluminium-Konstruktion	innerstädtische Autobahn ↓	Fernwärme

Abb. 81 Entwicklungsschema von Technologien (Entwurf: E. LICHTENBERGER)

Der technische Fortschritt des Verkehrs begann in der zweiten Hälfte des 19. Jahrhunderts mit der Einrichtung von Pferdestraßenbahnen, welche sich in den fünfziger Jahren in den USA und in den großen europäischen Städten ausbreiteten (1850 New York, 1854 Paris). Eine Generation später erfolgte die Einrichtung elektrischer Straßenbahnen, nämlich in den späten achtziger Jahren. 1890 waren diese schon in über 50 nordamerikanischen Städten in Betrieb. Wenig später, 1895, wurde die erste Untergrundbahn in Boston eröffnet. Um die Jahrhundertwende folgte eine Reihe von Städten in Nordamerika und in Europa.

Die Großleistung der Gründerzeit war jedoch der *unterirdische Städtebau* und damit die sogenannte Assanierung der alten großen Städte, vor allem in Mittel- und Westeuropa. So sehr man heute unter sozialpolitischen Gesichtspunkten geneigt ist, diese Epoche im Hinblick auf ihre Versäumnisse im Wohnungsbau zu kritisieren, so sehr muß man doch andererseits ihre Glanzleistung im unterirdischen Städtebau bewundern, vor allem da erst jetzt, nach fast 100 Jahren, in den gründerzeitlichen Stadtgebieten eine Erneuerung der damals eingebrachten unterirdischen Netze notwendig wird.

Von zwei Seiten aus, einerseits von der Industrialisierung des Bauens und andererseits von der Motorisierung aus, erfolgt die Umstrukturierung der Städte in der *Gegenwart*. Zum Unterschied von den Fortschritten der Bau- und Verkehrstechnologie hat die technische Infrastruktur der Versorgung und Entsorgung der Städte bisher keinen echten Fortschritt, zumindest nicht im Hinblick auf die Leitungsnetze, erfahren. Sie ist damit technologisch gegenüber ihren beiden Partnern, dem oberirdischen Städtebau und der Verkehrsbedienung, relativ zurückgeblieben und wird überdies zunehmend kostenaufwendiger. Dies mag übrigens auch ein Grund dafür sein, daß in vielen *Städten der Dritten Welt* wohl moderne Hochhäuser und Verkehrssysteme zu finden sind, der unterirdische Städtebau aber noch sehr im argen liegt.

Bei der *Technologie des Bauens* zeichnet sich in der Gegenwart eine Zweiteilung ab. Auf der einen Seite hat die Stahlbetonbauweise (in Form von Montagebauweise oder Fertigteilbauweise) die Wohnanlage und den Wohnhochbau erobert. Auf der anderen Seite ist es zu einer Standardisierung der Einfamilienhäuser in Form von Fertighäusern gekommen. Auch hierbei hat Nordamerika das Vorbild abgegeben. Diese *Zweiteilung* in *Montagehochhaus* und *(Holz-)Fertighaus* entspricht auch den beiden derzeit zur Anwendung kommenden städtischen Verkehrstechnologien: den Massenverkehrsmitteln auf der einen Seite und dem Individualverkehr auf der anderen.

Es gehört zu den faszinierenden Tatsachen des gegenwärtigen Städtewesens, daß zwei Staaten, die nur dünn besiedelt sind und in denen der Boden keine knappe Ressource darstellt, nämlich einerseits die USA und andererseits die UdSSR, sich aufgrund der unterschiedlichen politischen Systeme für die beiden Extremlösungen, nämlich auf der einen Seite für das Primat des Pkw und des Einfamilienhauses und auf der anderen Seite für das Primat des Massenverkehrsmittels und des Montagehochbaus entschieden haben. In Europa versucht man, ebenso wie in anderen Bereichen, hinsichtlich der Technologie des Bauens und des Verkehrs einen mittleren Weg zu gehen.

Aufgrund des Gesagten zeichnen sich auch ganz generell die *„Reststrukturen" vorindustrieller Technologien* ab, wie sie vor allem noch kleinere Städte kennzeichnen, nämlich erstens die *Ziegel- und Natursteinbauweise,* vor allem in den Einfamilienhausgebieten Europas, und zweitens der *Fußgängerverkehr*. Auch hier geht die Tendenz ganz generell dahin, den Fußgänger in „Reservate" zu verweisen: in die Fußgängerzonen der Innenstadt, auf die Fußgängerwege europäischer Stadtrandsiedlungen und in das Shopping Center amerikanischer Suburbs. In jüngeren amerikanischen Suburbs ist das „Zu-Fuß-Gehen" so „aus der Mode gekommen", daß man die Gehsteige abgeschafft hat.

3.4.2 Die Fortschritte der Bautechnologie und ihre Rückwirkung auf die Stadtentwicklung

Wohnbau und Monumentalbau unterscheiden sich in Vergangenheit und Gegenwart nicht nur in der Gesamtarchitektur, sondern auch hinsichtlich der verwendeten Materialien. Die Innovation zukunftsweisender *Materialien* erfolgte stets beim Monumentalbau. Die Backsteingotik von Kirchen und Rathäusern Nordwesteuropas entstand zu einer Zeit, als die Masse der Wohnbauten in diesem Raum noch der älteren Tradition des Fachwerkbaus verhaftet blieb.

In der Zeit der mittelalterlichen Bürgerstadt und der barocken Stadt des absolutistischen Landesfürstentums wurden in erster Linie lokale Baumaterialien (Fachwerk, lokale Steine) verwendet, welche, im Verein mit lokalen architektonischen Varianten, zum besonderen Reiz des aus dieser Epoche erhaltenen Baubestands beitragen. Erst in der Gründerzeit gelang es der Ziegelbauweise, von den Großstädten aus – dank der industriellen Fertigung – die Bauweise mit lokalen Materialien zu verdrängen, vor allem dort, wo sich das Miethaus durchsetzen konnte. Dessenungeachtet blieb in Südeuropa, einem Raum mit einer alten Steinbautradition, bis zur Gegenwart die Verwendung lokaler Steine in Gebrauch, besonders beim Einfamilienhausbau. Die in der Gründerzeit auf der Basis von Ziegelwerken entstandenen Kapitalgesellschaften bildeten ihrerseits wieder ein retardierendes Element gegenüber der Einführung von moderneren Technologien, wie der Fertigteilbauweise, in der Nachkriegszeit.

Anders war die Situation in *Nordamerika*. Vor allem in den Nordstaaten beherrschte die Holzbauweise die gesamte ältere Stadtentwicklung. Städte wie Chicago bestanden im 19. Jahrhundert noch aus Holzbauten, und einfallsreiche Unternehmer konnten daher demonstrieren, wie man derartige Bauten „absägen“ und anderwärts wieder aufstellen konnte. Nur äußerst kurz war die Phase der Ziegelindustrie. Diese wurde sehr rasch, bereits nach einer Generation, von der Stahlbetonbauweise abgelöst. In nur einem halben Jahrhundert hat Nordamerika eine erstaunliche Hochhausentwicklung in den Downtwon-Areas erlebt. Wurden die ersten Hochbauten Mitte der achtziger Jahre des 19. Jahrhunderts auf der Basis hydraulischer Aufzüge noch in einer gemischten Stahl- und Ziegelbauweise errichtet, so setzte in den neunziger Jahren, nach Einführung der elektrischen Aufzüge (1887), auch die Stahlbetonbauweise ein. Schon 1913 erreichte in New York das Woolworth-Gebäude 60 Geschosse. Bereits in der Zwischenkriegszeit wurden alle Variationen durchgespielt, z. B. der aufgrund der neuen Bauvorschriften zurückgesetzte „leantower“, ein Turmbau auf Terrassensockel (Empire State Building, New York, 1931, 102 Geschosse, 362 Meter), welcher den neuen Regulierungen hinsichtlich der Geschoßflächendichte Rechnung trug (vgl. Abb. 82).

Eine derartige frühe Entwicklung der Bauindustrie fehlt in Europa. Aus Gründen, die schwer zu fassen sind, blieb das Baugewerbe (vergleichbar der Landwirtschaft) lange vorindustriellen Strukturen verhaftet, nicht zuletzt wohl infolge des Nachwirkens zünftischer Organisationsformen. Erst auf dem Wege über die großen technischen Infrastrukturleistungen, vor allem des unterirdischen Städtebaus, und die

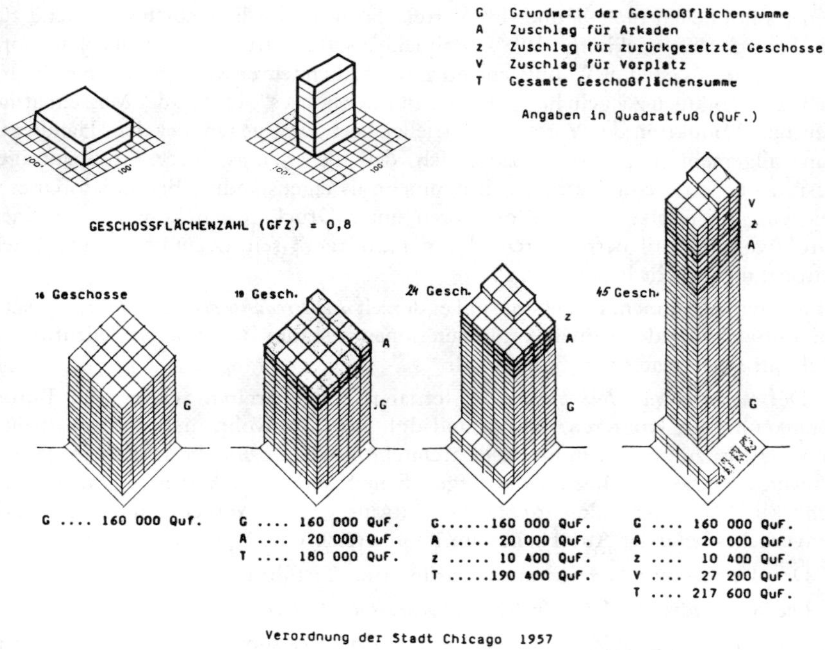

Abb. 82 Geschoßflächendichte in Chicago (Gallion, A. B., und Eisner, S., 1963, S. 214)

großen Regulierungsarbeiten (z. B. die Donauregulierung bei Wien, die mit den Maschinen vom Suezkanal-Bau mit rund 50 000 Arbeitern 1870 bis 1873 bewerkstelligt wurde) entstanden in den Großstädten um die Jahrhundertwende gleichfalls große Bauunternehmen.

In der Nachkriegszeit ist den Kommunalbehörden bzw. Genossenschaften als Großauftraggebern die Rolle von Innovatoren zugefallen, indem sie aus Kostengründen beim sozialen (genossenschaftlichen) Wohnungsbau die Fertigteilbauweise einführten und damit einem Beispiel folgten, das schon früher sozialistische Länder geboten hatten. Die Einführung der Montagebauweise und die sukzessive Verdrängung des Ziegelbaus bei der Errichtung von großen Wohnanlagen hat weitere Konsequenzen. Montagebauweise und Kranstraße erfordern die Großbaustelle und bewirken damit eine Vergrößerung der Aufschließungseinheiten. Gleichzeitig verdrängen sie traditionelle Bauformen aus der Neubautätigkeit. Derart sind z. B. Mehrfamilienhäuser in Nordamerika von der Palette der Neubauformen weitgehend verschwunden.

Wie häufig bei den Anfängen neuer Technologien sind diese kostenmäßig gegenüber den traditionellen nicht immer im Vorteil. So war es z.B. recht bezeichnend für die britische Entwicklung, daß Wohnhochhäuser der frühen sechziger Jahre pro Quadratmeter erstellter Wohnfläche noch wesentlich teurer waren als die herkömmlichen, aus billigen Ziegeln hergestellten „terrace houses". Da mit der Massenhaftigkeit der Produktion der Vorteil industrieller Fertigung gegenüber dem Handwerk ganz allgemein steigt, ist es begreiflich, daß die anfangs durch Großbauträger gestützten Fertigteilindustrien sich nunmehr als eigenständige Bauinitiatoren entwickeln, die ihrerseits ihre Promotoren unter Druck setzen können und einen Groß(wohn)baustil perpetuieren, den der „Bürger" selbst, zumindest in Mitteleuropa, nicht mehr haben will.

Fassen wir zusammen. Insgesamt sind es derzeit *drei Produkte der Bauindustrie,* welche die Entwicklung der großen Agglomerationen bestimmen und deren Bedeutung in Zukunft noch weiter zunehmen wird:

1. Der *monumentale Hochhausbau* des tertiären und quartären Sektors (für Büros, Krankenhäuser, Konferenzzentren und dgl. bzw. für Wohn- und Wirtschaftsnutzung). Er ist zumeist als individuelle architektonische Lösung konzipiert, Architektenwettbewerbe hierfür sind die Regel. Sein Standort ist keineswegs mehr ausschließlich die City; vielmehr entstehen Cityauslieger an Verkehrsknoten des Massenverkehrs bzw. der Autobahnen im Randbereich von Agglomerationen.
2. Der *Montagewohn(hoch)bau* in standardisierter Ausführung.
3. Die standardisierte Vielfalt des *Fertighauses als Einfamilienhaus.*

Wie das nordamerikanische Beispiel zeigt, sind als Konsumgüter bewertete Holzfertighäuser, entsprechend dem technischen Fortschritt, einem sehr raschen Wertverfall ausgesetzt (Zunahme der Zahl der Badezimmer, der Schlafräume, der Garagenplätze usf.). V. Packard konnte daher in seinem Buch „The Wastemakers" schon 1960 die Zukunftsvision einer Stadt entwickeln, die jedes Jahr von ihrer Bevölkerung verlassen und dann dem Erdboden gleichgemacht wird, um die anfallenden Reinigungs- und Reparaturarbeiten zu vermeiden.

3.4.3 Verkehrstechnologie und Stadtentwicklung

Die Zusammenhänge zwischen Fortschritten der Verkehrstechnologie und der Stadtentwicklung sind äußerst vielschichtig, die räumlichen Auswirkungen dagegen unmittelbar einsichtiger als bei den Fortschritten der Bautechnologie. Im folgenden können nur einige wichtige Aspekte herausgegriffen werden.

1. Aufgrund der oben skizzierten *Abfolge der Einführung* immer rascherer *innerstädtischer Massenverkehrsmittel* ergab sich ganz allgemein eine *Veränderung des Bewegungsraums* der städtischen Bevölkerung. Anhand des Berliner Beispiels sei diese Wechselwirkung zwischen dem Wachstum der Stadtfläche und dem Ausbau der innerstädtischen Massenverkehrsmittel skizziert (vgl. Abb. 83). Hierbei wurde als Gradmesser für die Reichweite eine auf das Stadtzentrum bezogene 30-Minuten-Isochrone gewählt. Betrug in der Zeit des Fußgängerverkehrs der in diesem Zeitraum zu durch-

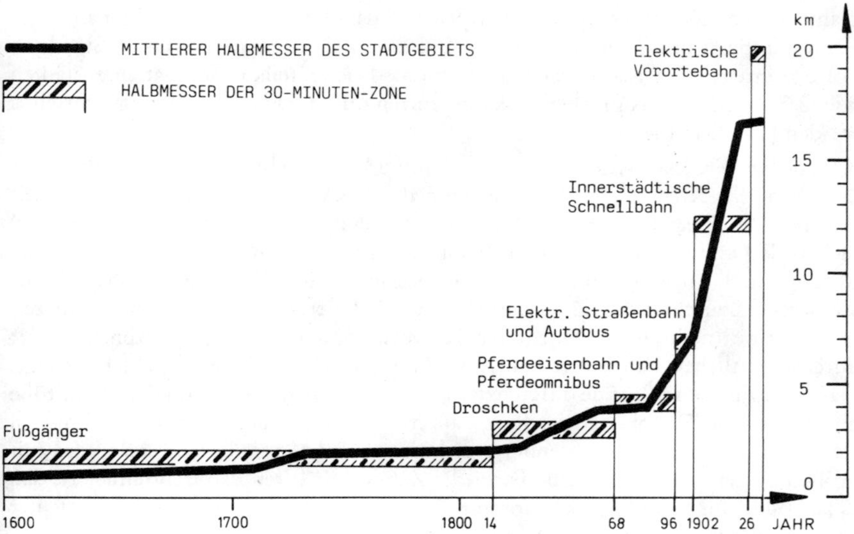

Abb. 83 Das Wachstum der Stadtfläche in Abhängigkeit vom öffentlichen Personen-Nahverkehr (nach: LEHNER, F., 1966)

messende Radius rund 2,5 km, so erhöhte er sich durch die Einführung eines regelmäßigen Droschkenverkehrs (1814) bereits auf 4 km. Die Einrichtung von Pferdestraßenbahnen und Omnibussen (1868) erweiterte ihn auf knapp 5 km. Mit der Hochgründerzeit war derart bereits eine potentielle Ausdehnung der Stadtfläche auf das knapp Sechsfache des Fußgängerzeitalters eingetreten. Eine sprunghafte Erweiterung des Verkehrseinzugsbereichs erfolgte dann vor der Jahrhundertwende (1896) mit der Anlage von elektrischen Straßenbahnen und innerstädtischen Schnellbahnen (1902). Mit letzteren konnte bereits ein Stadtgebiet mit einem Durchmesser von rund 25 km bedient werden. Dieser Durchmesser vergrößerte sich mit der Einrichtung der elektrischen Vorortebahn (1926) auf 40 km.

2. Mit den genannten Verkehrsarten sind unterschiedliche *Standortmuster von Funktionen* verbunden. Linien von Straßenbahnen und Autobussen haben im dicht bebauten Gebiet mit geringem Haltestellenabstand zweifellos entscheidend zur Entwicklung eines linienförmigen Musters des Geschäftslebens beigetragen. Die *„ribbon development“* in den amerikanischen Städten folgte dem gleichen Prinzip wie die Geschäftsstraßen in Europa in der geschlossenen Bebauung. Aufgrund der Bedeutung von Bahnhöfen für den innerstädtischen Quellverkehr entwickelte sich die *Bahnhofsstraße* häufig zur führenden Geschäftsstraße einer Stadt. Infolge der drastischen Reduzierung des Bahnverkehrs in den USA sind die Bahnhöfe seit den späten sechziger Jahren vielfach verödet und mit ihnen die Geschäftsstraßen. Als Gegenbeispiel sei Japan angeführt, wo bei enorm steigendem Personenverkehr Bahnstationen und Geschäftszentren als integrierte Einheiten neu entstanden sind (P. SCHÖLLER 1976).

Damit ist bereits das zweite Standortprinzip, das der *Verkehrsknoten,* genannt. U-Bahn-Stationen und Autobahnknoten sind die zwei Alternativen, deren Standortvorteile integrierten Komplexen auf mittlerer Ebene, teils neuen Satellitenstädten wie in Schweden, teils großen Einkaufszentren oder Cityausliegern, zugeschrieben werden (vgl. Band II).

3. Eine weitere Konsequenz aus dem Individualverkehr zeigt die Analyse der täglichen *Reisezeiten* in den Stadtgebieten der USA. Die tägliche Gesamtfahrzeit erweist sich dabei als von der Stadtgröße (wenn man von New York absieht) mehr oder minder unabhängig. Die mittlere Fahrzeit einer Fahrt ist jedoch bei Metropolitan Areas mit 500000 und mehr Einwohnern signifikant höher als bei kleineren. Zwischen der Zahl der Fahrten und der durchschnittlichen Fahrzeit besteht eine (nicht lineare) negative Korrelation derart, daß mit Abnahme der durchschnittlichen Fahrzeit je Fahrt die Zahl der Fahrten im Stadtgebiet ansteigt. Daraus ergibt sich folgende differenzierte Aussage: Unabhängig von der Stadtgröße gleicht sich das Zeitbudget der Pkw-Fahrer im Hinblick auf die Verkehrsfunktion sehr stark an, und bei wachsender Ausdehnung der Metropolitan Areas wird mit größerem Zeitaufwand für eine Fahrt die Zahl der Fahrten dadurch reduziert, daß es zur Bündelung der Fahrziele kommt. Dies hat eine Koppelung der Standorte der benötigten Einrichtungen zur Voraussetzung.

4. Als Konsequenz aus der Konzeption, die Nutzungen zu entflechten, entstand bei Stadtplanern und Städtebauern das Konzept der *Verkehrsentflechtung*. Es wurde zuerst in Neubaugebieten verwirklicht. Im folgenden seien anhand von zwei Beispielen die Prinzipien vorgeführt. Radburn in New Jersey wird gerne als der Prototyp für die *Verkehrsentflechtung in Stadtrandsiedlungen* aufgefaßt (vgl. Abb. 84). Voraussetzun-

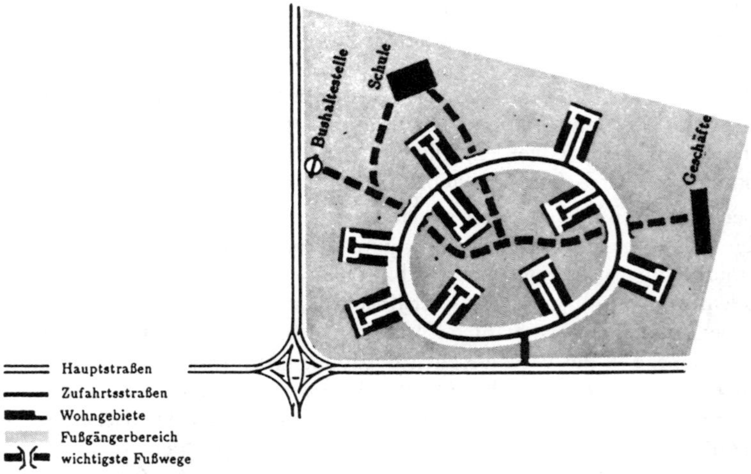

Abb. 84 Das Verkehrssystem eines amerikanischen Suburbs (Radburn) (BUCHANAN Report, N. N., 1963, S. 69)

gen hierfür sind ein zusammenhängendes größeres Aufschließungsgebiet ohne Durchgangsverkehr sowie die Schaffung eines zusammenhängenden Fußgängerbereichs. Hierbei werden die Wohnbauten einerseits über Sackgassen an den Straßenverkehr angeschlossen und andererseits von der Rückseite her durch ein System von Fußgängerwegen miteinander und mit zentralen Einrichtungen, wie Schule und Einkaufszentrum, verbunden. Die erst zögernde, dann raschere Übernahme dieses Modells hat recht verschiedene städtebauliche Lösungen gefunden.

Ein etwas größeres – gleichzeitig duales – Modell der Verkehrsentflechtung hat inzwischen unter dem Slogan *„jeder Klein- und Mittelstadt eine Fußgängerzone"* Europa mit diversen Lösungen überschwemmt. Verschiedene Intentionen standen dabei Pate:

1. Es sollte dem Fußgänger die Stadt wieder „zurückgegeben" werden (Verkehrsentflechtung),
2. es sollte damit das zentrale Geschäftszentrum gestärkt werden,
3. man wollte historischen Baubestand erhalten, und
4. man hoffte, daß die Wohnbevölkerung diese neugestalteten Stadträume auch „annehmen" würde.

Das in Abb. 85 vorgestellte Modell der *Verkehrserschließung des Zentrums einer Mittelstadt* legt die Haltestellen des öffentlichen Nahverkehrs unmittelbar an die Fußgängerzone heran. Dagegen wird der Pkw-Verkehr deutlich abgesetzt davon in einer

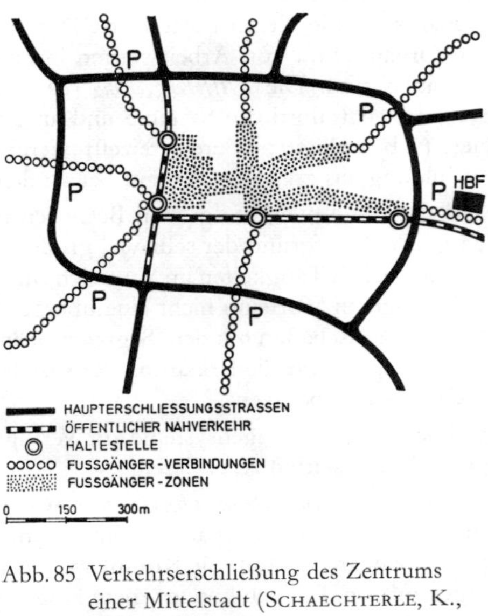

Abb. 85 Verkehrserschließung des Zentrums einer Mittelstadt (SCHAECHTERLE, K., 1974, S. 250)

Kreislinie – wohl an der Stelle der ehemaligen Befestigungen – um den Innenstadtbereich herumgeleitet. Parkplätze (Parkhäuser) sind zugeordnet. Ferner führen von der Fußgängerzone radiale Fußwege in die umliegenden Stadtteile. Dieses Modell räumt dem öffentlichen Verkehr eine deutliche Priorität gegenüber dem Pkw-Verkehr in der Innenstadt ein. In der Realität sind in Abhängigkeit von der historisch-topographischen Struktur der jeweiligen Städte sehr unterschiedliche Lösungen entstanden. Auf die Probleme eines derartigen dualen Verkehrsmodells wird in Band II eingegangen.

3.5 Ökonomische Determinanten

3.5.1 Einleitung

Gesellschaftspolitische Systeme sind „relativ stabile" Einheiten, die sich – und dann meist schlagartig – nur im Ablauf von Generationen ändern. Ähnliches gilt für städtebauliche Vorstellungen; sie unterliegen ebenfalls einem langsamen Wandel. Den eigentlich „hochtourigen" Motor in der Stadtentwicklung bilden die ökonomischen Determinanten, bei denen sich technologische Fortschritte und Kapitalinvestitionen nicht nur auf der nationalen, sondern auch auf der internationalen Ebene abspielen. Nur kurz sei darauf hingewiesen, daß die Nationalökonomie als Wissenschaft in einem abstrakten Makroraum entstanden ist und sich eine Stadtwirtschaftslehre erst sehr spät entwickelt hat. Diese steht bis heute im Schatten der Regional Science und der Regionalökonomie, deren Fortschritte in erster Linie der Erforschung der räumlichen Organisation von Arbeitsstätten in nationalen Siedlungssystemen zugute gekommen sind. Die *Differenzierung von städtischen Systemen* in intermetropolitane Systeme, zentralörtliche Systeme und an „natürliche Ressourcen" gebundene Reviere (z. B. Industriereviere, Freizeitreviere) läßt sich von einer ökonomischen Theoriebildung aus argumentativ gut begründen.

Für die räumliche Allokation und die Abfolge von Betrieben im Stadtraum kann die Stadtwirtschaftslehre jedoch aufgrund der sehr viel größeren Komplexität von Arbeitsstätten und von beruflichen Tätigkeiten im Vergleich zur „sozialen Organisation der Gesellschaft" im engeren Wortsinn nicht eine übergeordnete Konzeption anbieten, wie sie die Sozialwissenschaften mit dem Segregationsprinzip als beschreibende und prozessuale Konzeption für die Erklärung der sozialräumlichen Organisation der städtischen Gesellschaft besitzen.

Derzeit stehen nur zwei deduktive Aussagensysteme zur Verfügung, um die innerstädtische Verortung von Arbeitsstätten zu erklären.

1. Bereits besprochen wurde die *Bodenpreis-Theorie* von W. ALONSO (1964). Sie scheint in der Literatur auch des öfteren als „Landnutzungstheorie" auf und schließt als räumliche Konzepte die Zugänglichkeit, die Komplementärität und die Inkompatibilität von Nutzungen mit ein. Freilich können diese Konzepte auch auf andere Sachverhalte als die der Landnutzung angewandt werden.

Es wurde bereits darauf hingewiesen, daß die *Zugänglichkeit* ein in erster Linie technologisch bestimmtes Konzept darstellt, mit dem sich sowohl die Dominanz der Stadtmitte bei radialem Netz der Massenverkehrsmittel als auch die Dekonzentration, d. h. die Standortverlagerung des tertiären und quartären Sektors aus der Stadtmitte, bei entsprechendem Ausbau des Individualverkehrs begründen läßt.

Das Prinzip der *Komplementärität* ist im Zusammenhang mit ökonomischen Funktionen geeignet, zentral-periphere Funktionsteilungen zu erklären, wobei in europäischen Städten bei Aufspaltung von Funktionen diejenigen mit größeren Flächenansprüchen bzw. mit geringerer „Umweltfreundlichkeit" peripher abgeschoben werden.

Angewandt auf den einzelnen Betrieb bzw. Betriebsgruppen, umgreift Komplementärität die Aussagen über betriebsmäßige Aufspaltungen, wie z. B. Büros für repräsentative Managementfunktionen, für Standard- und Routinetätigkeiten, Räumlichkeiten für Distribution und Lagerhaltung und dgl. mehr. Die geographische Forschung hat sich bisher mit derartigen Fragen kaum beschäftigt.

Inkompatibilität ist ein sehr stark von der Stadtgröße abhängiges räumliches Prinzip, das folgende allgemeine Aussage gestattet: Mit steigender Stadtgröße wächst die Unverträglichkeit zwischen Betrieben des sekundären, tertiären und quartären Sektors, und es kommt zu einer räumlichen Auseinanderlegung. Gut untersucht sind diese Vorgänge im Stadtzentrum, wo für Produktionsstätten kein Platz bleibt und diese durch tertiäre konsumentenorientierte Einrichtungen verdrängt werden, welche ihrerseits mit wachsender Bedeutung des quartären Sektors ebenfalls peripher abwandern müssen.

2. Aus dem zwischenstädtischen Raum wurde die *Zentralörtliche Theorie* von W. Christaller (1933) übernommen. Hierbei erfolgte eine Einschränkung auf das marktwirtschaftliche Axiom, während das administrative Axiom vernachlässigt wurde. Ebenfalls unberücksichtigt blieben distanzielle Elemente der Theorie. In erster Linie fand daher die Zentralörtliche Theorie Anwendung auf das Geschäftsleben, während sämtliche „gesetzten" (d. h. in Europa öffentlichen) Einrichtungen entweder außer acht gelassen oder separiert analysiert wurden. Beide Theorien, die Bodenpreis-Theorie und die Zentralörtliche Theorie, sind aktualistische Theorien; sie enthalten daher keine Annahmen, die die Entwicklung der städtischen Wirtschaft beschreiben oder erklären könnten.

Bezüglich zweier Sektoren der Wirtschaft bestehen ganz wesentliche *Theoriedefizite:*

1. Es gibt keine Standorttheorie, welche den sekundären Sektor im Stadtraum „verorten" kann. Die industrielle Standorttheorie von A. Weber (1909) erhebt nicht den Anspruch, Aussagen über die Standorte von Produktionsstätten im Stadtraum (bzw. überhaupt im Siedlungsraum) machen zu wollen. Auf die „kulturspezifische" Position der Industriezone im Bodenpreis-Kegel von W. Alonso, der de facto die Situation in der angelsächsischen Welt abbildet, wurde oben hingewiesen.

2. Die Verselbständigung des quartären Sektors vom konsumentenorientierten tertiären Sektor hat wohl die Bürostandortforschung als induktiven Forschungszweig

begründet; daraus ist aber bisher noch keine Theorie des quartären Sektors entstanden.

Eine weitere Schwierigkeit, zu allgemeinen Aussagesystemen zu gelangen, liegt darin begründet, daß sich mit der Stadtgröße die ökonomische Struktur und räumliche Organisation der Wirtschaft von Städten sehr viel stärker ändert als die Struktur und Organisation des sozialen Systems sensu stricto.

3.5.2 Der Wandel der Wirtschaft

Bereits im Kapitel über die politischen Determinanten wurde auf die verschiedenen ökonomischen Strategien der drei politischen Systeme des Privatkapitalismus, des Staatskapitalismus und der sozialen Wohlfahrtsstaaten hingewiesen. In den westlichen Gesellschaften erfolgt bekannterweise eine Verschiebung vom sekundären Sektor, d. h. vom Produktionssektor, in Richtung auf den konsumentenorientierten Dienstleistungssektor bzw. den quartären Sektor. Dagegen wird vom Staatskapitalismus östlicher Prägung diese Entwicklung hintangehalten, d. h. es wird der Produktionssektor nach wie vor bevorzugt und der konsumentenorientierte Sektor der Industrie und der Dienstleistungen in den staatlichen Wirtschaftsplänen erst in zweiter Linie berücksichtigt.

Für die sozialen Wohlfahrtsstaaten gilt andererseits, daß der öffentliche Sektor – nicht zuletzt durch die Verstaatlichung von Teilen der Wirtschaft (Verkehr, Bergbau, Schwerindustrie, Bankenwesen) – zunehmend an Bedeutung gewinnt. Das Verhältnis zwischen dem öffentlichen Sektor und dem privaten Sektor ist ebenso wie die Strategien zur Verortung von sekundärem und tertiärem Sektor mittels Planungsinstrumenten von Staat zu Staat verschieden. So hat die britische Planung eine Dezentralisierung des tertiären Sektors aus den Kernstädten vorgenommen, die in dieser Form in Kontinentaleuropa fehlt. Grundsätzlich kann man feststellen, daß mit wachsendem Anteil des öffentlichen Sektors die Mobilität der Betriebe und der Arbeitskräfte abnimmt.

In einer Verknüpfung von sozialgeographischen und betriebswirtschaftlichen Perspektiven verdienen folgende *Veränderungen der Wirtschaft* unter Bezug auf die Stadtentwicklung Beachtung:

1. Familienunternehmen werden zunehmend durch anonyme Kapitalgesellschaften verdrängt. Als Konsequenz ergibt sich daraus, daß *Familienunternehmen, Kleinbetriebe, traditionelle Fertigungen* von Sachgütern und Handwerks- und Einzelhandelsbetriebe in eine *residuale Position* geraten. Sie erhalten sich besser in älteren Stadträumen (Vorstädten, Vororten) und in unteren Rängen des zentralörtlichen Systems. Massive Stadterneuerungsvorhaben beschleunigen ihren Rückgang.

2. Die Investitionen in Großtechnologien erzwingen eine fortschreitende Kapitalakkumulation. Es kommt zur Bildung von übergreifenden Kapitalgesellschaften mit einer vielfältigen Produktionspalette und dementsprechend differenzierten Standortstrategien. Auf dieser Basis entsteht der privatwirtschaftliche *quartäre Sektor* in der internationalen Kapitalverflechtung, aus der Kombination von Spitzenmanage-

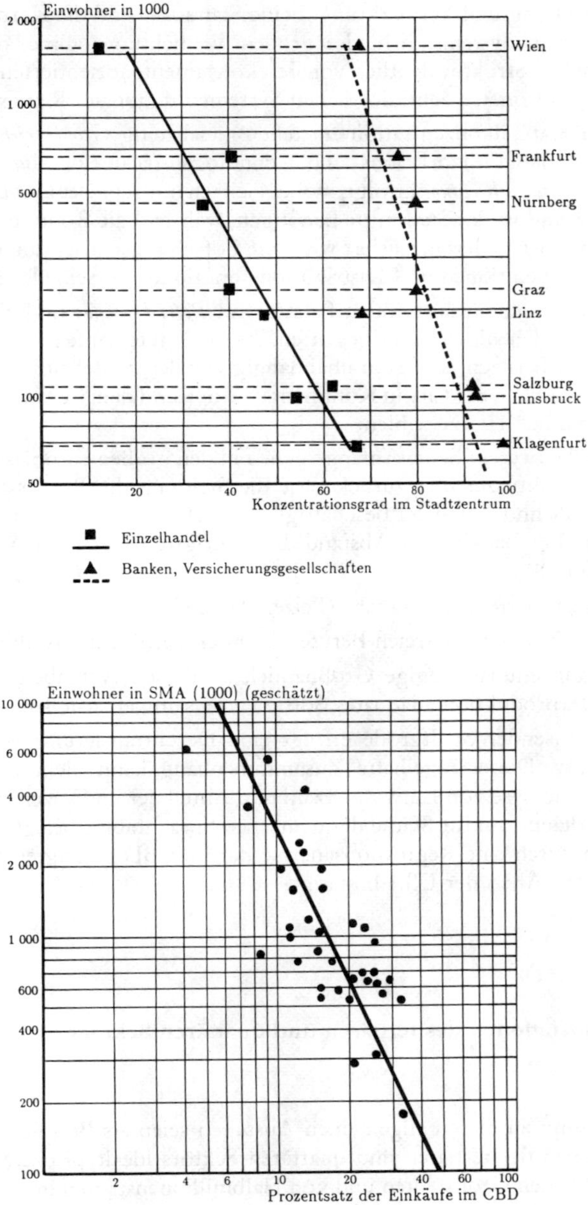

Abb. 86 Stadtgröße und Dezentralisierung tertiärer Aktivitäten (LICHTENBERGER E,. 1976, S. 101, NORTHAM, R. M., 1976)

ment, Forschung und Vermarktung. Seine Standorte sind die Kernstädte des intermetropolitanen Systems, d. h. der großen Verdichtungsräume, die sich in ihrer ökonomischen Struktur deutlich von den konsumentenorientierten zentralen Orten mit den zugeordneten zentralörtlichen Systemen regionaler Reichweite abheben.

3. Mit der Kapitalkonzentration entstehen gleichzeitig *Großbetriebe,* bei denen mit fortschreitendem Organisations- und Technologieniveau eine *Aufspaltung in vertikaler und horizontaler Richtung* erfolgt, wobei vielfach nur repräsentative Büros noch den zentralen Standort der Stadtmitte benötigen, während die Routineadministration in Großbüros ebenso dezentralisiert wird wie Forschungseinrichtungen und Auslieferungslager, Speditionen und Distributionsfunktionen verschiedener Art.

4. Aus dieser sich auffächernden Palette von *Betriebsgrößen* und *Betriebsarten* seien im folgenden diejenigen herausgegriffen, die eine interessante *historische Kontinuität in der Stadtmitte* besitzen, und zwar unabhängig von der städtebaulich zu definierenden Variation zwischen der City in Kontinentaleuropa und dem Central Business District in Nordamerika. Hierzu zählen:

- Das Bankenwesen: Seine Anfänge gehen in den großen europäischen Städten auf das Manufakturzeitalter zurück. Wie die Steigung der Regressionsgeraden von Stadtgröße und Anteil der Beschäftigten im Stadtzentrum belegt, ist die Dezentralisierung der Banken mit Abstand die niedrigste unter allen Wirtschaftssparten (vgl. Abb. 86).
- Die spezialisierte Textilbranche (Pelze, Haute Couture).
- Die Angehörigen der freien Berufe (Architekten, Rechtsanwälte usf.).
- Der branchenunabhängige Großhandel, zu dessen Aufgaben es zählt, ein der Sachgüterproduktion adäquates Sortiment zusammenzustellen.

5. Mit wachsender Stadtgröße erfolgt eine Dezentralisierung des Einzelhandels aus der City. Dieser regelhafte Zusammmenhang kann nicht nur anhand einer Regressionsanalyse von Einwohnerzahl und Anteil der im Einzelhandel Beschäftigten im Stadtzentrum für Städte des deutschen Sprachraums belegt werden, sondern wird auch durch eine Regressionsanalyse der im CBD getätigten Einkäufe in den Metropolitan Areas der USA bestätigt.

3.5.3 Assoziationen des tertiären und quartären Sektors

In Ergänzung zu diesen allgemeinen Aussagen seien als Beispiele für vorhandene Assoziationen des tertiären und quartären Sektors idealtypische Schemata für die City von kleinen Großstädten und von Halbmillionenstädten im deutschen Sprachraum vorgestellt (vgl. Abb. 87). Hierbei wurde im Hinblick auf die Standorte eine Zweiteilung in einen harten Kern und ein Ergänzungsgebiet (Mantel) vorgenommen. Im folgenden die Beschreibung:

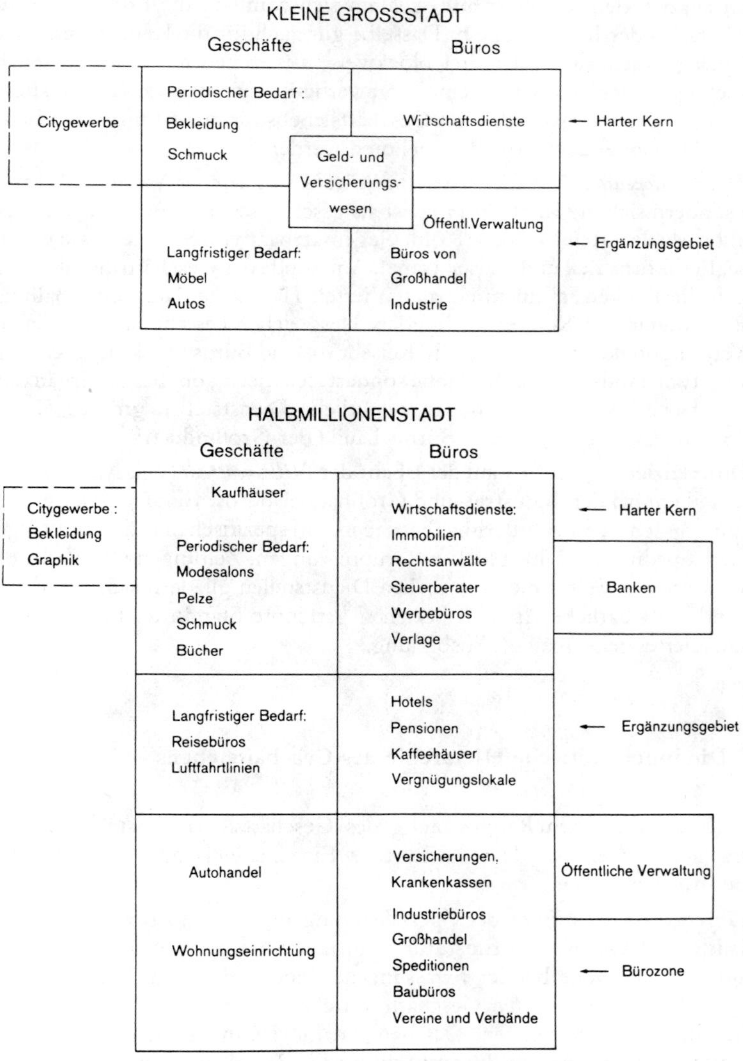

Abb. 87 Geschäfte und Büros in der City einer kleinen Großstadt und einer Halbmillionenstadt (Lichtenberger, E., 1972, S. 247)

Bei der *kleinen Großstadt* besteht der *harte Kern* aus den Büros des Geld- und Versicherungswesens sowie den Wirtschaftsdiensten. Die Betriebe des Geldwesens sind nicht zahlreich genug, um, wie in Halbmillionen- und Millionenstädten, eigene Viertel auszubilden. Geldinstitute schalten sich somit in die Front der Hauptgeschäftsstraßen der Innenstadt ein. Dasselbe gilt auch für die Kaufhäuser, bei denen wohl gelegentlich zwei oder drei blockweise zusammentreten. An diesen harten Kern schließen sich randlich an: ein Citygewerbe-Rayon mit spezialisierten Fertigungen, ferner Ergänzungsstraßen des Geschäftslebens für den langfristigen Bedarf, in denen Möbel (oder auch Autos) angeboten werden.

Die *Halbmillionenstadt* weist bereits eine Anzahl spezifischer Viertel auf. Im harten Kern sondern sich die Kaufhäuser meist als geschlossener Komplex von Straßenzügen mit spezialisierten Lokalen (Köln: Gegensatzpaar von Schildergasse und Hoher Straße; Frankfurt: Zeil und Kaiserstraße). Am Rande des Geschäftsdistrikts gruppieren sich die Banken in einem eigenen Viertel. Häufig ist damit eine Ballung von Rechtsanwälten und Notaren verbunden. Desgleichen besteht ein spezielles Hotel- und Vergnügungsviertel, dem häufig Reisebüros und Büros von Fluglinien zugeordnet sind. Eine randständige Bürozone sondert sich meist von diesem Ergänzungsgebiet des harten Kerns. Hier bilden öffentliche Dienststellen größere Komplexe, dazu treten Versicherungen und Bürogebäude der Großindustrie.

Die Differenzierung der City auf der Ebene der *Millionenstadt* (vgl. Abb. 88) vollzieht sich vor allem bei den Industrie- und Großhandelsbüros. Ein Textilviertel entsteht, Verwaltungszentralen von Bergbaubetrieben und spezifischen Industriezweigen treten dazu, Speditionen bilden lockere Gruppierungen, Zeitungen und Verlage treten viertelsweise auf. Selbst die öffentlichen Dienststellen gliedern sich auf, der städtische und der staatliche Apparat beziehen getrennte Standorte. Eigene Post- und Gerichtsviertel gelangen zur Ausbildung.

3.5.4 Die innerstädtische Hierarchie des Geschäftslebens

In der innerstädtischen Rangordnung des Geschäftslebens bestehen wesentliche Unterschiede gegenüber dem Aufbau des Einzelhandels im zwischenstädtischen zentralörtlichen System.

1. Während das Kriterium der Spezialisierung und das Auftreten immer stärker spezialisierter Geschäfte zur Einstufung zentraler Orte in verschiedene Ränge führt, versagt diese Methode bei der Erfassung der innerstädtischen Rangordnung, weil hier die höchstspezialisierten Geschäfte durchaus nicht den „zentralen Standort" für sich in Anspruch nehmen. Das hängt damit zusammen, daß dem Spezialisierungsprinzip in der innerstädtischen Hierarchie das *Ballungsprinzip von gleichartigen Geschäften* in einer Geschäftsstraße entgegenwirkt. Das Verhältnis von Zahl der Geschäfte und Zahl der Geschäftsarten, definiert als *„Branchendifferenzierung"*, bildet nämlich eine asymptotische Kurve (vgl. Abb. 89), die mit zunehmender Zahl der Geschäfte ausflacht.

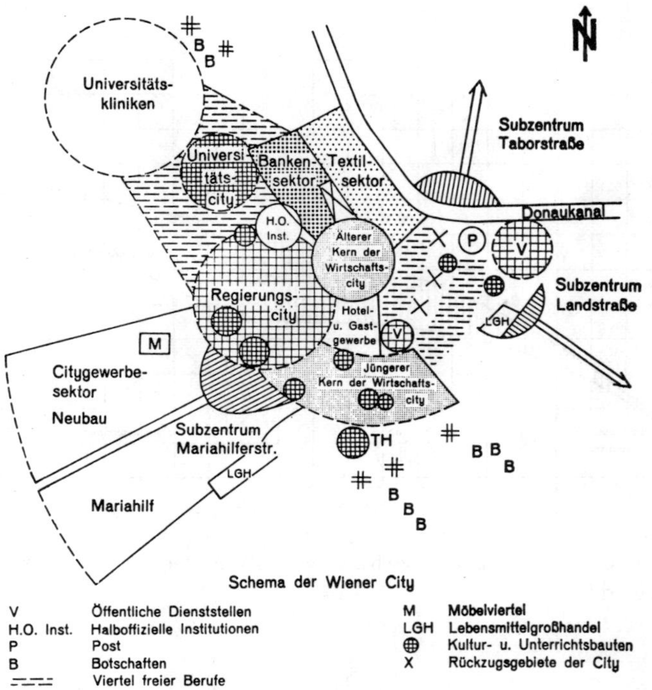

Abb. 88 Die räumliche Struktur der Wiener City (LICHTENBERGER, E., 1972, T. IX)

Eine empirische Analyse der Wiener und Grazer Geschäftsstraßen ergab, daß dieses Ausflachen bei Graz früher als bei Wien, nämlich bereits auf der tieferen Stufe der Viertelszentren, einsetzt. Man gelangt damit zur allgemeinen Aussage, daß der Spezialisierungsgrad mit steigender Stadtgröße zunimmt und damit z. B. Viertelszentren in Großstädten weniger spezialisiert sind als gleichrangige Viertelszentren in Millionenstädten. Dieser Spezialisierungszuwachs ist ein Ergebnis der Dezentralisierung des Einzelhandels aus der City, wobei spezifische Geschäfte, welche in der City einer Großstadt noch in dieser verbleiben, an untergeordnete „Zentren" abgegeben werden. Die Ausstattung spezifischer Ränge in der innerstädtischen Hierarchie des Geschäftslebens stellt daher keine konstante Größe dar, sondern ist unter anderem abhängig von der Größe der Stadt.

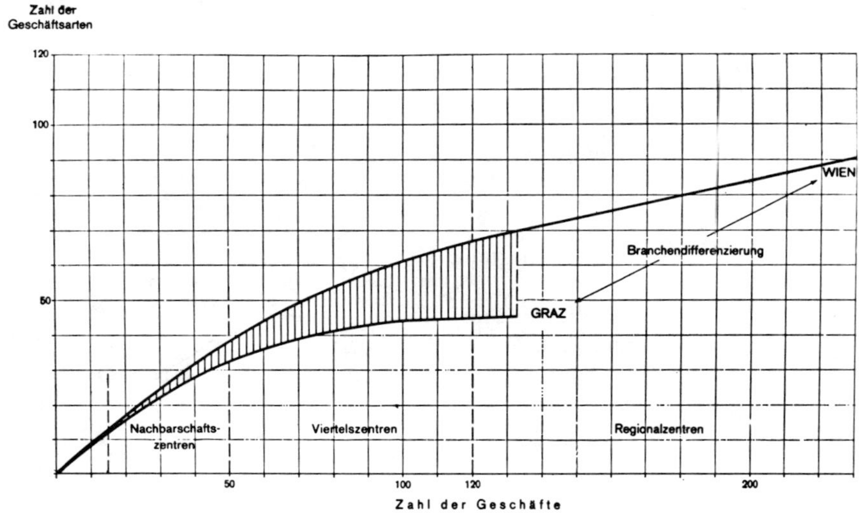

Abb. 89 Branchendifferenzierung auf Geschäftsstraßen (Wien, Graz) (LICHTENBERGER, E., 1972, S. 249)

2. Als tragende Säule in der innerstädtischen Hierarchie erweist sich die Sparte des periodischen Bedarfs von *Bekleidung und Schmuck*. Auch die *Rangordnung* wird durch den Anteil der Geschäfte für diesen *periodischen Bedarf* bestimmt. Diese Aussage gilt im interkulturellen Vergleich.

3. *Mit zunehmender Betriebsgröße* entsteht ein *Konzentrationseffekt,* durch den die Unterschiede zwischen den Stufen der Hierarchie ausgeprägter werden. Das konkrete Beispiel: Der Vergleich von Wien und Chicago (vgl. Abb. 90) belegt dies deutlich. Die Stufen der Hierarchie sind in Wien stärker aneinandergerückt und lassen sich weniger scharf quantitativ und qualitativ voneinander trennen.

4. Die *Größe der Versorgungsbereiche* ist im interkulturellen Vergleich nicht nur von der Betriebsgröße, sondern auch *von Kaufkraft und Konsumverhalten der Bevölkerung abhängig.* Der Vergleich von Wien und Budapest dokumentiert, daß Regionalzentren (Bezirkszentren) in Budapest bei gleicher Zahl der Geschäfte und annähernd gleicher Zahl der Geschäftsarten (bei freilich nicht gleichem Umfang des Warensortiments) eine etwa doppelt so große Bevölkerung versorgen müssen wie in Wien.

5. Ein Vergleich der Versorgungsbereiche einer Millionenstadt (Wien), einer Großstadt (Graz) und einer Mittelstadt (Klagenfurt) belegt ferner, daß die *Größe der Versorgungsbereiche,* die notwendig ist, um bestimmte Geschäftsstraßentypen entstehen zu lassen, *keine Konstante* darstellt, sondern von der Mittelstadt über die Groß-

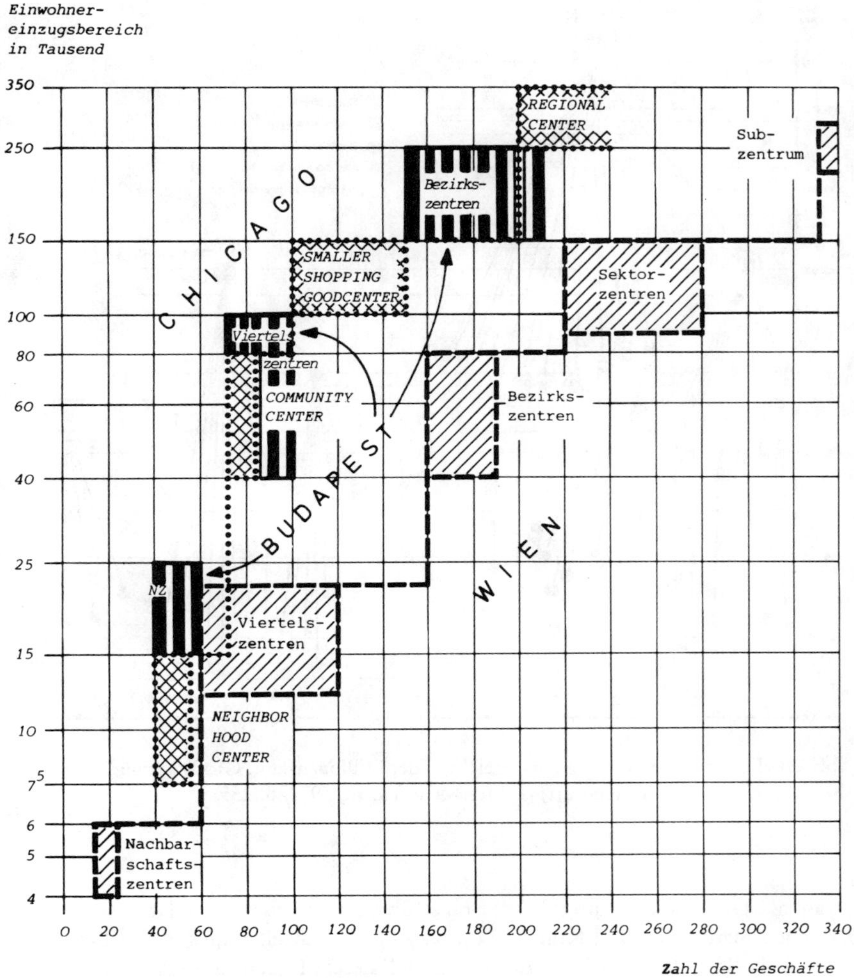

Abb. 90 Hierarchie der Geschäftszentren in Chicago – Budapest – Wien (Entwurf: E. LICHTENBERGER)

stadt bis zur Millionenstadt hin abnimmt (vgl. Abb. 91). Danach benötigen Viertelszentren im Wiener Stadtgebiet zwischen 15 000 und 25 000 Einwohner, im Stadtgebiet von Graz bereits 25 000 bis 35 000 Einwohner. Zwangsläufig erhebt sich die Frage nach den Gründen für die Erscheinung, daß bei steigender Stadtgröße eine abnehmende Zahl von Konsumenten imstande ist, äquivalente Geschäftsstraßen zu

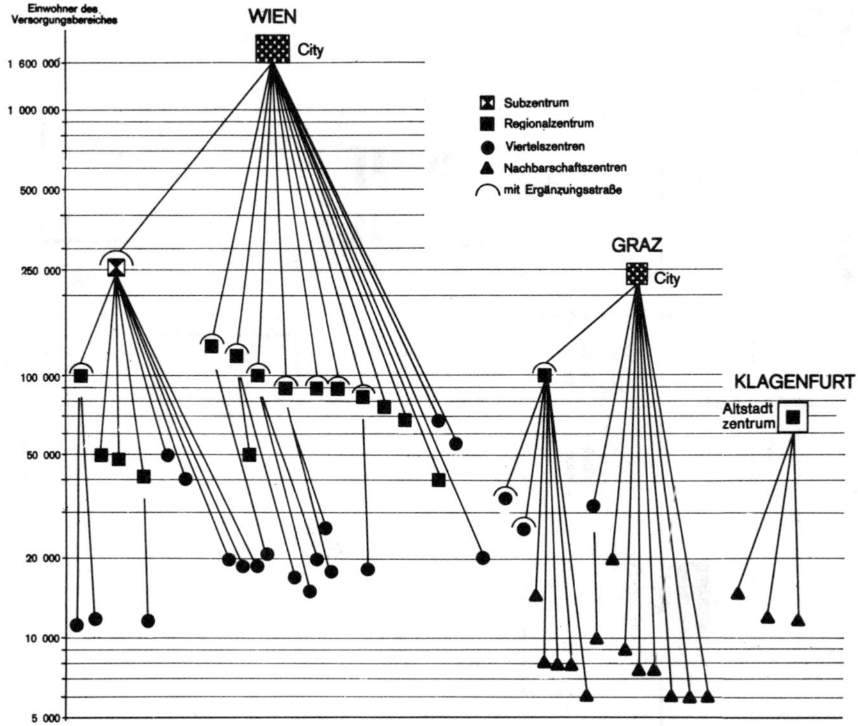

Abb. 91 Hierarchie der Versorgungsbereiche in der Millionenstadt, Großstadt und Mittelstadt (Wien, Graz, Klagenfurt) (Lichtenberger, E., 1972, S. 255)

„tragen". Die Beantwortung dieser Frage führt zurück zum Korrelationsdiagramm zwischen Stadtgröße und Konzentrationsgrad des Einzelhandels in der Innenstadt (vgl. Abb. 86). Die mit der Stadtgröße zunehmende Dezentralisierung des Einzelhandels aus der City bedingt diese Unterschiede.

6. Wie man aus dem Vergleich der hierarchischen Gliederung des Geschäftslebens in Städten feststellen kann, bestehen hinsichtlich der *Zahl von Geschäftszentren* und ihrer *Verortung im Stadtraum* sehr große Unterschiede. Diese Variabilität wird bedingt durch die administrative Gliederung von Städten und die Bedeutung, welche Bezirke als politisch-administrative Verwaltungseinheiten besitzen, durch Bebauungs- und Bevölkerungsdichte, sozialräumliche Gliederung und Verkehrstechnologien.

Im Hinblick auf die genannten Variablen lassen sich folgende Regeln aufstellen:

1. Die administrative Selbständigkeit von Stadtbezirken begünstigt die Entstehung von Geschäftszentren.

2. Die Bevölkerungsdichte korreliert negativ mit der Bevölkerungszahl der jeweiligen Einzugsbereiche. Bei geringerer Dichte sind größere Einwohnerzahlen zur Erhaltung eines Zentrums notwendig.
3. Infolge der grundsätzlich größeren Reichweite von höheren Sozialgruppen hinsichtlich des Aktionsraums und der höheren Qualitätsansprüche besteht im Einkaufsverhalten eine stärkere Affinität zur City.
4. Mit zunehmender Bedeutung des Individualverkehrs nehmen zentrifugale Bewegungen der Konsumenten überhand. Das Stadtzentrum verliert an Bedeutung, während die Dezentralisierung des Einzelhandels beschleunigt wird.

Obige Aussagen beruhen auf Erhebungen d. Verf. nach einheitlichen methodischen Prinzipien (Konsumgruppen und Schaufensterindex), auf die im Band II eingegangen wird. Es ist nämlich ansonst nicht möglich, empirische Analysen des Einzelhandels von Städten aufgrund der verschiedenen Abgrenzungskriterien und Erhebungsprinzipien von Geschäftsstraßen und Geschäftszentren – bei überdies verschiedener Stadtgröße und verschiedenem Entwickungsstand der nationalen Ökonomien – unmittelbar zu vergleichen.

3.5.5 Die duale Typologie von Geschäftszentren und Geschäftsstraßen

Typologie und Standortmuster des Geschäftslebens in den Städten der westlichen Industrienationen sind, sehr vereinfacht, durch einen Dualismus von traditionellen Geschäftsstraßen und -vierteln und geplanten Geschäftszentren (vgl. Abb. 92) gekennzeichnet.

1. *Ungeplante traditionelle Geschäftsstraßen und -viertel* sind an die geschlossene Bebauung gebunden, welche im wesentlichen aus der Gründerzeit stammt. Hier können drei Funktionstypen unterschieden werden:

- *Viertel* für Möbel, Antiquitäten, Bücher und dgl.,
- *Geschäftsstraßen* in hierarchischer Anordnung, entsprechend der Relation zwischen Geschäften des periodischen und des kurzfristigen Bedarfs, als *Ladengruppen, Viertelsstraßen, Bezirksstraßen, Citystraßen;*
- hierzu *Ergänzungsstraßen* des langfristigen Bedarfs, auf der oberen Stufe mit Autosalons, Luftverkehrslinien und dgl., auf der mittleren Stufe mit Möbeln und Wohnungseinrichtung.

Eine Sonderstellung nehmen die *Ausfallsstraßen* ein (in Nordamerika: Highway-oriented Commercial Centers), an denen sich Alt- und Neuwagenschauplätze (zumeist auf freier Fläche), Tankstellen, Reparaturgewerbe, Motels und dgl. aufreihen.

2. In Zusammenhang mit Satellitensiedlungen am Stadtrand und neuen Verkehrsknoten sind *geplante Geschäftszentren* entstanden, und zwar auf drei Ebenen der Hierarchie, nämlich *Nachbarschaftszentren, Bezirkszentren* (Community Centers) und *Regionalzentren.* Im Hinblick auf die Lage der geplanten Geschäftszentren innerhalb

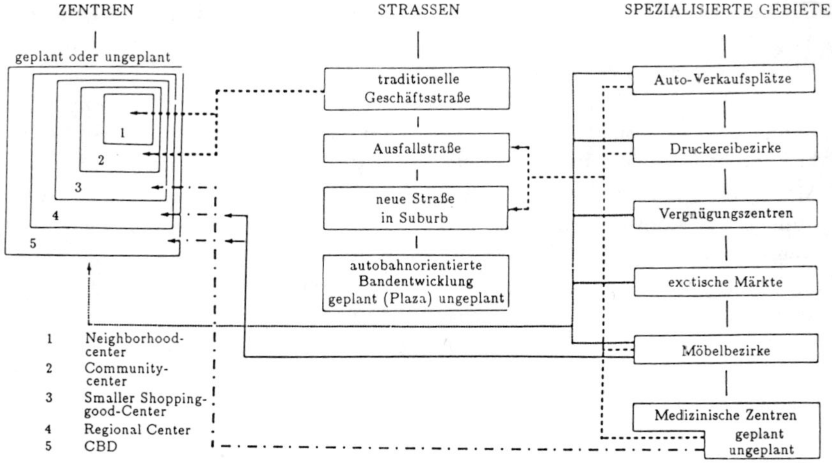

Abb. 92 Duale Typologie von Geschäftsstraßen und Geschäftszentren (Berry, B. J. L., 1963, S. 20)

oder außerhalb der Kernstadt bestehen – durch Vorschriften bestimmte – nationale und individuelle Unterschiede.

Die duale Standorttypologie von Geschäftszentren ist teils durch eine Zweiteilung der Bebauungsstruktur in geschlossene bzw. aufgelockerte Bebauung, teils durch eine unterschiedliche Verkehrstechnologie zu erklären. Traditionelle Geschäftsstraßen und -viertel sind im Verkehrsaufkommen durch den Fußgängerverkehr und linear gebundene Massenverkehrsmittel (Straßenbahnen) bestimmt. Geplante Geschäftszentren sind dagegen in Europa an Knoten oder Endstationen von Massenverkehrsmitteln (wie in den schwedischen Satellitenstädten) oder Verkehrsknoten des Individualverkehrs gebunden. Sie können aber genauso bei der Innenstadterneuerung wie am Stadtrand und im Umland von Städten – in letzteren Fällen auch auf grüner Wiese – entstehen. In den USA sind sie ursprünglich ausschließlich an den Individualverkehr (Autobahnen) gebunden gewesen, haben jedoch in jüngster Zeit auch an der Downtown-Erneuerung partizipiert.

Die unterschiedlichen *Standortprinzipien* in den USA und in Europa sind aus Abb. 93 zu entnehmen. Die traditionelle Geschäftsstraßenstruktur ist durch ein zentripetal orientiertes Standortprinzip gekennzeichnet, bei dem sich die Geschäftsstraßen mit dem Wachstum der Stadt zentral-peripher ausdehnen und Kaufhäuser zentrumsnahe Lagen bevorzugen. Mit der Entstehung von peripheren Shopping Centers tritt ein Bedeutungsverlust der zentrumsnahen Geschäftsgebiete ein. Die City schrumpft, *Commercial Blight* tritt auf und befällt zunächst die zentrumsnahen Geschäftsstraßen-

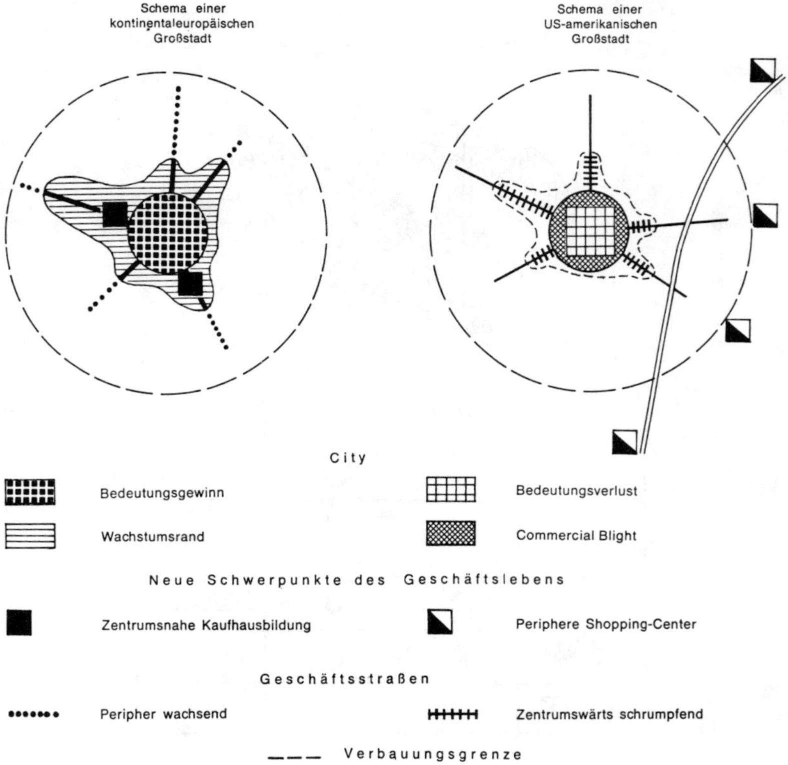

Abb. 93 Zentripetale und zentrifugale Standortprinzipien des Geschäftslebens (Lichtenberger, E., 1972, S. 22)

abschnitte (vgl. Abb. 94). Zuerst sind derartige Vorgänge in Chicago von B. J. L. Berry festgestellt worden (1963). Er hat hierfür verschiedene Ursachen angegeben:

- physischen Blight, d. h. Überalterung und Verfall von Objekten,
- Umweltblight durch starke Verkehrsbelastung von Straßen und dgl.,
- ökonomischen Blight, d. h. Konzentrationsprozesse des Einzelhandels, durch die Kleinbetriebe nicht mehr konkurrenzfähig sind.

In sozioökonomischer Sicht wird ferner die Invasion von marginalen Bevölkerungsgruppen stets als weitere Voraussetzung für Blightphänomene angesehen. Die Untersuchung von Wien konnte im Gegensatz dazu beweisen, daß es sich bei der sozialen Abwertung von Vierteln und dem Niedergang des Geschäftslebens um

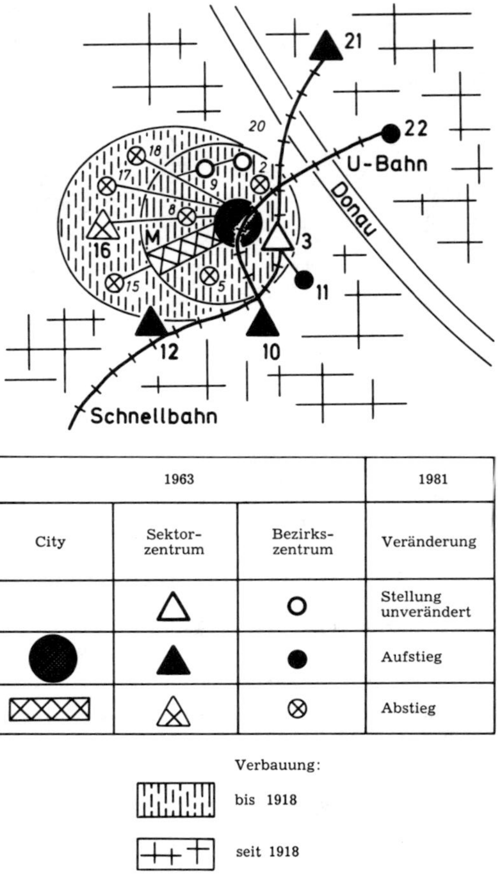

Abb. 94 Commercial Blight und neue Geschäftsstraßen am Stadtrand (Wien) (LICHTENBERGER, E., 1983, S. 31)

zwei ursächlich getrennte Erscheinungen handelt, die allerdings wegen spezifischer politischer Systemzusammenhänge gemeinsam auftreten können, jedoch nicht zwangsläufig müssen: Im Wiener Stadtraum ist es aufgrund der stark rückläufigen Bevölkerungsentwicklung gleichsam zu einem „In-sich-Zusammensinken" des noch auf dem Fußgängerverkehr beruhenden Netzes der Geschäftsstraßen gekommen. Dieser negativen Entwicklung steht auf der anderen Seite ein beachtlicher Aufschwung von in den äußeren südlichen und östlichen Bezirken gelegenen Zentren gegenüber, die dank neuer Knoten des innerstädtischen Massenverkehrs ihre Erreichbarkeit ganz wesentlich verbessern und durch starke kommunale Bautätigkeit auch die Zahl potentieller Käufer erhöhen konnten.

3.6 Segregationsprozesse als räumliches Ordnungsprinzip der städtischen Gesellschaft

3.6.1 Einleitung

Die Segregation ist das wichtigste Ordnungsprinzip der Gesellschaft im Wohnraum der Stadt. Sie ist abhängig von den gesellschaftspolitischen Ideologien über die gesellschaftliche Stratifizierung, ferner von den Strategien der Wohnungswirtschaft und des Bodenmarktes, den städtebaulichen Leitbildern und Wohnbauformen und dem Entwicklungsstand des arbeitsteiligen Prozesses. In Kapitel 2.2 wurden sozialräumliche Modelle dargestellt, in Kapitel 2.6.3 anhand des Instruments des Sozialgradienten die Variabilität sozialräumlicher Differenzierungen der europäischen Städte dokumentiert.

Die außerordentlich umfangreiche Literatur über die sozialräumliche Differenzierung der Stadt wird beherrscht vom Konzept der Social Area Analysis und der Faktorialökologie. Eine kurze Rekapitulation der Begriffe und Aussagen erscheint im folgenden notwendig. Es ist jedoch nicht das Ziel dieses Kapitels, bereits bekannte oder weitere Beispiele von Faktorenanalysen zu offerieren, da man sich damit in einer Sackgasse der Forschung befindet; vielmehr wird die Frage nach den *Prozessen der Segregation* in das Zentrum der Ausführungen gerückt.

3.6.2 Sozialraumanalyse und Faktorialökologie

Die *Sozialraumanalyse* beruht auf dem Konzept, daß die Stadt in verhältnismäßig homogene Teileinheiten zerfällt, welche durch eine spezifische physische Individualität und bestimmte soziale, wirtschaftliche und kulturelle Charakteristika der Bevölkerung ausgezeichnet sind. Hierbei handelt es sich um „natürliche Nachbarschaften" oder Stadtviertel. Je größer eine Stadt ist, desto mehr Subareale dieser Art besitzt sie und um so klarer sind diese abgrenzbar. Die Definition der Grenzen bediente sich zuerst in intuitiver Form „natürlicher Grenzen", wie Straßen, Eisenbahnlinien, Parks, Flüsse und dgl., in einem zweiten Schritt wurden dann sogenannte „diagnostische Variable", vor allem monetäre Größen, wie Bodenpreise, Mieten, Steuermeßwerte, verwendet. Die empirische Analyse beruht auf der deduktiven Identifizierung von Konstrukten des (nicht-geographischen) Sozialraums, welche durch Indizes operationalisiert werden. Sie erfolgt in zwei Schritten. Zunächst werden die statistischen Einheiten (Zähldistrikte) im „Sozialraum" derart klassifiziert, daß z. B. Variable des Familienstatus und des ökonomischen Status in einer Matrix zu Zellen vereint werden. Anschließend werden die Ergebnisse in ein Kartogramm des Stadtgebiets übertragen.

Ausgehend von einer in Ansätzen explizierten Theorie des sozialen Wandels, bei der wachsende Komplexität der Organisation, größere Differenzierung der Gesellschaft und Veränderungen im Umfang und in der Intensität sozialer Beziehungen die Grundpostulate darstellen, werden drei Konstrukte entwickelt:

- sozialer Rang (ökonomischer Status),
- Verstädterung (Familienstand = demographischer Status),
- Segregation (ethnischer Status).

Die *Faktorenanalyse* verbesserte die Technik der Identifizierung der oben genannten Konstrukte, ohne eine Veränderung des Theorieansatzes vorzunehmen. Es bestehen danach folgende Bezüge zwischen Gesellschaft und „Stadtraum":

1. Es erfolgt ein Transfer der *„sozialen Distanz"* zwischen den einzelnen Schichten der Gesellschaft bzw. den Sozialgruppen, die aufgrund von Prestige, Macht, Rang, Ansehen, Bildung, Einkommen, Ausgaben (Konsum) definiert werden können, in eine entsprechende *„räumliche Distanz"* im Wohnraum der Stadt. Daraus ergibt sich die Ausformung von separierten Wohngebieten mit charakteristischen Merkmalen der Bevölkerung.

2. Ein *zentral-peripheres Austauschmodell* dient zur Abbildung der Vorgänge vertikaler und sozialer Mobilität im Stadtraum. Danach bewegen sich aufsteigende Gruppen in Richtung Stadtrand, während die Zuwanderer in die aufgegebenen Standorte nachrücken.

3. Auf der Mesoebene der Stadt, d. h. für Stadtviertel, wird ein *Sukzessionsschema* verwendet, bei dem, ähnlich wie in der Biologie, die Sukzession als ein in Phasen ablaufender Zyklus aufgefaßt wird. Das Sukzessionsschema dient u. a. zur Abbildung ethnischer Segregationsprozesse. Es wurde zuerst für die Ghettobildung der schwarzen Bevölkerung in den USA und, in Anlehnung daran, als deskriptives Modell von J. HOFFMEYER-ZLOTNIK (1975) für die Bildung eines Viertels von türkischen Gastarbeitern in Berlin-Kreuzberg verwendet. Dabei wurden folgende Phasen unterschieden:

- *Einsickern,*
- *Invasion* (5–10% Gastarbeiter),
- *Sukzession, 1. Phase:* bis 25% Gastarbeiter, erste Altbewohner verlassen das Gebiet, eine gemischte Bevölkerung entsteht. Dieser derzeitige Zustand wird folgendermaßen teleologisch fortgeführt:
- *Sukzession, 2. Phase:* weitere Niederlassung von Gastarbeitern, schließlich Dominanz derselben mit über 50%, Bildung einer systeminternen Infrastruktur.
- *Abschließende Sukzessionsphase,* in welcher durch Sogwirkung weitere Gastarbeiter angezogen werden und das Stadium einer *Etablierung* eines ethnischen Viertels erreicht wird.

Der Begriff *„Segregation"* ist auf zwei Ebenen zu definieren:

1. Es wird unter Segregation das *Ausmaß der ungleichen Verteilung von Bevölkerungs(Sozial-)gruppen im Hinblick auf räumliche Einheiten* (Wohnhaus, Baublock, Zähldistrikte usf.) einer Stadt verstanden. Zur Messung dieser Ungleichverteilung werden folgende zwei Indizes verwendet: Der *Dissimiliaritätsindex* mißt die Differenz in der räumlichen Verteilung zweier Bevölkerungsgruppen nach der Formel

$$D = \frac{1}{2}\sum_{i=1}^{n} |x_i - y_i|$$

x_i = Prozentsatz der Bevölkerungsgruppe A in der i-ten Gebietseinheit,
y_i = Prozentsatz der Bevölkerungsgruppe B in der i-ten Gebietseinheit,
n = Zahl der Gebietseinheiten.

Der *Segregationsindex* mißt die Differenz der räumlichen Verteilung einer Bevölkerungsgruppe im Vergleich zu allen anderen. Zu seiner Berechnung ermittelt man zunächst den Dissimilaritätsindex zwischen der betreffenden Bevölkerungsgruppe und der Gesamtbevölkerung.

$$S = \frac{D}{1 - \frac{\sum x_{ai}}{\sum x}}$$

Zur Berechnung des D: x_i = wie oben, y_i = Prozentsatz der gesamten übrigen Bevölkerung in der i-ten Gebietseinheit,
Σx_{ai} = Größe der Bevölkerungsgruppe A in der Gesamtstadt,
Σx_{ni} = Gesamtbevölkerung.

Der Dissimilaritätsindex bildet einen Ersatz für einen Korrelationskoeffizienten, der die räumliche Assoziation zwischen den Mitgliedern zweier Gruppen mißt. Beide Indizes haben eine mögliche Spannweite von 0 bis 100, wobei 0 Gleichverteilung und 100 komplette Segregation einer Gruppe bedeuten.

Segregations- und Dissimilaritätsindex wurden bisher in der Literatur fast ausschließlich für die berufliche und ethnische Gliederung der Bevölkerung, kaum für die demographsiche Segregation verwendet. Entsprechend der unterschiedlichen Zahl von Erhebungseinheiten und der Größe derselben sind die Werte der beiden Indizes von Stadt zu Stadt nicht direkt vergleichbar.

2. Der Begriff „Segregation" wird auch auf alle *Prozesse der räumlichen Auseinanderlegung von Bevölkerungsgruppen,* die nach verschiedenen Merkmalen definiert sein können, angewandt. Mittels der Technik der *Faktorialökologie* wurden zuerst in den Städten der USA *drei Grunddimensionen der Segregation* festgestellt und für diese auch unterschiedliche *räumliche Muster* nachgewiesen. Es handelt sich hierbei um

– die *ethnische Dimension,* welche *klumpenförmige* Muster erzeugt,
– die *demographische Dimension* mit einem *zonalen,* zentral-peripher differenzierten Muster der Anordnung – analog zum zentral-peripheren Ausgreifen der Wohnbautätigkeit, und
– die *soziale* (berufliche) *Dimension,* welche nach R. MURDIE (1969) ein *sektorielles Anordnungsprinzip* aufweist (vgl. Abb.95).

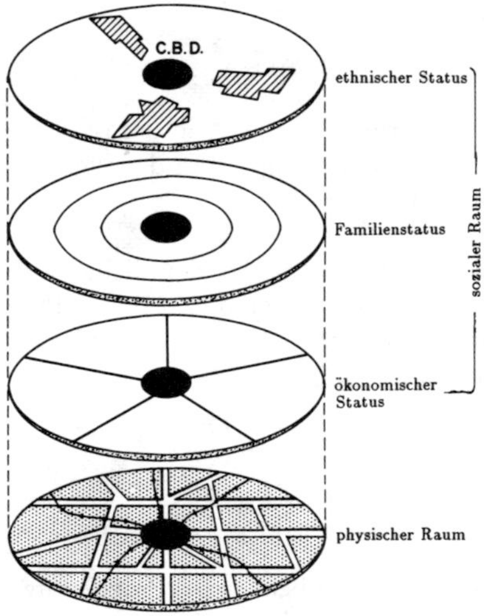

Abb. 95 Räumliche Prinzipien der Segregation im Stadtraum (Murdie, R., 1969)

3.6.3 Segregationsprinzipien in der vorindustriellen Gesellschaft

Im folgenden sei versucht, das Problem der Segregation in einen kulturhistorischen Rahmen zu stellen. Wichtig erscheint die Frage nach dem *Segregationsmuster vorindustrieller Städte* nicht zuletzt deshalb, weil daraus auch ein Verständnis für die gegenwärtige Segregationsproblematik in den Städten der Dritten Welt zu gewinnen ist. Eigene Untersuchungen über Wien gestatten Aussagen über die Segregationsprozesse in der ersten Hälfte des 19. Jahrhunderts und damit vor dem Einsetzen der Industrialisierung. Die Grunddimensionen der Segregation unterscheiden sich von denen der nordamerikanischen Städte.

1. In Wien war – entsprechend dem Nachwirken der religiösen Intoleranz der Gegenreformation – die Segregation aufgrund des *religiösen Bekenntnisses* wesentlich wichtiger als die nach sprachlichen oder ethnischen Kriterien. Daraus resultierte u. a. die Viertelsbildung der griechischen Händler orthodoxen Bekenntnisses, der mohammedanischen (türkischen) Händler und der jüdischen Familien. Die ethnische Differenzierung mußte in der vorindustriellen Zeit noch keineswegs zu einer räumlichen Separierung führen. Die fehlende räumliche Distanz der untergeordne-

ten Gruppe wurde vielmehr von der sozioökonomisch und politisch herrschenden Schicht überall dort, wo Haushaltsgemeinschaften bestanden, durch ein System von Verhaltensnormen (Etikette, Symbole und dgl.) substituiert.

2. Ein *demographsiche Segregation* fehlte. Die einzelnen Stände legten allerdings ein sehr unterschiedliches demographisches Verhalten an den Tag, d. h. der soziale Status implizierte eine spezifische Haushalts- und generative Struktur.

3. Deutlich segregiert waren ortsbürtige und *fremdbürtige Bevölkerung,* wobei die einheimische (ortsbürtige) Bevölkerung zum Großteil im Familienverband lebte, während die fremdbürtige Bevölkerung – wenn man von der Gruppe der fremden Großhändler absieht – im wesentlichen aus ledigen Personen bestand. Zur fremdbürtigen Bevölkerung zählten aber nicht nur Teile der gewerblichen Hilfskräfte, Lehrlinge, Gesellen und das Dienstpersonal, sondern auch Angehörige der intellektuellen Schicht, z. B. Ärzte, ferner Beschäftigte in gehobenen Positionen in Adelshäusern, wie Sekretäre, Lehrpersonen und dgl.

Ungeachtet der enormen sozialen Distanz zwischen den einzelnen Mitgliedern der ständisch organisierten Gesellschaft war die räumliche Distanz verhältnismäßig gering. Hierbei kam zwei Phänomenen für die Wohnintegration entscheidende Bedeutung zu: der vertikalen und horizontalen Gliederung der Miethäuser (vgl. Band II) und den Großhaushalten von Adel und Bürgertum. Durch die darin erfolgende Weitergabe von Normen und Verhaltensmustern an das Dienstpersonal ergab sich eine tiefgreifende Beeinflussung der gesamten Bevölkerung. Die Auflösung dieser Großhaushalte läßt sich anhand der Angaben über die familienfremden Personen in der Gründerzeit verfolgen (vgl. Tab. 9).

Tabelle 9 Prozentanteil der familienfremden Personen in den Wiener Haushalten 1869–1961

Jahr	Hauspersonal	Untermieter und Bettgeher	sonstige familienfremde Personen	zusammen
1869	9,2	23,4	10,0	42,6
1890	6,9	14,3	6,6	27,8
1910	5,1	8,5	4,1	17,7
1934	2,7	5,6	–	8,3
1961	0,5	2,8	–	3,3

BOBEK, H. und E. LICHTENBERGER, 1966, S. 35

Vergleichsuntersuchungen in Städten der Dritten Welt demonstrieren die enorme Zahl der Untermieter und Bettgeher bei der ärmeren Bevölkerung und den hohen Anteil des Hauspersonals bei den reicheren Schichten. Teheran wies z. B. in der Zwischenkriegszeit mit einem Anteil des Hauspersonals von rund einem Drittel an der Gesamtbevölkerung denselben Wert auf wie die Wiener Altstadt in der ersten Hälfte des 19. Jahrhunderts.

3.6.4 Die berufliche (soziale) Segregation: Die Regel der J-förmigen Segregationskurve

O. Duncan (1950) hat zuerst für die nordamerikanischen Städte eine U-förmige Segregationskurve der Berufsschichten festgestellt, die zu folgender allgemeiner Aussage berechtigt: Obere und untere Berufsschichten sind grundsätzlich stärker segregiert, mittlere Berufsschichten weisen eine geringere Segregation auf. Diese U-Form impliziert ein „Gleichgewicht" zwischen den (wie immer zu klassifizierenden) oberen und unteren sozialen Schichten. Wenn man von marginalen Gruppen der städtischen Gesellschaft (Obdachlosen, Aussteigern, Kriminellen usf.) absieht, ist jedoch die Oberschicht in allen städtischen Systemen zahlenmäßig geringer als die Unterschicht. Aufgrund dieser Tatsache bildet daher eine J-förmige Segregationskurve die städtische Gesellschaft besser ab als eine U-förmige.

Wie die Segregationsindizes belegen (vgl. Abb. 96), bildeten in der vorindustriellen Gesellschaft die Gewerbetreibenden die gleichsam allgegenwärtige Bevölkerungssubstanz von Städten. Allerdings bestand auch bei ihnen eine Segregation, und zwar nach Produktionszweigen. Weniger segregiert, als man erwarten würde, war damals aufgrund der angesprochenen Integration in den Wohnungsverband von Ober- und Mittelschichten die Unterschicht, stärker war dagegen die Segregation des Adels und der Geistlichkeit. Im Hinblick auf die sozialräumliche Distanz bestand somit eine deutliche Zweiteilung der ständischen Gesellschaft, einerseits in die Gruppe von Adel, Klerus und Beamten und andererseits in die der Gewerbetreibenden und der Unterschicht.

Das Sozialsystem von Wien hat sich seit der Mitte des 19. Jahrhunderts bis herauf zur Gegenwart grundsätzlich verändert. Aus der breiten Sozialpyramide mit einem sehr hohen Anteil von Unterschichten (fast zwei Drittel der Bevölkerung) ist eine Glockenform geworden. Die Spitze der Pyramide wurde gekappt, der Anteil der Unterschicht hat sich ganz wesentlich verringert (vgl. Abb. 97). Die J-förmige Segregationskurve besteht jedoch nach wie vor, nur wird nunmehr die frühere Position der Gewerbetreibenden von den niedrigen Angestellten eingenommen, die am gleichmäßigsten über das Stadtgebiet verteilt sind, während die ersteren, darunter insbesondere die Handwerker, im abgelaufenen Jahrhundert in eine ökonomische Randposition gedrängt wurden und ihre Mitglieder daher vielfach zu den Bewohnern älterer städtischer Verbauungsgebiete gehören. Dementsprechend rückten sie auf der Segregationskurve nach oben, und es erhöhte sich die sozialräumliche Distanz zu den Arbeitern.

3.6.5 Die ethnische Segregation

Der Begriff „ethnische Segregation" dient im folgenden als Dachbegriff für sprachlich-ethnische, konfessionelle sowie anthropologische Segregation. Im Rahmen der Segregationsprozesse nimmt die ethnische Segregation eine Sonderstellung ein, insofern als in der Sozialgeschichte der Stadt schon früh spezifische ethnische

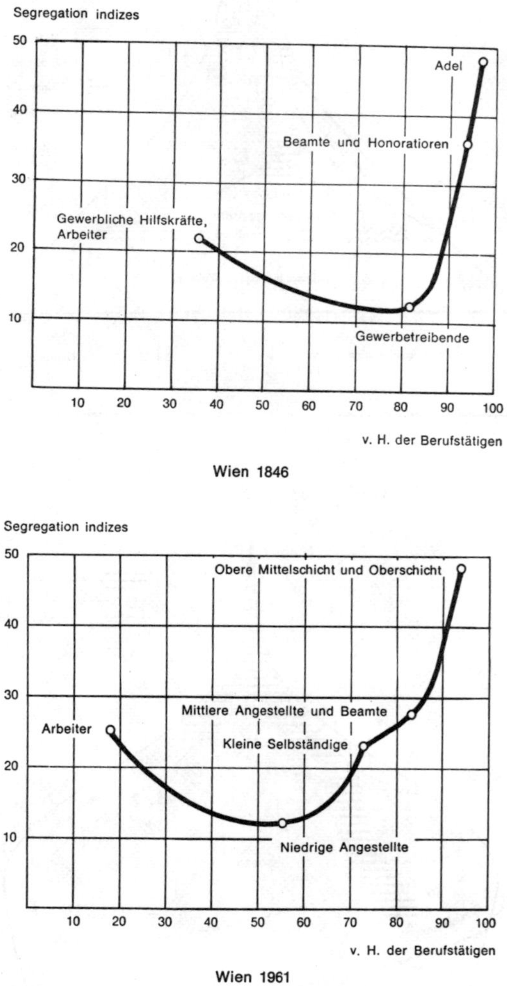

Abb. 96 J-förmige Segregationskurven in Wien 1846, 1961 (Lichtenberger, E., 1972, S. 13)

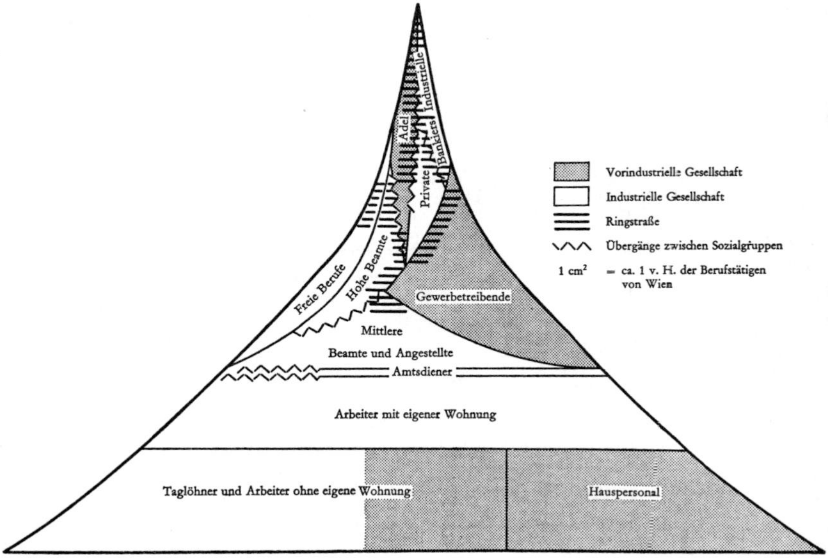

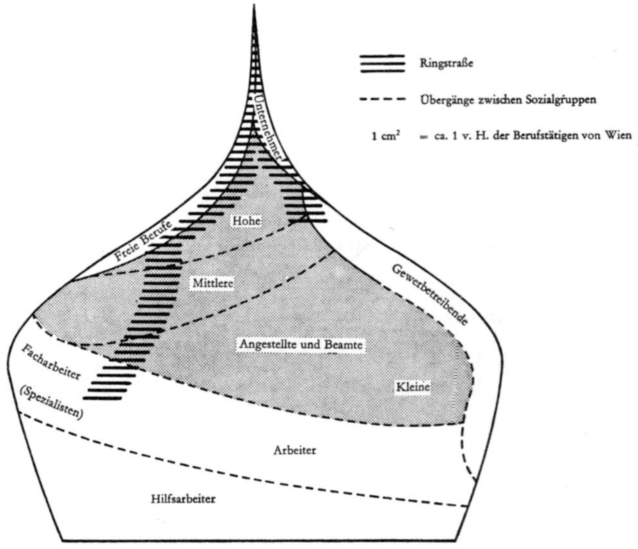

Abb. 97 Der soziale Aufbau von Wien in der Gründerzeit (1870) und in der Gegenwart (1970) (LICHTENBERGER, E., 1970 a, S. 53, 122)

Viertel entstanden sind, die von H. Lehmann (vgl. R. Künzler-Behnke, 1960) als „primäre Viertel“ bezeichnet wurden. Im Hinblick auf die sozialrechtliche und wirtschaftliche Sonderstellung erscheinen folgende drei *Grundtypen im vorindustriellen Städtewesen* von besonderer Bedeutung:

1. Der Typ des *jüdischen Ghettos* als Beispiel für eine restriktive Vietelsbildung.
2. Der Typ des privilegierten *Handelsviertels*. Hierzu zählen insbesondere die italienischen Handelskolonien in der Levante. Beide Typen lassen sich in mittelalterlichen Großstädten Europas, darunter in Wien, nachweisen (vgl. Abb. 98). Sie liegen jeweils diametral zueinander.

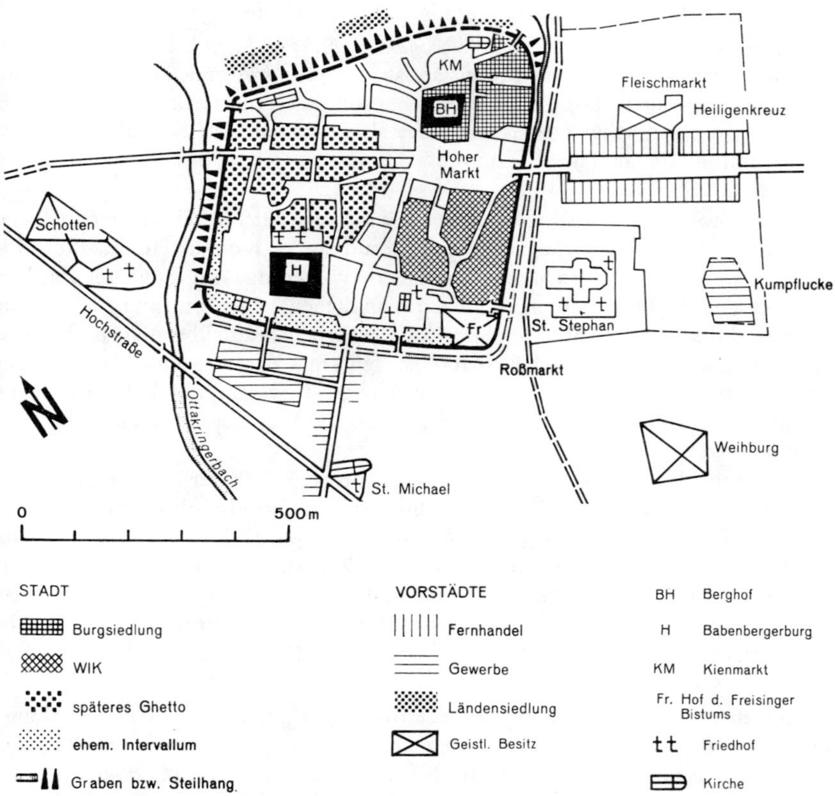

Abb. 98 Ethnische und religiöse Segregation in der mittelalterlichen Bürgerstadt (Wien) (Lichtenberger, E., 1977, S. 18)

3. Die *Europäerviertel der Kolonialzeit* stellen einen Sonderfall in dieser Reihe dar und wurden als Stadtgründungen, als „villes nouvelles" der französischen Kolonialherren, als „cantonment" in den britischen Kolonien, neben die Städte der einheimischen Bevölkerung gesetzt.

Während die erstgenannten Typen im großen und ganzen nur von historischem Interesse sind, zählt die Umstrukturierung der ehemaligen Europäerviertel zu den Phänomenen der Entkolonialisierung (J. Abu-Lughod, 1976).

Unter den *ethnischen Viertelsbildungen der Gegenwart* nimmt das *Ghetto der schwarzen Bevölkerung* in den USA eine Sonderstellung ein. Die Literatur ist äußerst umfangreich. Von geographischer und sozialökologischer Seite liegen in erster Linie Studien auf der Makroebene vor, die mittels statistischer Daten die Struktur des Ghettos gleichsam von außen her anleuchten. Mikroanalysen fehlen. Insgesamt läßt sich feststellen, daß es in den letzten Jahrzehnten nicht zu einer Auflösung, sondern zu einer Vergrößerung der Ghettos in den Kernstädten gekommen ist. Im folgenden sei eine kurze Skizzierung des Bedingungsrahmens geboten:

1. Zweifellos an erster Stelle steht die *Ablehnung der Rassenmischung* durch breite Schichten der amerikanischen Mittelstandsbevölkerung. Wenn auch Angehörige der Bildungsschichten, insbesondere der ehemaligen Nordstaaten, durchaus bereit sind, den einzelnen schwarzen Amerikaner als gleichwertigen Kontaktpartner zu akzeptieren, so schließt diese Kommunikationsbereitschaft bisher jedenfalls das Konnubium völlig aus.
2. Die *Diskriminierung auf dem Arbeitsmarkt* wird verschärft durch die bereits lange anhaltende Arbeitslosigkeit und die daraus resultierende Konkurrenzsituation zwischen der weißen Unterschicht und der Negerbevölkerung. Am Rande sei überdies vermerkt, daß die Durchschnittslöhne der männlichen Neger um rund 1000 Dollar die Jahresdurchschnittslöhne weiblicher weißer Arbeitskräfte übersteigen (!). Diese Diskriminierung auf dem Arbeitsmarkt ist Teil eines Circulus vitiosus, verstärkt durch externe Faktoren, wie die „Black Power"-Bewegung und die zweifellos vorhandene Korrelation zwischen Negerghettos und Kriminalitätsraten und sonstigen Raten sozialer Desorganisation.
3. Das entscheidende Instrument der Segregation ist jedoch der *kapitalistische Wohnungsmarkt,* bei dem es zu den Prinzipien aller mit dem Grundstücks- und Haustransfer und der Finanzierung beschäftigten Institutionen zählt, keine Personen als Käufer oder Kreditnehmer zuzulassen, welche die Boden- und Hauspreise in einem bestimmten Areal beeinträchtigen könnten. Homogenität der Nachbarschaft ist nach wie vor ein oberstes Gebot von Realitätenbüros, Baufirmen, Maklern aller Art, Hypothekenbanken usf. Ein ganzes Bündel von Praktiken behindert daher das Eindringen von Negern in weiße Mittelstandsgebiete.

4. Nicht zu unterschätzen, zumindest für die frühen Stadien der Ghettobildung, sind direkte *Regulierungen* von seiten staatlicher Behörden. So bestand bis 1917 eine Flächenausweisung für Gebiete, die für Neger zugelassen waren. Bis 1948 war beim Verkauf von Land eine Erklärung notwendig, daß dieser nur an Weiße erfolgen würde. Bis 1949 hat auch die Zentralregierung die Wohnsegregation unterstützt. Erst 1964 verlangte das Civil Rights-Gesetz eine „Equal Employment Opportunity

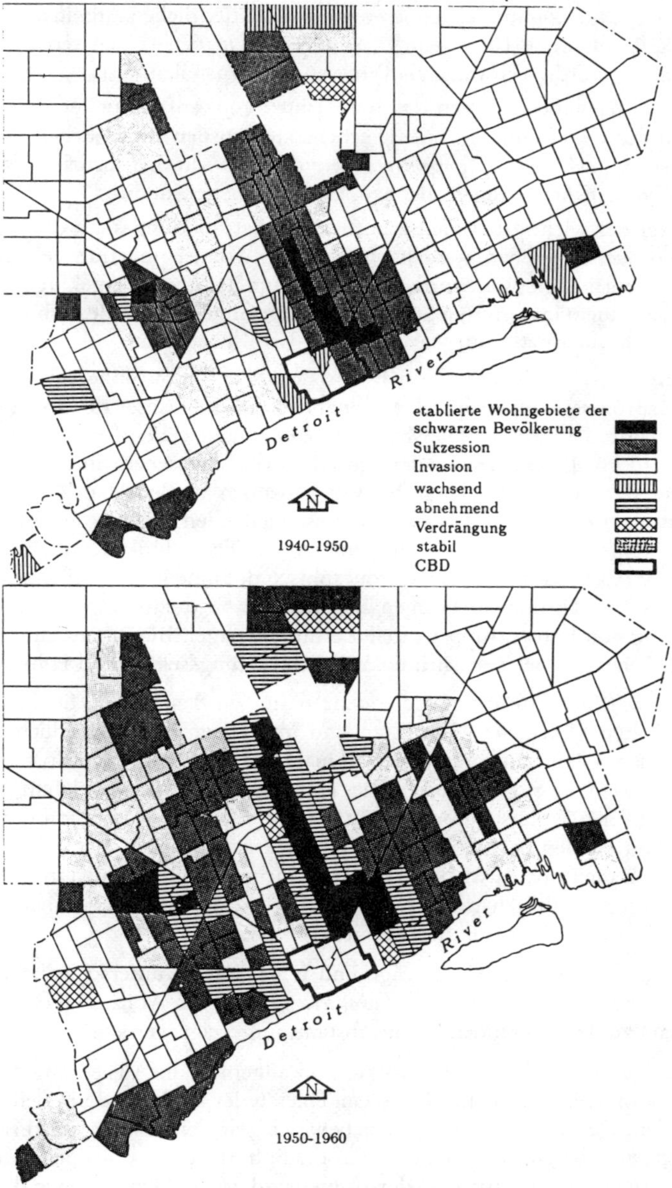

Abb. 99 Ghettobildung und Expansion der schwarzen Bevölkerung (Detroit) (TAEUBER, K. E., und TAEUBER, A. F., 1966, S. 256/257)

Commission". Sie konnte sich jedoch nur auf den öffentlichen Arbeitsmarkt auswirken, so z. B. auf State Universities, an denen es in den späten sechziger Jahren „fashionable" wurde, Schwarze als Professoren anzustellen.

5. Neben diesen außenbürtigen Kräften wirkten von Anfang an auch innenbürtige Kräfte an der Ghettobildung mit. Hierbei traten zu den anfänglichen protektiven Mechanismen auch *Selbsthilfeorganisationen,* vor allem seit den sechziger Jahren entstanden eigene Einrichtungen, Banken, Geschäftsketten und dgl.

6. Als einer der wichtigsten Faktoren für die Ghettobildung kann die Segregation des *Schulsystems* angesehen werden, welches die Wohnsegregation verstärkte. Von seiten der Zentralregierung wurde mit einem zum Teil recht ausgeklügelten System versucht, zu einem integrierten Schulwesen zu gelangen. Diese Bestrebungen waren bisher jedoch quantitativ nur von geringem Erfolg begleitet.

Die *Ausdehnung des Ghettos* ist von R. Morrill (1974) im Sinne eines räumlichen Diffusionsprozesses erklärt worden. Bereits bei 5% schwarzer Bevölkerung sinken die Hauswerte. Die weißen Hausbesitzer beginnen zu verkaufen. Ein Prozentwert von 30 wird im allgemeinen als der Schwellenwert angesehen, ab dem es zu einem panikartigen Verkauf von seiten der verbleibenden weißen Hausbesitzer kommt. Das Entstehen eines den CBD nahezu umschließenden Ghettos in Detroit in den fünfziger Jahren ist aus Abb. 99 zu entnehmen. Die sozioökonomische *Segregation innerhalb des Negerghettos* ist nicht kartographisch dokumentiert. Nur Dissimilaritätsidizes zwischen 15 und 40 belegen in einzelnen Städten die partielle räumliche Separierung von Berufsgruppen (freie Berufe, Manager, Büroangestellte, Verkaufspersonal, Facharbeiter, Beschäftigte im Dienstleistungssektor und Hilfsarbeiter).

Die gegenwärtigen Entwicklungstendenzen sind in den großen Stadträumen der USA, im alten Süden, im Nordosten und im Westen, unterschiedlich. Während bereits in den späten fünfziger Jahren in manchen Städten des Nordostens und vor allem im Westen die Segregationsindizes abnahmen, erhöhten sie sich im Süden. Im Hinblick auf den Wohnstandort besteht nach wie vor die Sukzession der Neger in ehemals von Weißen bewohnte Gebiete der Kernstädte. Seit den sechziger Jahren setzte jedoch auch eine Aussiedlung in die Suburbs ein, schon in den frühen siebziger Jahren verließen jährlich rund 200000 Neger die Kernstädte, um sich in neuen Tochterzellen des Ghettos in den Suburbs anzusiedeln.

Anhand von zwei Beispielen, Chicago und Wien, soll die unterschiedliche *räumliche Verortung von ethnisch differenzierten Zuwanderungsströmen* in Abhängigkeit von der als „marginal" zu deklarierenden Wohnsubstanz aufgezeigt werden.

In den *nordamerikanischen Städten* erfolgte ganz allgemein die Ansiedlung der europäischen Zuwanderer in den ältesten Wohngebieten der Stadt rund um den CBD. Die verschiedenen ethnischen Gruppen haben sich seit dem Ersten Weltkrieg an der zentrifugalen Bewegung in Richtung auf die Suburbs unterschiedlich beteiligt und sind in verschiedenem Ausmaß in der zweiten und dritten Generation in die amerikanische Mittelschicht eingeschmolzen worden. Bei der von B. J. L. Berry 1963 für Chicago durchgeführten Faktorenanalyse sonderten sich die Zuwanderungsströme der russischen Juden, der Iren und Schweden und die der katholischen Zuwanderer

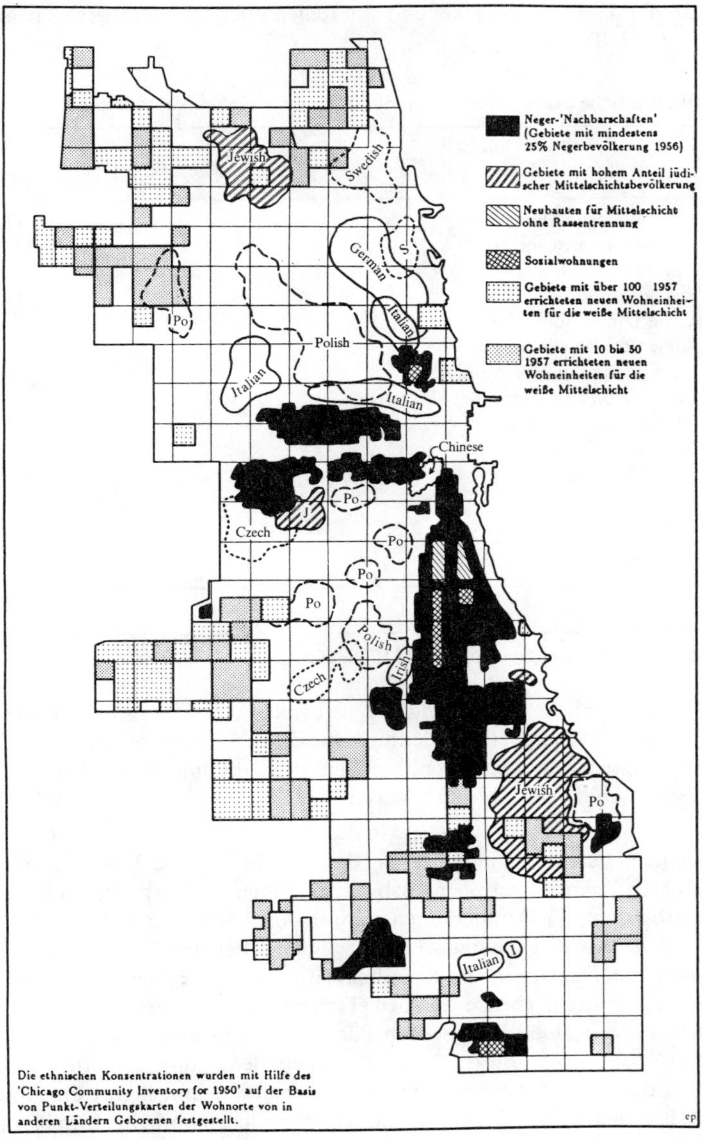

Abb. 100 Ethnisch-anthropologische und religiöse Viertel in Chicago 1957 (DRAKE, St., E., und CAYTON, H. R., 1962, S. LV)

aus Polen, der Tschechoslowakei und aus Italien noch als „statistisch unabhängige Faktoren“ (vgl. Tab. 10).

Tabelle 10 Ethnische Segregation in Chicago (Ergebnisse einer Faktorenanalyse)

Faktoren	Varianz-anteile
(1) Sozioökonomische Dimension:	17,8
I Sozioökonomischer Status	
(2) Demographische Dimension:	
II Stadien im Lebenszyklus	14,2
(3) Ethnische Dimension:	
III Rasse und Ressourcen	13,1
IV Immigranten und Katholiken	10,8
VI Jüdische und russische Bevölkerung	3,8
VIII Irische und schwedische Bevölkerung	2,6
X Andere Nichtweiße und Italiener	2,1
	32,4
(4) Sonstige Dimensionen:	
V Bevölkerungszahl und Dichte	7,5
IX Mobilität	2,4
Gesamtsumme	74,3

Quelle: Berry, B. J. L., Horton, F. E., 1970, S. 366

Für die sozialräumliche Gliederung der Kernstadt von Chicago besaß damals die ethnische Segregation dieselbe Bedeutung wie die sozioökonomische und die demographische Segregation zusammen, eine Tatsache, die interessanterweise bei allen Stadtmodellen völlig ausgeblendet wurde (!).

Die *ethnische Viertelsbildung von Chicago* in den 50er Jahren ist im Detail aus Abb. 100 zu entnehmen. Es geht daraus hervor, daß sich bestimmte Minderheiten jeweils längs „Achsen“ zentral-peripher ausbreiten. Zahlenmäßig bedeutende ethnische bzw. anthropologische Minderheiten können auch zwei, in seltenen Fällen drei Richtungen in Beschlag nehmen (Polen, Juden). Bei den früher zugewanderten Minoritäten, den Deutschen und Skandinaviern, ist die periphere Bewegung bereits weiter fortgeschritten, ebenso bei den Tschechen (noch aus der Österreichisch-Ungarischen Monarchie!). Die breiten Bänder der schwarzen Bevölkerung folgen den Haupttrassen der Subway. Aus der starken Benützung der öffentlichen Verkehrsmittel durch die schwarze Bevölkerung resultiert umgekehrt die Abneigung der autofahrenden weißen Mittelschicht, die öffentlichen Verkehrsmittel zu subventionieren.

Die Aussagen für *Wien* beziehen sich auf die *Infiltrationsgebiete der Gastarbeiter* seit dem Ende der sechziger Jahre (vgl. Abb. 101). In Wien erfolgte das Einsickern der Gastarbeiter nicht im Anschluß an die City, sondern zuerst am Stadtrand, und zwar in folgenden Gebieten:

- in industriellen Wachstumsspitzen der Gründerzeit, wo in chaotischer Mengung kleine oder größere Industriebetriebe, Werkstätten, Lagerplätze und niedrige Reihenhäuser nebeneinanderliegen,
- in den ausgedehnten Behelfsheimsiedlungen der Zwischenkriegszeit,
- in den funktionslos gewordenen Objekten der dörflichen Peripherie,
- in den Wohn- und Industriemenggebieten in peripherer Lage,
- in frühgründerzeitlichen Wohnvororten.

Erst in der zweiten innerstädtischen Wanderungsetappe kam es mit der Familienzusammenführung zu einer stärkeren Invasion in den Kleinwohnungsbestand der geschlossenen gründerzeitlichen Reihenmiethausbebauung, wo Gastarbeiter die Nachfolge von Rentnern antreten. Damit ist nicht eine Fluchtbewegung der einheimischen Bevölkerung für die Invasion ethnisch andersartiger Gruppen verantwortlich zu machen, sondern ihr „Aussterben".

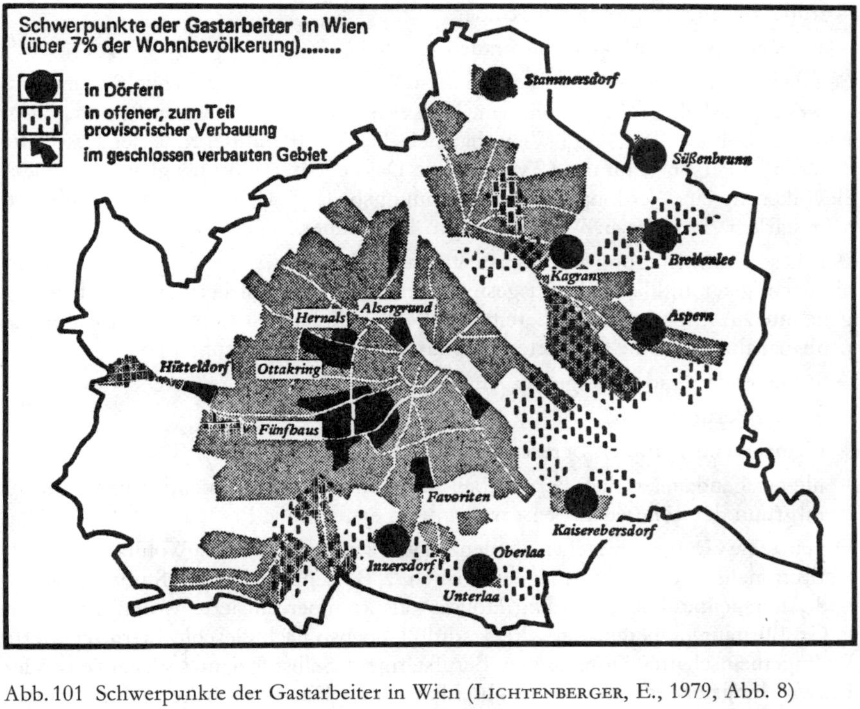

Abb. 101 Schwerpunkte der Gastarbeiter in Wien (Lichtenberger, E., 1979, Abb. 8)

3.6.6 Die demographische Segregation

Die demographische Segregation beruht auf grundsätzlichen Veränderungen der Haushaltsstrukturen in den letzten 100 Jahren. Zwei Vorgänge sind zu unterscheiden, die im wesentlichen nacheinander abgelaufen sind:

1. Vor- und frühindustrielle Haushaltsstrukturen waren durch die Einbindung von Hauspersonal bei oberen und mittleren Bevölkerungsschichten (Adel, Bildungsbürgertum und Gewerbetreibende) und andererseits durch die Notwendigkeit der Aufnahme von Untermietern und Bettgehern bei unteren Bevölkerungsschichten gekennzeichnet. Haushaltsgrößen von 5 und mehr Personen waren vielfach die Regel. Mit der *Auflösung* derartiger *patriarchalischer Haushaltsstrukturen,* dem Auftreten von gewerblichen Hilfskräften, Arbeitern usf. als Wohnungswerber, erfolgte in der Gründerzeit eine Verstärkung der sozialen Segregation und gleichzeitig eine Erhöhung des Wohnungsbedarfs.

2. Der zweite Vorgang ist gekennzeichnet durch *Verkleinerung der Haushalte,* und zwar aufgrund folgender, z. T. interdependenter Veränderungen:

- Zunahme der Lebenserwartung,
- Reduzierung der Kinderzahl,
- Reduzierung der Heiratshäufigkeit,
- frühe Verselbständigung der Kinder,
- steigende Berufstätigkeit von Frauen.

Seit dem Ersten Weltkrieg ist es durch diese Vorgänge zu dramatischen Reduzierungen der Haushaltsgröße gekommen. In Kernstädten von Millionenagglomerationen, wie London, Paris und Wien, hat sich die Durchschnittsgröße der Haushalte von rund 4 Personen auf rund 2 verkleinert. Das bedeutet selbst bei gleichbleibender Bevölkerung eine Verdoppelung des Wohnungsbedarfs, Hand in Hand damit einen sehr starken Zuwachs an Wohnfläche pro Einwohner.

Bei dieser Verkleinerung der Haushalte kann die *Zunahme der Einpersonenhaushalte* als wichtigster Indikator herausgestellt werden. Ihr Anteil beträgt derzeit in den genannten Agglomerationen bereits rund 45%. Es handelt sich bei den Einpersonenhaushalten um eine sehr heterogen zusammengesetzte Gruppe von

- Studierenden und sonstigen in Ausbildung begriffenen Personen,
- jungen Berufstätigen,
- alleinstehenden älteren Berufstätigen, in erster Linie Frauen,
- alleinstehenden, aus dem Berufsleben ausgeschiedenen Personen, darunter wieder aufgrund der höheren Lebenserwartung in erster Linie Frauen.

Für einzelne Gruppen bestehen Tendenzen von seiten des sozialen Wohlfahrtsstaates, institutionalisierte Wohnformen anzubieten, z. B. Lehrlingsheime, Studentenheime und Altersheime. Die „Boarding Houses" als kommerzialisierte Wohnform haben in Großbritannien bereits eine alte Tradition, ebenso nach Geschlechtern separierte Wohngemeinschaften von jungen Berufstätigen. Selbst bei nur gleichbleibender Entwicklungstendenz werden in absehbarer Zeit Einzelhaushalte in Kernstädten von großen Verdichtungsräumen ein Drittel bis zu einer Hälfte der Haushalte ausmachen.

Die auf Mittelschichtsfamilien und Eigenheimbau ausgerichtete politische Ideologie in Nordamerika hat ebenso wie der auf Unterbringung von Familien eingestellte öffentliche Wohnungsbau der sozialen Wohlfahrtsstaaten bisher das Anwachsen der Zahl der „Singles" weitgehend ignoriert und ebenso die damit verbundenen, über die Wohnsegregation weit hinausreichenden Phänomene einer Separierung derselben im Hinblick auf Aktionsräume, Kontakträume und Wahrnehmungsräume.

Wenn man von Randgruppen absieht (Obdachlosen, „Sandlern", Kriminellen und dgl.), die seit eh und je zu den „Desorganisationserscheinungen" von großen Städten gehören, so kann man davon ausgehen, daß es sich bei der Bildung von Einzelhaushalten um einen Teilbereich des „Wohlstandssyndroms" handelt, welcher durch die im Zuge des steigenden Wohlstands möglich gewordene Zunahme der Wohnfläche bedingt ist. Umgekehrt ist es daher verständlich, daß in den Staaten mit geringerem ökonomischem Entwicklungsstand (Südeuropa) beziehungsweise in den sozialistischen Ländern, wo die Wohnfläche im Schnitt nirgends 14 m^2 pro Einwohner übersteigt, eine derartige Entwicklung hintangehalten wird.

Es ist schwierig, „kulturelle" Einflüsse von diesem zweifellos vorhandenen Effekt geringer Wohnfläche pro Einwohner auf den Fortbestand „traditioneller Familienstrukturen" abzugrenzen. Diesbezügliche Untersuchungen fehlen. Die grundlegenden Unterschiede zwischen Millionenstädten in den entwickelten Staaten und in den Entwicklungsländern sind aus Tabelle 11 zu entnehmen.

Tabelle 11 Größenstruktur von Haushalten ausgewählter Millionenstädte

Stadt		Personen im Haushalt in % aller Haushalte: 1	2	3	4 u. m.
Istanbul	1965	20,5		18,4	60,8
Buenos Aires	1960	22,5		21,7	55,8
Wien	1910	24,0		20,5	55,5
London	1960	47,1		22,2	30,7
Paris	1960	54,2		19,5	26,3
Stockholm	1960	57,3		19,6	23,1
Wien	1960	63,3		21,6	15,1
Paris	1975	44,0	→	56,0	←
Wien	1981	39,6	31,3	16,0	13,3
Stockholm	1980	50,3	31,6	10,5	7,5

Entwurf: E. Lichtenberger

Hinsichtlich des Trends der Zunahme der Ein- und Zweipersonenhaushalte bestehen keine grundsätzlichen Unterschiede zwischen Kernstädten in Westeuropa und in Nordamerika. Gerade der steigende Wohnraumbedarf für diese Bevölkerungsgruppe hat entscheidend zur Stadterneuerungsbewegung in Nordamerika beigetragen, da die Wohnraum- und Wohnstandortbedürfnisse der Kleinhaushalte von der Privatwirtschaft erkannt und die Errichtung von Apartmenthausbauten überdies von der Regierung gefördert wird.

3.6.7 Aktuelle Segregationsprozesse in der Kernstadt

Zunächst seien die bisherigen Aussagen über die einzelnen Dimensionen der Segregation zusammengefaßt:

1. Die *ethnische Segregation* ist abhängig von der (wie immer zu definierenden) Marginalität der baulichen Struktur von Städten. Es kann daher citynah in der Übergangszone der Downtown Nordamerikas oder in randlichen Wohngebieten der Stadt zur Viertelsbildung von ethnischen Gruppen (Zuwanderern, Gastarbeitern und dgl.) kommen.
2. Die *soziale Segregation* ist abhängig von der sozialen Qualität der „Stadtmitte" und kann einen zentrifugalen oder zentripetalen Gradienten aufweisen, wobei die Inkompatibilität von Unter- und Oberschichten zu einer Polarisierung von Sektoren führt.
3. Die Entstehung der *demographischen Segregation* wurde als wichtiger Vorgang herausgestellt, der die Industrialisierung begleitet und dessen Ausmaß in den postindustriellen Städten von der Mobilität der Wohnbevölkerung und der verfügbaren Wohnfläche pro Einwohner abhängt.

Damit erhebt sich die Frage, welche aktuellen Segregationsprozesse in den Kernstädten Mitteleuropas gegenwärtig größeres Gewicht besitzen, die Auseinanderschichtung der Bevölkerung nach beruflichen und sozialen Kriterien oder die nach Altersklassen und Haushaltstypen. Im folgenden seien die Ergebnisse einer dynamisierten Faktorenanalyse von Wien und München vorgestellt, zwei Städten mit zwar annähernd gleicher Größe der Agglomeration, jedoch sehr unterschiedlicher Gesamtentwicklung, d. h. einerseits geringer (Wien) und andererseits ausgedehnter Suburbanisierung (München) (vgl. Tab. 12).

Nun sind die Kernstädte ganz allgemein im Hinblick auf ihre bauliche Struktur keineswegs eine Einheit, sondern gliedern sich in ein gründerzeitliches Baugebiet mit vorherrschender geschlossener Bebauung, eine *Innenstadt,* und in eine *„Außenstadt",* in der in mosaikförmiger Struktur seit der Zwischenkriegszeit entstandene Wohnblockverbände, Reihenhausanlagen und dgl. vorherrschen.

Die dynamisierte Faktorenanalyse verifizierte die Hypothese, daß in der Außenstadt die demographische Segregation dominiert, wobei es durch die Bautätigkeit zu einer „Verjüngung" der Bevölkerung kommt. Dieser Prozeß ist weit wichtiger als der der sozialen Entmischung der Bevölkerung. In der Innenstadt dominiert dagegen die soziale Segregation in Form von zwei gegenläufigen Vorgängen, und zwar einerseits einer bausozialen Aufwertung, welche in den sogenannten Luxussanierungen ihren Niederschlag findet, und andererseits in einer sozialen Abwertung, welche

Tabelle 12 Vorherrschende Segregationsprozesse in der Wiener und Münchener Kernstadt 1961–1971

			Anteil des Faktors an der erklärten Varianz Wien	München
Gesamtes Stadtgebiet	Soziale Segregation*		16,4	20,6
	Demographische Segregation**		43,2	10,8
Innenstadt	Soziale Segregation	Aufwertung	18,9	28,1
		Abwertung	31,5	14,1
	Demographische Segregation	Überalterung	22,6	–
Außenstadt	Demographische Segregation	Verjüngung	45,5	33,5
	Soziale Segregation	Abwertung	–	10,8
		Aufwertung	13,9	–

(Durchführung der Faktorenanalysen: Kommission für Raumforschung der Österreichischen Akademie der Wissenschaften (H. Fassmann, K. Trnko))

* Variable: Selbständige / Arbeiter / Angestellte

** Variable: Kinder / Personen über 60 / Haushaltsgröße

G. Heinritz und E. Lichtenberger, 1984, S. 87

durch die Infiltration von unteren Bevölkerungsschichten zu erfassen ist. Nun überrascht es nicht, daß in München der erstere Vorgang, in Wien der zweite die Oberhand besitzt. Daraus kommen wir zur Aussage, daß das Verhältnis von Aufwertung und Abwertung zweifellos von Stadt zu Stadt unterschiedlich ist, wobei in baulich attraktiven Innenstädten der Vorgang der Aufwertung – unterstützt durch steuerpolitische und planungstechnische Strategien – an Bedeutung gewinnen dürfte.

Blendet man in diese Ergebnisse die jüngste Entwicklung der nordamerikanischen Städte mit dem Vorgang der *„Gentrification"*, d.h. der bausozialen Aufwertung von Innenstadtgebieten, ein, so ergeben sich überraschende Parallelen, mit einem Unterschied freilich: In Nordamerika haben im Zuge der Suburbanisierung mittlere und obere Bevölkerungsschichten zunächst nahezu zur Gänze den Innenstadtraum verlassen und dort enorme Probleme der sozialen Abwertung mit dem Syndrom von Armut, Krankheit, Alter, Kriminalität, generellen sozialen Desorganisationsphänomenen, Dominanz farbiger Bevölkerung usf. induziert, die in dieser Form in europäischen Innenstädten nicht vorhanden sind, wo überdies meist ein gewisser

Bestand von mittleren und oberen Bevölkerungsschichten in den Innenstädten verblieben ist.

„Gentrification" beinhaltet freilich nicht ein Comeback einer „durchschnittlichen" Mittelschichtsbevölkerung, sondern dieser Vorgang wird vielmehr getragen von einer *„neuen" Citybevölkerung.* Es handelt sich hierbei um junge Berufstätige mit höherer Schulbildung und höherem Einkommen, zumeist um Kleinhaushalte, in geringerem Umfange um Kleinfamilien, welche die (wie immer zu definierende) Attraktivität der Stadtmitte gegenüber den Suburbs vorziehen. Dazu kommt noch eine zweite Gruppe, die einer „kosmopolitischen" Bevölkerung, welche in Welt (Millionen)städten Absteigquartiere besitzt.

3.6.8 Antisegregationsstrategien

Art und Ausmaß der Segregation sind entscheidend vom gesellschaftspolitischen System abhängig. Die Aussage der sozialökologischen Theorie treffen grundsätzlich überall dort zu, wo kapitalistisch regulierte Systeme bestehen. Allerdings können deren Marktmechanismen die ethnische Dimension auch nicht erklären (!). Für die Ghettobildung der schwarzen Bevölkerung in den USA ist vielmehr die auf die Kolonialzeit zurückgehende Rassendiskriminierung maßgebend. Ein Vergleich zwischen der nordamerikanischen und der lateinamerikanischen Stadtentwicklung demonstriert dies nachdrücklich. Die Rassenmischung in Lateinamerika hat ein „anthropologisches Kontinuum" zwischen Indianern und zugewanderten Europäern entstehen lassen; es gibt daher keine „Indianerghettos".

Die Literatur über die *Segregationsprozesse in den Städten der sozialistischen Länder* ist unzureichend, nicht zuletzt deshalb, weil Segregation in einer „klassenlosen Gesellschaft" ein Tabuthema darstellt. Es besteht eine Dreiteilung des Gesellschaftssystems in Funktionärseliten und Akademiker, „Normalbevölkerung" und Zuwanderer aus ländlichen und kleinstädtischen Siedlungen.

Über ein kompliziertes System von Informationen, Privilegierungen und segmentierten Wohnungsmärkten kommt es zu einer – wenn auch im Vergleich zu Westeuropa abgeschwächten – Segregation der genannten Gruppen, wobei zentrale Stadtteile überproportional von der ersten Gruppe „besetzt" sind, in den Wohnblöcken der „Außenstadt" die Normalbevölkerung lebt und sowohl hier als auch in älteren, wenig attraktiven Baugebieten Zuwanderer (zunächst als Untermieter, wie in den gründerzeitlichen Städten Europas) Platz finden.

Es kann nur vermutet werden, daß Ähnlichkeiten mit den Segregationsprinzipien bestehen, welche für Wien um die Mitte des 19. Jahrhunderts dokumentiert werden konnten. Es ist nicht möglich, Aussagen über die ethnische Dimension in den Städten der UdSSR zu machen, in einem Staat, in dem die anthropologische und ethnische Vielfalt sehr viel größer ist als einst in dem Vielvölkerstaat der Österreichisch-Ungarischen Monarchie.

In den *sozialen Wohlfahrtsstaaten Europas* ist, je nach nationalen Wohnungsmarktstrategien, die Trennmarke zwischen den aus „sozialen Gründen" zu subventionierenden Bevölkerungsschichten und dem Teil der Bevölkerung, in dem sich Segregationsmechanismen nach kapitalistischen Prinzipien vollziehen, unterschiedlich hoch angesetzt. Antisegregationsstrategien sind auf den verschiedensten Ebenen zu verzeichnen:

1. Auf der Ebene des einzelnen Haushalts sind vor allem die *Mietzuschüsse* zu erwähnen, welche bis zu einem bestimmten Einkommen ausgezahlt werden und Beziehern niedriger Einkommen gestatten, in „über ihrem ökonomischen Standard" gelegenem Milieu zu wohnen. *Wohnungsverbesserungskredite,* wie sie in Wien als Hilfsmaßnahme für die Mieter gewährt werden, gestatten es diesen, Investitionen zu tätigen, welche sie – entsprechend der Mieterschutzgesetzgebung – vom nachfolgenden Mieter wieder ersetzt bekommen können.

2. Damit ist bereits die *Mieterschutzgesetzgebung* angesprochen, welcher besonders starke Antisegregationstendenzen zugeschrieben werden können, und zwar aus zwei Gründen: Durch die Immobilisierung der Bevölkerung verzögert sich eine zügige Anpassung von aufsteigenden Gruppen hinsichtlich des Wohnraumstandards, während andererseits absteigende soziale Schichten in den Wohnungen verbleiben können, welche dem höheren Status im Berufsleben der vorangegangenen Generation entsprechen.

Aufgrund des Pseudoeigentumsdenkens und der Unterdrückung kapitalistischer Intentionen von seiten der Hausbesitzer fehlen alle „Fluchtreaktionen", welche für eine zügige Sukzession von sozialen Gruppen, ebenso aber auch für eine Segregation von marginalen Bevölkerungsgruppen unabdingbar notwendig sind. Private Kapitalgeber verloren durch die Mieterschutzgesetzgebung jegliches Interesse, in den Miethausbau zu investieren. Eine starke *staatliche Wohnbauförderung* und damit ein bedeutender öffentlicher Wohnungsbau mußten daher in zahlreichen europäischen Staaten an ihre Stelle treten. Bei der Einweisungsstrategie kommen neben „sozialen" Kriterien, d. h. der Einkommenshöhe, auch demographische Kriterien, wie Bevorzugung von Familien, zum Tragen.

3. Auf der Ebene der Stadtteile ist die *„Wahlarithmetik",* welche oft die Standortpolitik von kommunalen Wohnbauten bestimmt, zu erwähnen. Sie stellt ebenfalls ein Mittel der Integration von Bevölkerungsschcihten dar, indem sie zumeist Bevölkerungsgruppen mit „Affinität zur Sozialdemokratie" in konservative Bezirke bringt.

4. Schließlich ist noch die *Strukturierung der Wohnbauten* und *-anlagen* selbst ins Treffen zu führen, bei der mittels Mengung verschiedener Wohnungsgrößen mit unterschiedlicher Wohnqualität versucht wird, der sozialen Segregation entgegenzuwirken und eine „soziale Mischung" der Bevölkerung zu erzeugen.

4 Prozesse auf der Makroebene von Stadtsystemen

4.1 Raumtypen von städtischen Systemen

Ausgehend von der Entwicklung und dem Ausbau funktioneller Stadtsysteme in Nordwest- und Mitteleuropa gelangt man unter Einblendung der Situation in Nordamerika zu folgenden Aussagen über Raumtypen von städtischen Systemen (vgl. Abb. 102). Die vorindustrielle Basis des Städtewesens in West- und Mitteleuropa bildeten hierarchisch gegliederte *zentralörtliche Netze,* die aus den Stadt-Land-Beziehungen, aus den spezifischen Bedürfnissen der Vermarktung der Produktion, des Verkehrs und der administrativen Zuordnung von ländlichen Gemeinden zu Städten erwachsen sind. In der Gründerzeit entstanden *Reviere,* d. h. Stadtverbände von Bergbau- und Industriestädten über den Steinkohlelagern in Großbritannien, im Ruhrgebiet und in Oberschlesien. Bereits im aufgeklärten Absolutismus, d. h. im späten 18. Jahrhundert, entwickelten sich die Hauptstädte von zentralistisch organisierten Staaten zu sogenannten *Primatstädten.* Aufgrund ihrer überragenden politischen, ökonomischen und kulturellen Funktionen überschritt ihre Einwohnerzahl – in Abweichung von der Rang-Größe-Regel – bereits damals das Doppelte der nächstkleineren Städte. Diese Primatstädte umgürteten sich als erste mit einem Kranz von Vororten, welche im Laufe des 19. Jahrhunderts im Zuge sogenannter „Stadterweiterungen" eingemeindet wurden. Gelang es in der Zeit mit überwiegendem Fußgängerverkehr noch, die zusammenhängend bebauten Gebiete durch Eingemeindungen zusammenzuschließen, so bewirkte der Ausbau der Massenverkehrsmittel um die Jahrhundertwende die Entstehung einer neuen, nicht mehr in direktem baulichem Kontakt mit der Kernstadt befindlichen Peripherie von Vororten. Derart erweiterte sich der physiognomisch faßbare bebaute Bereich der Stadt zu der durch die Pendelwanderung definierten *Arbeitsmarktregion.* Dieser Vorgang ergriff als *Suburbanisierung,* von den Großstädten ausgehend, schrittweise auch die Mittelstädte. Die Aufspaltung der *Metropolitan Areas* in *Kernstädte* und *Suburbs* begann in den USA in der Zwischenkriegszeit. Hier entwickelten sich die Suburbs inzwischen zu einem neuen selbständigen sozioökonomischen Siedlungssystem, in dem mehr als die Hälfte der Bevölkerung lebt.

Mit dem überproportionalen Wachstum des quartären Sektors in den größeren Metropolitan Areas (Verdichtungsräumen mit 250 000 und mehr Einwohnern) entstand ein komplex gebautes *intermetropolitanes System,* welches das ältere zentralörtliche System überlagert und die Einzugsbereiche der Zentralen Orte (regionale Zentren und Kleinstädte bis zu 50 000 Einwohnern) kappt. In den Anfängen ebenfalls auf die Gründerzeit zurück geht die Entstehung von *Freizeitrevieren* (in den Alpen, an den Küsten Europas). Mit der Aufspaltung von Arbeits- und Freizeitwohnungen entstand schließlich um die großen Städte in der Nachkriegszeit eine *Zweitwohnungsperipherie* in Richtung auf die Freizeitreviere.

Die einzelnen Raumtypen von städtischen Systemen haben in unterschiedlichem Maße die Aufmerksamkeit der Stadtforschung gefunden. Lange Zeit stand die

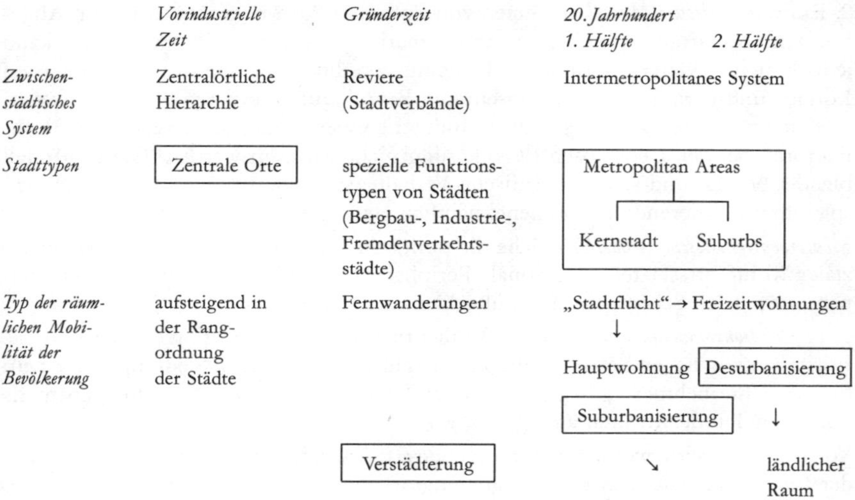

Abb. 102 Der Ausbau des städtischen Systems seit dem 19. Jahrhundert in Nordwest- und Mitteleuropa (Entwurf: E. LICHTENBERGER)

Untersuchung des zentralörtlichen Systems mit Abstand an erster Stelle. Die Auseinanderentwicklung von Kernstadt und Suburbia hat als Prozeß zuerst im angelsächsischen Sprachraum eingesetzt und hier, in weiterer Konsequenz, zur *Counterurbanization* geführt. Beide Vorgänge haben eine lebhafte politische und wissenschaftliche Diskussion – im wesentlichen außerhalb des deutschen Sprachraums – ausgelöst.

4.2 Generelle Entwicklungstendenzen von Siedlungssystemen

Bereits in der Einleitung wurde die Frage aufgeworfen, ob die Counterurbanization (Desurbanisierung) als Innovationsprozeß aufzufassen ist, der, ähnlich wie die Industrialisierung, Kontinentaleuropa vom Nordwesten nach Süden und Osten ausgreifend erfassen wird (P. DREWETT, 1982). Folgende *Erklärungen* werden in der Literatur für die *Desurbanisierung* angeboten:

1. Ein *antiurbanes Präferenzmodell,* welches die Umweltbelastung und die allgemeine Streßsituation in Städten ins Treffen führt und mit der „natürlichen" Vorliebe für kleine Siedlungen und „naturnahes" Wohnen operiert, gleichzeitig die individuelle Entscheidungsfreiheit für den Wohn- und Arbeitsstandort voraussetzt und derart die de facto bestehende Ungleichheit in der Wahlmöglichkeit beim Wohnen und Arbeiten ausblendet.

2. Ein *neoklassisches Modell,* das einen von Pull- und Push-Faktoren, d. h. von Angebot und Nachfrage, regulierten Arbeitsmarkt voraussetzt. Dieses Modell kann jedoch nicht erklären, warum gerade die metropolitanen Gebiete mit den höchsten Löhnen und geringsten Arbeitslosenraten Bevölkerung verlieren und, umgekehrt, in den im Niedergang begriffenen Industrierevieren die zu erwartenden Push-Faktoren bei der arbeitslosen Bevölkerung nicht wirksam werden. Dieses Modell blendet berufs- und schichtspezifische Verhaltensweisen aus, wie in letzterem Beispiel immobilisierende Phänomene, nämlich Hausbesitz, Zweitverdienst usf.

3. *Interventionistische Modelle,* welche die politischen Umverteilungsmechanismen sozialer Wohlfahrtsstaaten in regionale Peripherien ins Treffen führen. Auch sie können nur partiell Stadtflucht und Suburbanisierung erklären.

4. *Produktionsmodelle,* welche die Desindustrialisierung der Agglomeration und das Entstehen von neuen Betrieben für Teilfertigungen in kleineren Siedlungen in einem für den Unternehmer „günstigeren Milieu" zum Inhalt haben. Sie bilden ebenfalls nur einen Teil der Realität ab.

Von der Verfasserin werden ferner folgende *gesellschaftspolitische Bezüge* zur Erklärung der Entwicklungstendenzen von Siedlungssystemen herangezogen:

1. Politische Leitbilder von Städten und *Planungsstrategien.*
2. Das Auftreten von *Disparitäten* im Siedlungssystem hinsichtlich Arbeitsstätten, technologischer Ausstattung, Dienstleistungs- und Konsumniveau.
3. Die inter- und intraurbane *Mobilität der Bevölkerung.*

Im folgenden wird versucht, die Hauptunterschiede zwischen der Stadtentwicklung in den politischen Systemen des Privatkapitalismus in den USA, der sozialistischen Länder und der sozialen Wohlfahrtsstaaten Europas herauszustellen. Dabei wird von den Entwicklungstendenzen des Siedlungssystems im *Nordosten der USA* ausgegangen (vgl. Abb. 103). Bereits in der Einleitung wurde die Zukunftsvision von perfekter Telekommunikation und zeitsparender Verkehrstechnologie vorgeführt, durch die sich in Nordamerika die Stadt zu einem „non-place" wandelt. Städtische Infrastruktur und Dienste sind nahezu ubiquitär vorhanden, und es verteilen sich die Aktivitäten der Gesellschaft dispers im Raum, da aufgrund der hohen Bewertung der Umweltqualität die intermetropolitane Peripherie zunehmend an Attraktivität gewinnt (Counterurbanization). Mit dem enormen Aufschwung von Suburbia, das sich zu einem selbständigen sozioökonomischen Siedlungssystem entwickelt hat, sind gravierende Verfallserscheinungen in anderen Teilen des Siedlungssystems verbunden. Anhand eines Profils von den Kernstädten hinaus in den ländlichen Raum seien die wichtigsten Prozesse vorgestellt.

Rückwirkungen der enormen suburbanen Erweiterung der Metropolitan Areas auf die Kernstädte bestehen:

1. in der Stagnation bzw. im Niedergang zahlreicher zentraler Geschäftsbezirke (CBDs), welche ihre Funktionen in zunehmendem Maß an die neuen Zentren in den Suburbs verlieren;
2. in einem Ödfallen weiter Teile des inneren Industriegürtels um die Downtown („industrial blight");

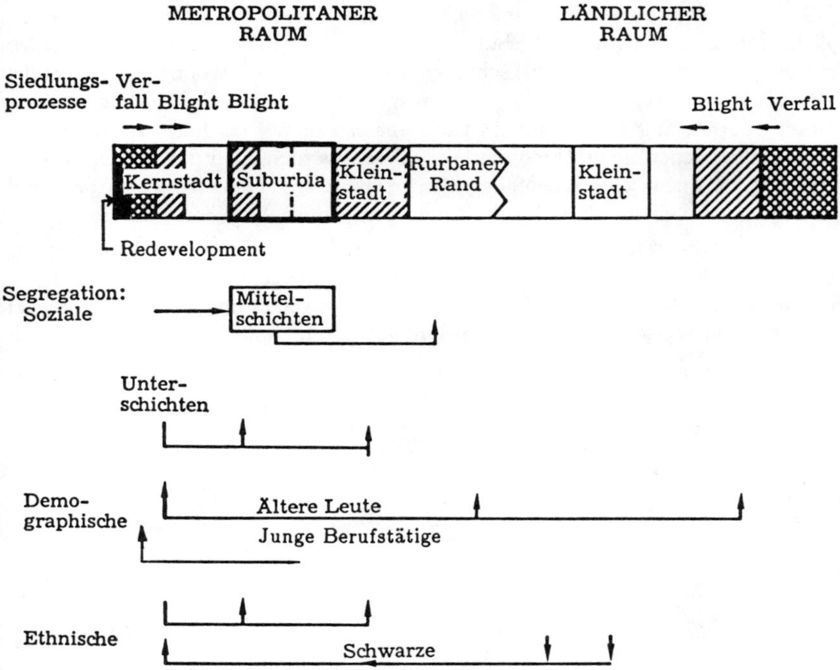

Abb. 103 Entwicklungstendenzen des Siedlungssystems im NO der USA (LICHTENBERGER, E., 1983, S. 15)

3. in einer Entwertung und dementsprechenden Verwahrlosung, schließlich in einem Verfall des älteren Wohnbaubestandes („residential blight") – derartige Verfallserscheinungen betrafen zunächst den gründerzeitlichen Baubestand und breiten sich gegenwärtig schon auf jüngere Stadträume aus;
4. in einem damit verbundenen Verfall des Geschäftslebens („commercial blight", vgl. oben).

Verfall der Wohnbausubstanz und *Slumbildung* zählen in der Mehrzahl der Metropolitan Areas, vor allem im Nordosten der Vereinigten Staaten, zu den flächenbestimmenden Phänomenen. Bereits 1950 betrug die Ausdehnung der Slums in Chicago 22 Quadratmeilen, in San Francisco und San Louis 13, in Detroit sogar 88 (!). Gegenwärtig werden bereits rund 10 Millionen Wohneinheiten als von Ratten invadiert geschätzt; die Bodenpreise sind in innerstädtischen Wüstungsgebieten auf

Null gesunken, und trotz der staatlichen Initiierung einer „Frontierbewegung", welche Interessenten für die Gebühr von einem Dollar den Besitztitel an einem leerstehenden Objekt zuerkennt, schreitet der Verfall in den Wohngebieten um den CBD weiter fort (vgl. Abb. 104). Das insgesamt recht beachtliche Ausmaß der Stadterneuerung mit Bundesmitteln kann mit den immer rascher fortschreitenden Blight-Phänomenen nicht mithalten. Von diesen werden auch die älteren Suburbs betroffen, die inzwischen ebenfalls zu „verschatteten" Gebieten geworden sind. Dasselbe gilt für die Kleinstädte am Rande von großen Verdichtungsräumen.

Die Counterurbanization erreicht jedoch nicht die Peripherie des ländlichen Raums. Ökonomisch und ökologisch – d. h. nicht für die Freizeitgesellschaft geeignete – marginale Teile desselben werden gleichfalls von Verfalls- und Blightphänomenen betroffen. Die *Sozialbrache* und der Siedlungsverfall in ländlichen Räumen haben in

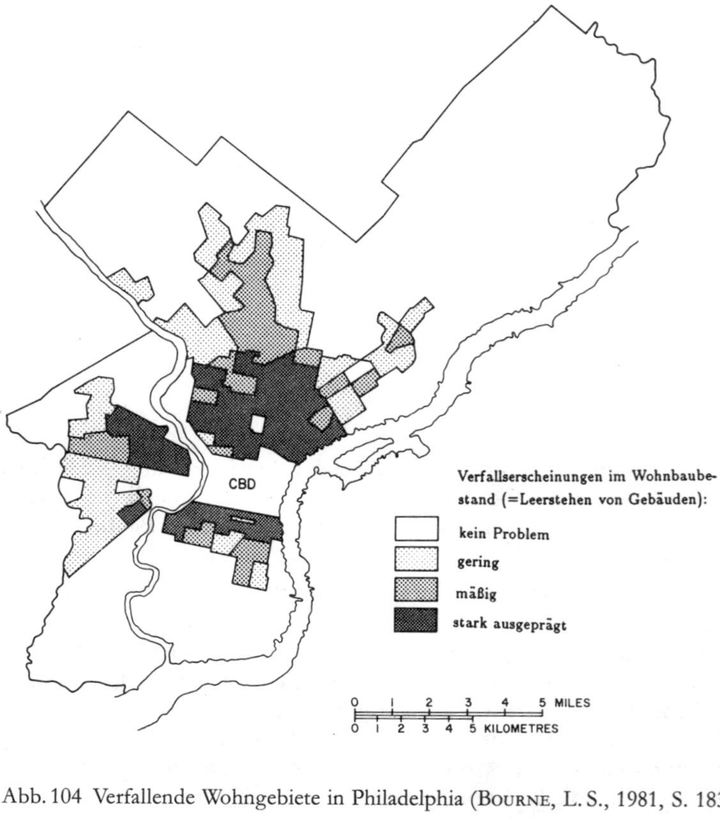

Abb. 104 Verfallende Wohngebiete in Philadelphia (Bourne, L. S., 1981, S. 183)

Nordamerika Ausmaße erreicht, von denen man sich in Europa kaum eine Vorstellung machen kann.

In gesamtstaatlicher Perspektive erweist es sich dabei, daß die vor einem halben Jahrhundert noch recht beachtlichen interregionalen sozioökonomischen Disparitäten im Laufe der letzten Jahrzehnte weitgehend abgebaut wurden, während gleichzeitig damit neue intrametropolitane Disparitäten zwischen den Kernstädten, Kleinstädten und Suburbs entstanden sind. Auf die damit verbundenen Segregationsvorgänge und die Mobilität spezifischer Gruppen wird unten eingegangen.

Bietet die Präferenz der familiengebundenen Mittelschichtsbevölkerung für den „Suburban Way of Life" eine durchaus befriedigende Erklärung für die Entwicklung des nordamerikanischen Siedlungssystems, so ist diese Erklärung für das Verständnis der *Stadtentwicklung in den sozialistischen Ländern* völlig ungeeignet. Hier treten folgende Faktoren zusammen:

1. Auf die Ideologie von der Stadt als anzustrebender Siedlungsform der klassenlosen sozialistischen Gesellschaft wurde bereits hingewiesen.

2. Für die UdSSR gilt ferner, daß der für die vorindustrielle europäische Stadtentwicklung wichtige größere politische Freiheitsgrad von Stadtbürgern im Vergleich zur ländlichen Bevölkerung bis vor kurzem – wenn auch abgeschwächt – in Form von zwei unterschiedlichen „Ausweiskategorien" bestanden hat.

3. Insgesamt treffen für sozialistische Städte ähnliche Verhältnisse zu, wie sie die großen gründerzeitlichen Städte Kontinentaleuropas gekennzeichnet haben, nämlich daß die „Disparitätsgrenze" mit der Stadtgrenze identisch ist, d. h. die Stadt ist mit allen Einrichtungen der sozialen und technischen Infrastruktur besser ausgestattet als das Land.

4. Dazu kommt, daß Investitionen für Arbeitsstätten, technische und soziale Infrastruktur in einer zentralistischen Planungsstrategie in der Rangordnung von Städten stets von oben nach unten vergeben werden, wobei die unteren Ränge zu kurz kommen.

5. Damit herrscht die Stadt(Großstadt)-Wanderung absolut vor. Sie geht auf die Pull-Faktoren von besserem Arbeitsstättenangebot, besseren Dienstleistungen und höherem Konsumniveau zurück, und nur in den Großstädten ist der Aufstieg über Bildung und der Zugang zum Kader der Funktionäre möglich.

6. Zentralörtliche Systeme und damit Zentrale Orte mittlerer und unterer Ränge waren in großen Teilen Ost- und Südosteuropas stets schwach entwickelt. Die Neugründung von Industriestädten und die Neuschaffung „produktionsorientierter" Zentraler Orte ist regional von sehr unterschiedlicher Bedeutung. In peripheren ländlichen Räumen erfolgt teilweise eine staatlich geförderte (forcierte) Siedlungskonzentration; Streusiedlung und Kleinsiedlungen werden aufgegeben.

Die diversifizierte Szene der *Siedlungssysteme im kontinentalen Nordwest- und Mitteleuropa* gestattet es nicht, die Entwicklungstendenzen auf derart einfache Aussagensysteme zu reduzieren, wie sie für den Nordosten der Vereinigten Staaten und die sozialistischen Länder gemacht wurden.

Auf den Pluralismus des Wohnungsmarktes, der Verkehrstechnologie, des Geschäftslebens usf. und seine Auswirkungen auf die innerstädtische Entwicklung wurde verschiedentlich eingegangen. Ein Pluralismus in der Entwicklung des Siedlungssystems ist daher von vorneherein zu erwarten, und zwar sowohl bei den Planungszielen (Interventionsmodell) als auch bei den Präferenzen der Bevölkerung (Präferenzmodell). In bezug auf die *Planungsinstanzen* besteht durchgehend eine Trennung zwischen

1. der *Stadtplanung* (sensu stricto), welche nur bei Großstädten und teilweise bei Mittelstädten als mit Budgetmitteln ausgestatteter Behördenapparat vorhanden ist, und

2. der *Regionalplanung,* welche lange Zeit ihre Hauptaufgabe in der Entwicklung eines leistungsfähigen Netzes Zentraler Orte mit entsprechender Zuweisung von öffentlichen Einrichtungen an bestimmte Verwaltungsebenen und damit bestimmte Städte gesehen hat.

3. Durch gesetzliche Maßnahmen und Budgetmittel abgesicherte *Planungsinstanzen für Verdichtungsräume* fehlen, wenn man von Staaten wie den Niederlanden und von Ausnahmen wie dem Greater London Council sowie, eingeschränkt, den Planungsbehörden für die Pariser Agglomeration absieht. Eine Sonderstellung besitzt der 1920 dank privatwirtschaftlicher Initiative gegründete „Siedlungsverband Ruhrkohlenbezirk". Ansonsten existieren Planungsämter für Agglomerationen bestenfalls für einzelne Sektoren, wie den Verkehrsverbund, die Grünflächenplanung und dgl. Generell besteht eine gewisse Hilflosigkeit der Regionalplanung gegenüber der von den großen Verdichtungsräumen ausgehenden Suburbanisierung und dem Zweitwohnungswesen. Vielfach machen sich Gemeinden im Umland die Suburbanisierungstendenzen von Betrieben zunutze.

Fragt man nach den *Präferenzen der Bevölkerung,* wie sie in der Bautätigkeit realisiert werden, so kann im Falle der Bundesrepublik Deutschland darauf hingewiesen werden, daß 75% des Neubauvolumens auf Einfamilienhäuser entfallen und damit der Anteilswert der USA erreicht wird. Nun soll nicht übersehen werden, daß gerade die Bestrebungen des Bundes und der Länder um möglichst gleichmäßige Investitionen in die soziale und technische Infrastruktur aller Gebiete und die Subventionen an ökonomisch marginale periphere ländliche Räume eine derartige Entwicklung begünstigen. Zwar ist in der deutschen Planungsliteratur die Halbmillionenstadt mit ihren verschiedenen Schaustücken, wie Fußgängerzonen, U-Bahn-Bauten, Neuanlagen von Wohnvororten, Geschäftszentren usf., deutlich en vogue; hingegen geht der Trend von seiten der Bevölkerung – die es sich leisten kann – dahin, aus den Verdichtungsräumen zu „flüchten", und zwar in die Suburbs bzw. in die gutausgestatteten Ober- und Mittelzentren des zentralörtlichen Systems. Es ist eine offene Frage, in welchem Ausmaß der Auszug von Familien und Mittelschichten aus den Kernstädten in den westlichen Gesellschaften weitergehen wird. Die unterschiedliche Entwicklung im ländlichen Raum wurde angedeutet; ökologisch attraktive Räume werden Freizeitsiedlungen in zunehmendem Maße anziehen, während in ökonomisch und ökologisch benachteiligten Gebieten Verfallsphänomene entweder schon vorhanden oder zu erwarten sind.

4.3 Bauliche und sozialgeographische Faktoren von Siedlungssystemen

Im folgenden seien einige bauliche und sozialgeographische Faktoren skizziert, welche unter Zugrundelegung von Merkmalen der Ausstattung des physischen Raums und des Aktions- und Wahrnehmungsraums der jeweiligen Bewohner in Mitteleuropa Bedeutung besitzen. In Analogie zu Nordamerika werden folgende Siedlungstypen unterschieden:

- Kernstädte,
- suburbane Räume,
- Zentrale Orte (kleine Märkte, Kleinstädte, kleine Mittelstädte),
- ländliche Räume.

Abb. 105 enthält folgende Aussagen:

	Kernstadt	Suburbia	Kleinstadt (zentraler Ort)	Ländliche Siedlung
Physischer Raum	hohe Dichte, Heterogenität der Einrichtungen	mäßige Dichte	mäßige Dichte	geringe Dichte
	geringe Freiräume	mäßige Freiräume		weite Freiräume
	Miethauswesen	Wahl der Wohnformen möglich	Präferenz für Eigenhaus	Eigenheim
Arbeitsplätze	hoher Überschuß	Defizit und beschränkte Auswahl	Überschuß	hohes Defizit
Zentrale Einrichtungen	hoher Überschuß	Fehlen spezialisierter Einrichtungen	Überschuß	Unterversorgung
Aktionsraum	anonym	anonym, wenn erwünscht	partielle (gruppenspezifische) soziale Kontrale	strikte soziale Kontrolle
Wahrnehmungsraum	nicht überschaubar	überschaubar	überschaubar	überschaubar

Abb. 105 Bauliche und sozialgeographische Faktoren von Siedlungssystemen (Lichtenberger, E., 1983, S. 18)

1. In den *Kernstädten* ist das Leben in Mietwohnungen die Regel. Bei hoher Dichte, Heterogenität und Vielfalt von Einrichtungen bleibt der Aktionsraum des einzelnen anonym. Dieser kann sich der gruppenspezifischen und territorialen Kontrolle

weitgehend entziehen, ist aber umgekehrt nicht imstande, den komplexen Stadtraum und sein Beziehungsgeflecht zu erfassen und tatsächlich zu nutzen. Der Ausstattungsvielfalt von Arbeitsplätzen und zentralen Einrichtungen steht in der Kernstadt ein eklatantes Defizit hinsichtlich der Umweltqualität und eine nur beschränkte Möglichkeit der Freizeitgestaltung gegenüber.

2. Mit der Stadtflucht aus der Kernstadt in den *suburbanen Raum* gewinnt der einzelne die Überschaubarkeit des persönlichen Wahrnehmungsfelds dank der Weite und Offenheit der Freiräume, und ebenso ist es ihm möglich, das Einfamilienhaus als Wohnform zu realisieren, wenn dies seinen Wünschen entspricht. Er folgt letztlich damit den Intentionen von Stadtplanern, die bereits seit Beginn des Jahrhunderts nach gegliederten, überschaubaren Siedlungseinheiten rufen. Gleichzeitig kann er jedoch – darin sind Ambivalenz und Vorteil des suburbanen Raums und damit dessen Take-Off begründet – in seinem Aktionsfeld noch weitgehend die Anonymität behaupten, sollte er dies wollen.

Damit kommen wir freilich zur grundsätzlichen Feststellung, daß überall dort, wo die Suburbanisierung – aufgefaßt als Prozeß der Ausbreitung einer städtischen Gesellschaft – hinausgreift in die ländliche Siedlung, eine Zweiteilung der Gesellschaft zwischen der die Anonymität des Aktionsraums schätzenden großstädtischen Bevölkerung und der unter sozialer Kontrolle stehenden ortsständigen Bevölkerung vorhanden ist. Wenn, wie dies in den Suburbs zum Teil der Fall ist, die soziale Rolle bereits vom Freizeitverhalten ihren Zuschnitt erfährt, entsteht gleichzeitig eine gewisse Ambivalenz zwischen den Rollen in der Arbeitswelt und der Freizeitwelt.

3. Die in Suburbs nur eingeschränkt mögliche soziale Kontrolle wirkt in den *Kleinstädten* und *ländlichen Siedlungen* als Instrument der Eingliederung des einzelnen in die territoriale Gruppe. Andererseits bieten jedoch diese übeschaubaren Räume eine Möglichkeit der Selbstidentifizierung und Präsentation des Lebensstils und der Arbeitsleistung, welche weder im suburbanen Raum noch in der Kernstadt in dieser Form möglich sind. Freilich sind damit vielfach traditionelle Vorstellungen von Lebensformen verbunden, ebenso die Einheit von Wohnen und Arbeiten, wie sie vor allem bei Gewerbetreibenden und Angehörigen der freien Berufe noch vielfach die Regel ist.

4.4 Kernstadt – Suburbia – Kleinstadt: Segregation und Mobilität

Unter Bezug auf die eingangs hervorgehobenen Entwicklungstendenzen von Stadtsystemen in den USA sollen die folgenden drei Glieder desselben hinsichtlich Sozialsystem und Mobilität analysiert werden:

1. Kernstädte von Metropolitan Areas,
2. Suburbs in Metropolitan Areas,
3. unabhängige Kleinstädte.

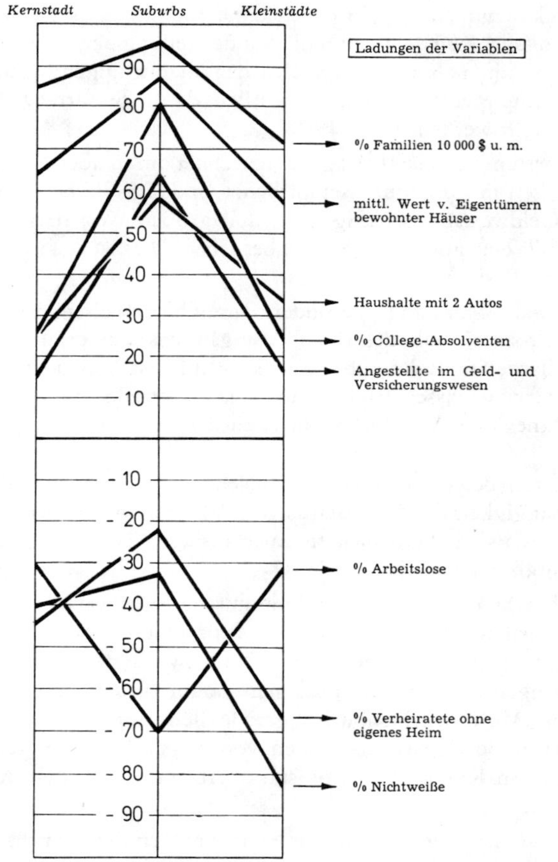

Abb. 106 Die sozioökonomische Dimension im nordamerikanischen Städtesystem (Entwurf: E. Lichtenberger, unter Verwendung der Daten von Hadden, J.K. und Borgatta, E.F., 1983, S. 17)

Die Aussagen beruhen auf den Daten einer Faktorenanalyse von J.K. Hadden und E.F. Borgatta (1965). Zunächst sei auf das *Sozialsystem* eingegangen. In Abb. 106 sind die Ladungen der einzelnen Variablen auf dem Faktor der sozioökonomischen Dimension dargestellt.

1. Die Graphik demonstriert sehr deutlich die überraschende Ähnlichkeit zwischen den *Kernstädten* und *Kleinstädten* und die Sonderstellung der Suburbs sowohl gegenüber den Kernstädten als auch gegenüber den unabhängigen Kleinstädten. Gerade letztere Feststellung erscheint sehr wesentlich, da die Suburbs vielfach als „Kleinstädte" hingestellt werden.

2. Das Sozialsystem der *Suburbs* ist gekennzeichnet durch überproportionalen Anteil von Angestellten mit überdurchschnittlicher Bildung, die besonders im Versicherungs- und Geldwesen beschäftigt sind und großen Wert darauf legen, daß ihre Kinder ebenfalls eine gute High-School besuchen. Dies ist ebenso ein echtes Statussymbol wie der Besitz von zwei Autos.

Im negativen Faktorenraum ist besonders darauf hinzuweisen, daß, wie die negative Ladung des Prozentanteils des Bevölkerungswachstums ergibt, durch dieses der sozioökonomische Status des Suburbs sinkt. Mit fortschreitender Suburbanisierung besteht damit eine gewisse Ausgleichstendenz im Sozialprofil gegenüber den Kernstädten. Als „negative Variable" steht auch der Prozentwert der Arbeitslosen zu Buche.

3. Fragt man nach den besonderen Merkmalen der *Kleinstädte,* so zeigt sich eine stark positive Abhängigkeit des Sozialstatus vom Wohnen im eigenen Haus, während in den Suburbs, wo sich alle Schichten am Hausbesitz beteiligen, dessen Bedeutung als Statussymbol reduziert ist.

Die zum Teil sehr marginale sozioökonomische Situation der Kleinstädte äußert sich in den hohen negativen Ladungen des Prozentanteils der nichtweißen Bevölkerung und der Verheirateten ohne eigenes Haus sowie in der schlechten Schulbildung und dem geringen Einkommen. Dies geht darauf zurück, daß im Zuge des Überspringens der „Mittelschichtsuburbs" gerade die Kleinstädte im Umkreis von Metropolitan Areas durch das Abströmen von Negern und unteren Bevölkerungsschichten aus den Kernstädten eine starke Abwertung des einstigen Sozialstatus erfahren haben.

Auch bei der *Mobilität* der Bevölkerung sondern sich die Suburbs als selbständiges Siedlungssystem deutlich von Kernstädten und Kleinstädten (vgl. Abb. 107). Folgende durchgehende Zusammenhänge lassen sich feststellen:

1. Eine negative Korrelation zwischen Mobilität und Alter der Städte (definiert durch das Gründungsjahr) belegt, daß sich die Zuwanderung vorwiegend in junge städtische Siedlungen richtet.
2. Damit steht eine Fernwanderung aus dem Nordosten in den Westen des Kontinents im Zusammenhang.
3. An der Mobilität beteiligen sich in hohem Maße Collegeabsolventen, ferner Angestellte sowie Beschäftigte im Baugewerbe, während sich umgekehrt Industriearbeiter als immobiler erweisen.
4. Bei der mobilen Bevölkerungsgruppe ist ferner ein sehr hoher Motorisierungsgrad (Besitz von zwei Autos) auffällig.
5. Im Zusammenhang mit der ethnischen Segregation ist eine gewisse Immobilisierung der nichtweißen Bevölkerung in den Kernstädten hervorzuheben.

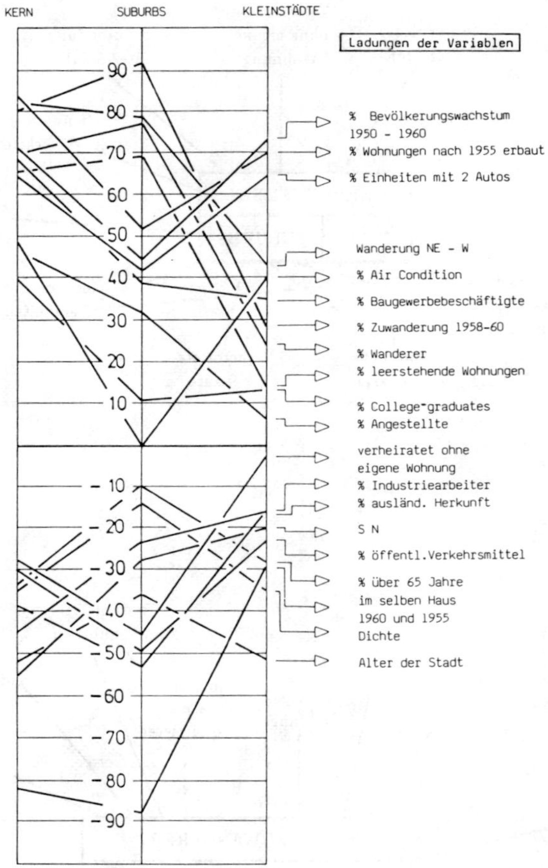

Abb. 107 Die Mobilität im nordamerikanischen Städtesystem (Entwurf: E. LICHTENBERGER unter Verwendung der Daten von J.K. HADDEN und E.F. BORGATTA)

6. In demographischer Hinsicht überwiegen in Kleinstädten außerhalb der Metropolitan Areas vor allem ledige Wanderer, darunter Studierende und Lehrpersonal, und andererseits in den Kernstädten der großen Verdichtungsräume alte Menschen.

Anhand des Korrelationsgefüges von zwei Bevölkerungselementen, nämlich der *nichtweißen Bevölkerung* und der *Zuwanderer,* seien weitere Unterschiede zwischen der Kernstadt und den Suburbs geboten (vgl. Abb. 108):

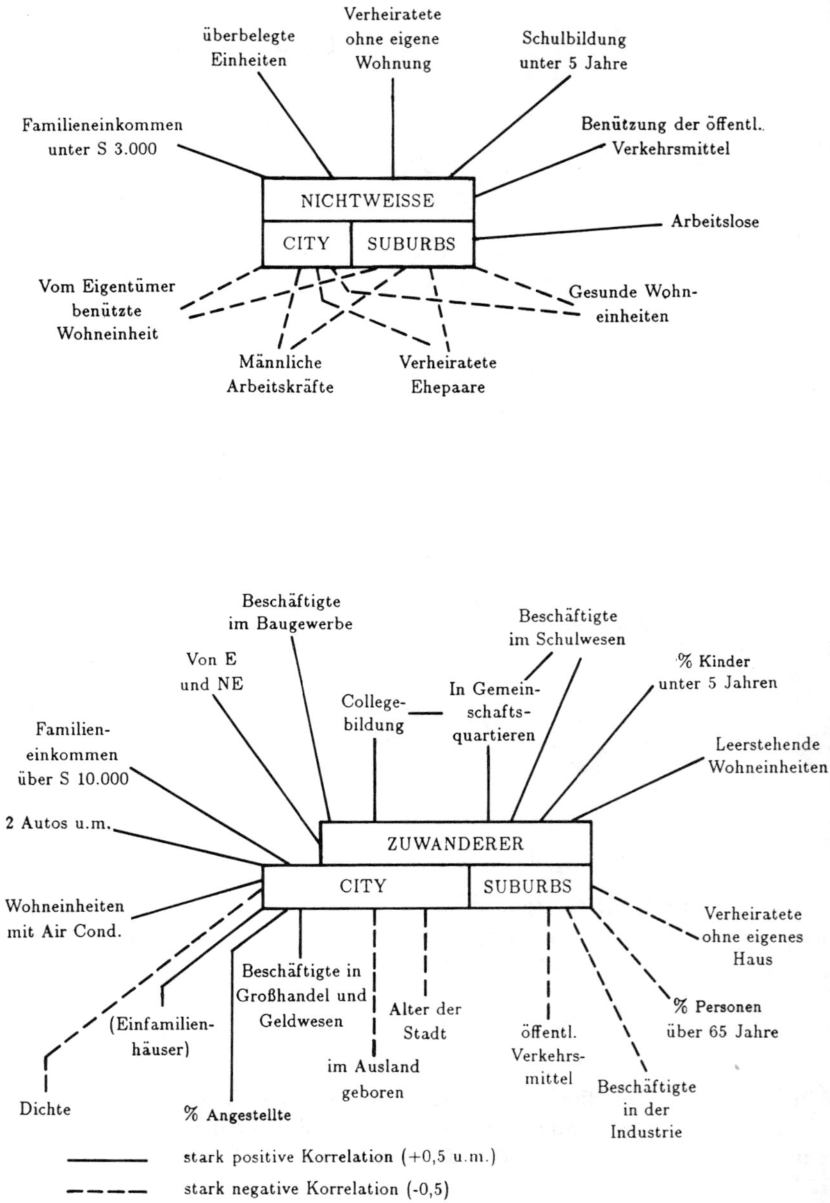

Abb. 108 Korrelationsschemata der Struktur von Nichtweißen und Zuwanderern in Kernstadt und Suburbs (Entwurf: E. LICHTENBERGER)

An sich gehört es zu den bekannten Tatsachen, daß die *nichtweiße Bevölkerung* unterdurchschnittlich verdient, in verhältnismäßig überbelegten Wohnungen haust und selbst dann, wenn sie verheiratet ist, häufig keine eigene Wohnung besitzt. Die geringe Schulbildung verhindert in vielen Fällen auch die berufliche Karriere. Nichtweiße sind es auch, die in erster Linie die öffentlichen Verkehrsmittel benützen und damit dem ganzen Problemkreis der Aufrechterhaltung der Massenverkehrsmittel in den amerikanischen Städten einen besonderen Akzent geben. Aus den negativen Korrelationen rundet sich das Bild weiter zu den von puritanischer Mittelstandsseite häufig beanstandeten zahlreichen Lebensgemeinschaften und „wilden Ehen". Ferner erkennt man auch die ganze Problematik auf dem Arbeitsmarkt, auf dem eher Frauen als Männer Arbeit finden. Interessant und keineswegs selbstverständlich ist das Ergebnis, daß die Lage der Nichtweißen in den Suburbs im Durchschnitt noch schlechter ist als in der Kernstadt, die Zahl der Arbeitslosen ebenso größer wie die der gesundheitsschädlichen Wohnungen.

Einen interessanten Komplex bilden die *Zuwanderer* in die Kernstädte, die im wesentlichen drei Gruppen angehören: den Beschäftigten im tertiären Sektor, vor allem im Großhandel und im Geldwesen, den Angehörigen des Baugewerbes und der „Bildungsgruppe" von Studierenden und Collegelehrern.

Sozialökologische Analysen des gesamten Siedlungssystems liegen derzeit für den deutschen Sprachraum nicht vor. Als Vergleichsbeispiel sei ein *Mobilitätsprofil* durch die Wiener Agglomeration geboten, mit dem Unterschiede zur nordamerikanischen Entwicklung demonstriert werden können (vgl. Abb. 109):

1. Auch Wien folgt dem angesprochenen Trend der Entstehung einer *Citybevölkerung* in den inneren Stadtteilen. Dazu zählen alleinstehende Berufstätige, berufstätige Ehepaare, ferner Studenten und Pensionisten(-innen). Unabhängig davon bleiben die rings um die City gelegenen inneren Bezirke jedoch nach wie vor Wohnstandorte der Mittelschicht. Das Marginalitätssyndrom der Übergangszone um den CBD fehlt.

2. Zwischen der Wiener Bevölkerung und den *Gastarbeitern* bestehen gegenläufige Mobilitätstendenzen. Während die Wiener Familien aus dem gründerzeitlichen Baugebiet an den Stadtrand ziehen bzw. – wenn sie sich ein Einfamilienhaus leisten können und wollen – überhaupt die Kernstadt verlassen, ziehen umgekehrt Gastarbeiterfamilien aus dem Umland der Stadt und vom Stadtrand in das gründerzeitliche Stadtgebiet. Auf die Abfolge und gleichzeitig Assoziation von Arbeitern – Rentnern – Gastarbeitern wurde bereits hingewiesen.

3. Im suburbanen Raum kommt es durch den Zuzug von Wiener Mittelschichten und den Zweitwohnungsbau von Wienern zu einer Überschichtung der ortsständigen Pendlerbevölkerung, welche zum Teil eine „industrielle Reservearmee" für die Kernstadt darstellt.

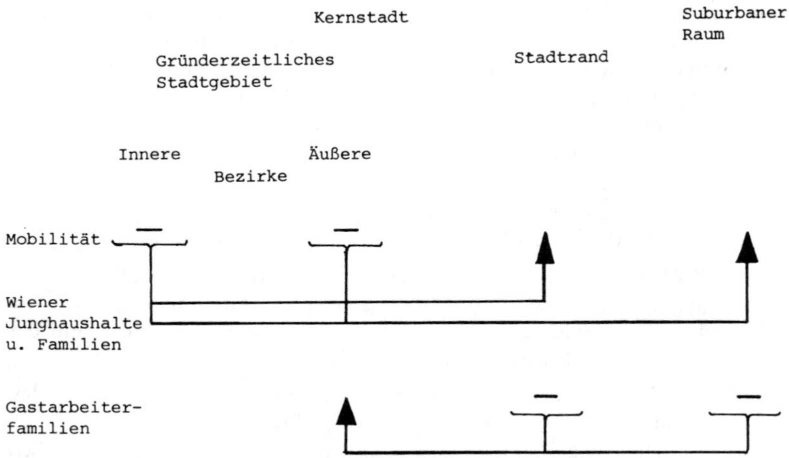

Gesellschaftliche Assoziationen

Mittelschichten alleinstehende Berufstätige berufstätige Ehepaare Studenten alleinstehende Pensionisten (-innen) Zweitwohnungen von ehemaligen Wienern	Arbeiter Rentner Gastarbeiter-familien	Junghaushalte u. Familien soziale Mengung alleinstehende Gastarbeiter u. Gastarbeiter-ehepaare	ortsständige Pendler z.T. Arbeiter Zuzug von Wiener Mittelschichten als Hauptwohnsitz Zweitwohnungen von Wienern

Abb. 109 Mobilitätsprofil durch die Wiener Agglomeration (Lichtenberger, E., 1983, S. 38, verändert)

4.5 Die Aufspaltung der Wohnfunktion in Arbeits- und Freizeitwohnungen

Die Entstehung von Freizeitwohnungen im ländlichen Raum bildet das kontinentaleuropäische Pendant zur Counterurbanization Nordamerikas. Die Aufspaltung der Wohnfunktion in Arbeits- und Freizeitwohnungen kann als wichtigster Vorgang der Gegenwart im Siedlungssystem angesehen werden. Seine Konsequenzen betreffen alle Teile desselben, die Kernstädte, den suburbanen Raum und die kleinen Gemeinden des ländlichen Raumes. Am wenigsten davon berührt sind die Zentralen Orte der mittleren und unteren Stufe. Es kann kein Zweifel darüber bestehen, daß diese neue Lebensweise eines *„städtischen Nomadentums"* auch die weitere Entwicklung entscheidend beeinflussen wird. Die Auswirkungen der Stadtflucht von Bevölkerung und Kapital auf die Kernstädte wurden bisher zum Teil nicht einmal in Diskussionen ernsthaft erörtert und sind auch für die Zukunft nur schwer absehbar.

Überdies ist es zu grundsätzlichen Schwierigkeiten bei der amtlichen Registrierung und statistischen Erhebung der Bevölkerung gekommen: Die Volkszählung 1981 in Österreich bietet eine erste Vorstellung davon, zu welchen skurrilen Teilungen von Haushalten es kommen kann, wenn die Bewohner eines Staates die möglichen Benefizien (Steuernachlässe, Kredite usf.) durch eine entsprechende „Zuteilung" der Haushaltsmitglieder an zwei Wohnstandorte ausnützen wollen, ebenso davon, daß manche Bürger gar nicht mehr sicher sagen können, wo der „Mittelpunkt ihrer Lebensbeziehungen" gelegen ist, da sie sich mit einer „Doppelrolle" identifizieren. Eine derartige Aufspaltung der Wohnfunktion ist nicht nur bei Teilen der großstädtischen Bevölkerung vorhanden, sondern tritt prinzipiell auch bei einem Großteil der Gastarbeiter auf, welche Einfamilienhäuser in den Heimatgemeinden errichteten (E. Lichtenberger, 1984).

Es erhebt sich im folgenden die Frage, welche *Faktoren* eine derartige *Aufspaltung der Wohnfunktion* begünstigen. Hierzu einige Ausführungen.

1. Wie man an der jüngsten Entwicklung im Westen und Osten des Eisernen Vorhanges feststellen kann, begünstigt das *Wohnen im Massenmiethaus* die Tendenz zum Zweitwohnsitz außerordentlich. Der daraus resultierende Kontrast zwischen großstädtischem Wohnmilieu und ländlichem Lebensraum, zwischen öffentlichen Grünflächen und privatem Grün potenziert den Freizeitwert des letzteren in weit höherem Maße, als dies bei verstädterten Gesellschaften mit suburbanem Lebensstil, wie in Nordamerika, der Fall ist. Während in den USA, dem Staat mit dem höchsten Wohnkomfort, sich nur 5% der Haushalte an der Zweitwohnungsbewegung beteiligen, sind es in Schweden 23%, in Frankreich 21%, und alle Oststaaten haben, trotz verschiedener Restriktionen, größte Schwierigkeiten, die Bewegung, eine „Datscha" zu besitzen, in den Griff zu bekommen. In Prag hat ein Drittel der Haushalte bereits eine Zweitwohnung. Dieser Boom wird auch zweifellos dadurch begünstigt, daß infolge der Verstaatlichung des Miethausbestands die Mieten nur „Anerkennungsgebühren" darstellen, so daß die Zweitwohnungen indirekt vom Staat subventioniert werden (!). Allerdings schränkt staatliche Kontrolle private Grundstücksflächen und Bauflächen drastisch ein. So gestatteten die Vorschriften

am Plattensee, dem bevorzugten Zweitwohnungsraum von Budapest, bei Neuaufschließungen bis vor kurzem nur Parzellengrößen von 200 m^2 und eine Grundfläche der Holzbauten von 20–25 m^2. Durch einen vogelkäfigartigen Ausbau gelang es den Bewohnern, auf rund 45 m^2 zu kommen. Inzwischen sind diese Restriktionen gefallen.

2. In einer entfremdeten Arbeitswelt verlagert sich das Identitätsbewußtsein des einzelnen in seine kleine, überschaubare private Sphäre. Die oft wenig befriedigende soziale Rolle in der Arbeitswelt wird kompensiert durch die Schaffung einer *zweiten Rolle im Freizeitbereich,* die in vielem für die Mißlichkeiten der ersteren entschädigen kann.

3. Bei der Verwendung des Konzeptes „Lebenszyklus" kann man ferner grundsätzlich davon ausgehen, daß in verschiedenen Perioden desselben unterschiedliche Standorte im Raum zweckmäßig und möglich sind. Eine *Standortverschiebung im Laufe des Lebenszyklus* ist daher stärker als bisher zu erwarten. Die Verschiebung wird ferner begünstigt durch Disparitäten in der Verteilung von Ausbildungs- und Arbeitsstätten zwischen Großstädten und ländlichen Räumen. Diese zwingen Lehrlinge, Schüler und Studenten aus dem weiteren Umland dazu, einen Ausbildungswohnsitz in der Großstadt zu suchen. Im zweiten Lebensabschnitt wird dann von Berufstätigen, und zwar meist solchen mit Familien, ein Freizeitwohnsitz im Umland angestrebt, welcher beim Eintritt in das dritte Lebensalter, oft aber auch schon früher, zum Hauptwohnsitz avancieren kann.

4. In den ländlichen Räumen kommt es zu *sozialen Überschichtungsphänomenen* über die ortsständige Bevölkerung dadurch, daß in erster Linie Mittelschichten diese Form der Suburbanisierung tragen. Die Nachfrage nach Boden läßt die Grundpreise steigen. Die Schere zwischen grundbesitzender und nichtgrundbesitzender ländlicher Bevölkerung öffnet sich. Nur durch Stadtwanderung entgeht letztere der Proletarisierung.

5. Schließlich haben Zweitwohnungen auch noch die *demographische Funktion,* daß sie die in der arbeitsteiligen Gesellschaft getrennte Dreigenerationenfamilie wieder vereinigen.

6. Die Aufspaltung der Wohnfunktion ist ein *„europäisches Problem"* und als solches in den einzelnen Staaten eingebunden in die Strategien der Wohnungswirtschaft. Es weist dementsprechend eine breite Palette der Organisationsformen, der Zielsetzungen, des Sozialspektrums und der physischen Struktur von Zweitunterkünften auf.

4.6 Die wachsende Instabilität der Gesellschaft in der Kernstadt

Bereits weiter oben wurde darauf hingewiesen, daß die Einwohner in Städten in zunehmendem Maß zu „Bewohnern auf Zeit" werden, entsprechend den rhythmischen Phänomenen der arbeitsteiligen Gesellschaft bzw. der Verschiebung des Wohnstandortes im Laufe des Lebenszyklus; auch kommen – gleichfalls in wachsendem Ausmaß – ausländische „Zeitwanderer" in die Städte, um hier für eine meist nicht a priori definierte Zeitdauer Arbeit zu suchen.

Diese neue Instabilität der städtischen Gesellschaft erschwert sämtliche Quotenberechnungen, Vorausschätzungen und Zukunftsperspektiven in einem Maß wie nie zuvor. Überdies entstehen neue Zuordnungsprobleme nicht nur bei der Erstellung von Steuerbudgets, sondern es ergeben sich auch kommunalpolitische Leerräume überall dort, wo die genannten Gruppen größere Anteile an der Bevölkerung erreichen, d. h. es entsteht eine Bevölkerung, deren Interessen, Initiativen und Investitionen zwischen zwei Standorten geteilt sind. Anhand des Wiener Beispiels seien diese neue Instabilität der städtischen Gesellschaft sowie Art und Umfang der Bevölkerung auf Zeit demonstriert. Die Angaben beruhen auf den Ergebnissen der Volkszählung 1981 und gestatten neue Einsichten (vgl. Tab. 13).

Tabelle 13 Die Instabilitätsbilanz der Bevölkerung in der Kernstadt von Wien 1981

Wohnbevölkerung: 1 531 000	+ Bevölkerung	auf Zeit –	
Einpendler	173 000	32 000	Auspendler
„Ghost-Bevölkerung"	230 000	163 000	Bevölkerung mit Zweitwohnsitzen
Touristen, Geschäftsreisende	25 000	152 000	Ausländer
Studenten	50 000	—	
	478 000	347 000	
		1 184 000	Wien – zentrierte Bürger
		825 000	Bevölkerung auf Zeit
Aufgestockte Bevölkerung	2 009 000		

Entwurf: E. LICHTENBERGER

Zunächst sei auf die *positive Seite der Bilanz* der Bevölkerung auf Zeit eingegangen. Sie wird im folgenden als *„aufgestockte Bevölkerung"* bezeichnet. Hier stehen folgende Positionen zu Buche:

1. 1981 zog Wien als Arbeitsstättenzentrum rund 173 000 Menschen als *Einpendler* an. Die Stellung der Stadt als Arbeitsmarktzentrum hat sich damit im letzten Jahrzehnt wesentlich verbessert.
2. Mit dem Begriff der *„Ghost-Bevölkerung"* wird der Bevölkerungsteil bezeichnet, der aufgrund der vorhandenen unbewohnten (Zweit-)Wohnungen in Wien leben könnte. Zur Berechnung der „Ghost-Bevölkerung" wurde die durchschnittliche Haushaltsgröße verwendet.
3. Anzureihen ist die Zahl der *Fremdenbetten,* welche in gastgewerblichen Betrieben und in Privatpensionen für Gäste zur Verfügung stehen. In den Spitzenzeiten der

Fremdenverkehrssaison ist allerdings die Zahl noch wesentlich höher, sie kann jedoch nicht erfaßt werden.

4. Ebenso wurde die Zahl derjenigen *Studenten* eingetragen, welche nicht in Wien beheimatet sind und die sich daher nur während der Zeit des Semesters in Wien aufhalten.
5. Schwer abschätzbar ist die Zahl von Nicht-Wienern, welche zentrale Einrichtungen, wie Krankenhäuser und dgl., aufsuchen.

Sieht man von der letzteren Zahl ab, so gelangt man zu einer Gesamtzahl von über zwei Millionen Menschen, welche die Einrichtungen der Kernstadt, seien es die Arbeitsstätten, die Verkehrsmittel, den Wohnraum bzw. die Schulen, in Anspruch nehmen.

Gehen wir zur *negativen Bilanzseite* über:

1. Zunächst ist eine – wenn auch nur bescheidene – Zahl von *Auspendlern* in Rechnung zu setzen, welche inner- oder außerhalb der Agglomeration beschäftigt sind.
2. Dazu kommen weitere 163 000 Einwohner, welche außerhalb von Wien über einen *Zweitwohnsitz* verfügen und
3. schließlich sind rund 152 000 *Ausländer* anzuführen, die man zum Großteil wohl ebenfalls nur als Bewohner auf Zeit bezeichnen kann.

Reduziert man die Hauptwohnsitzbevölkerung um die genannten Gruppen der ambivalenten Einwohner, so verbleiben nur mehr 1 184 000 *„Wien-zentrierte Bürger"*. Dieser Ausdruck wurde gewählt, um damit einerseits die Inländer von den Ausländern zu trennen und andererseits die Stabilität des Aktionsraums, der in diesem Falle auf Wien zentriert ist, anzudeuten.

Der Umfang der Bevölkerung auf Zeit in der Größenordnung von mehr als 800 000 Menschen gibt eine Vorstellung von dem Ausmaß der Probleme, welche langfristig auf die mit vorausschauender Planung befaßten Stellen zukommen. Sehr vereinfacht könnte man sagen, daß derzeit bereits *zwei Bewohner „auf Zeit" auf drei Wien-zentrierte Bürger* kommen. Nun wird sich dieses Verhältnis in einer mittelfristigen Zukunft noch mehr zuungunsten der Wien-zentrierten Bevölkerung verschieben, so daß eine Potenzierung aller Stadtentwicklungsprobleme zu erwarten ist.

4.7 Von der Stadt der arbeitsteiligen Gesellschaft zur Stadt der Freizeitgesellschaft: ein Szenario

Stadtplanungskonzepte im Westen und Osten beruhen auf dem Organisationsmodell der *arbeitsteiligen Gesellschaft,* wonach höchstrangige Funktionen des tertiären und quartären Sektors den Raum in der Stadtmitte beanspruchen.

Nun ist in aller Stille – zumindest im Westen – bereits eine gewisse Ablösung durch das Organisationsmodell der *Konsumgesellschaft* erfolgt. Städtebauer und Architekten mit einem Gespür für politisch effektvolle Paradigmen haben schon in der Zwischenkriegszeit das Konzept der Daseinsgrundfunktionen kreiert, von dem die einzelnen Glieder, „Arbeiten", „Wohnen", „Bildung", „Erholung" und „Teilnahme am Verkehr", als gleichwertige Komponenten des städtischen Systems behandelt werden. Dieses von der Arbeitsstättenorganisation abgehobene Modell hat selbstverständlich größte Schwierigkeiten bei der Definition von Strukturen und Funktionen der City und auch Schwierigkeiten mit den gesamtstädtischen Versorgungs- und Entsorgungseinrichtungen, welche als „sperrige" Infrastruktur gelten. Die Hauptverwirklichung hat die Stadt der Konsumgesellschaft nicht in Europa, sondern in Nordamerika erfahren, wo das Take-off von Suburbia von der Konsumgesellschaft getragen wird.

Inzwischen hat die Stadt der Konsumgesellschaft eine Konkurrenz erhalten, nämlich die *Stadt der Freizeitgesellschaft*. Dort, wo sie auf „grüner Wiese" neu gegründet wurde, zunächst in Florida und Kalifornien, später dann in Frankreich, in den Alpen und am Gestade des Mittelmeers, ist sie – zumindest bis heute – an günstige klimaökologische Möglichkeiten der Freizeitgestaltung gebunden. Die Hauptentwicklung in Europa geht jedoch derzeit dahin, arbeitsteilige Gesellschaft und Freizeitgesellschaft räumlich zu separieren und letztere in verschiedener Form an den ländlichen Raum zu delegieren. Rhythmische Phänomene der Überfüllung und der geisterhaften Leere im Wochen- und Jahresablauf in den derart verbundenen Siedlungsstrukturen sind die Folge. Noch eine weitere Tatsache verdient Herausstellung. Während die arbeitsteilige Gesellschaft in ihrer Organisation und ihren monetären Leistungen der Kontrolle und den Umverteilungsmechanismen des sozialen Wohlfahrtsstaates unterliegt, bilden die der Freizeitgesellschaft zur Verfügung stehenden Mittel ein willkommenes Objekt für die Kommerzialisierung der Freizeit in einem nahezu perfekten kapitalistischen System. Aufgrund spezifischer Strategien und Subventionen der Fremdenverkehrsbetriebe durch öffentliche Stellen erfolgt ferner eine indirekte „Subventionierung" der Freizeitgesellschaft aus den Mitteln der arbeitsteiligen Gesellschaft; weitere indirekte Subventionierungen, wie die Sozialtarife des Verkehrs, die Niedrigmietenpolitik, die Sozialeinrichtungen der Unfallversicherung usw., wären anzuführen.

Will man verhindern, daß die städtische Freizeitgesellschaft in Zukunft zur Gänze an den ländlichen Raum abgegeben wird, so ist eine neue Grundhaltung der Stadtentwicklungsplanung nötig. Diese muß davon ausgehen, daß die Freizeitgesellschaft ein gleichwertiger Partner der arbeitsteiligen Gesellschaft ist, deren Raumansprüche in einem *bipolaren Stadtentwicklungsmodell* berücksichtigt werden müssen. Eine möglichst rasche Erstellung derartiger Modelle ist unbedingt erforderlich, da eine weitere Kürzung der Lebens-, Jahres- und Wochenarbeitszeit in nächster Zukunft sicher realisiert wird. Zur Verankerung der Freizeitgesellschaft in den Kernstädten müßte daher, analog zur Wirtschafts- und Regierungscity, eine entsprechende Freizeitcity mit einem breiten interessenspezifischen Angebot vorgesehen werden und eine Delegierung von Freizeiteinrichtungen entsprechend dem hierarchischen Bauplan des Geschäftslebens an Stadtteil-, Bezirks- und Viertelszentren erfolgen. Schließlich müßte in Straßenzügen, Baublöcken, Häusern und Wohnungen wachsender Raumbedarf für die Freizeit und ebenso für die Freizeitgeräte berücksichtigt werden.

Viele Fragen sind offen: Es gibt derzeit kein Standortmodell für Freizeiteinrichtungen im Stadtraum, das einen utopischen Vorgriff in die Zukunft wagen würde. Dazu gehört unter anderem die Ansicht, daß die Zeit der Konzeption eines peripheren Grüngürtels vorbei ist. Die „große grüne Wiese", Erholungsflächen und Sportanlagen, gehören in die Mitte der Stadt, mit bester Erreichbarkeit für alle.

Noch eine zweite grundsätzliche Frage ist offen, nämlich die Relation der Delegierung von Freizeitflächen und -einrichtungen an den öffentlichen Raum und die private Sphäre. Diese Relation wird freilich von den spezifischen Ideologien der politischen Systeme entschieden werden.

Literaturhinweise

Bibliographien:

SCHÖLLER, P.; BLOTEVOGEL, H. H.; BUCHHOLZ, H. J.; HOMMEL, M.: Bibliographie zur Stadtgeographie. Deutschsprachige Literatur 1952–1970. Bochumer Geographische Arbeiten 14 (1973)

SCHÖLLER, P. (Hrsg.): Trends in Urban Geography. Reports on Research in Major Language Areas. Bochumer Geographische Arbeiten 16 (1973)

BLOTEVOGEL, H. H.; HEINEBERG, H.: Bibliographie zum Geographiestudium. Teil 2, Paderborn 1976. Darin: Stadtgeographie: 105–135; Zentralitätsforschung: 136–147; Geographie des tertiären Wirtschaftssektors: 201–208; Wahrnehmung der städtischen Umwelt: 90–92; Historische Stadtgeographie/Stadtgeschichte: 240–249; Stadtplanung: 277–290

Lehrbücher und Reader:

SCHÖLLER, P. (Hrsg.): Allgemeine Stadtgeographie. Wege der Forschung 181. Darmstadt 1969

SCHÖLLER, P. (Hrsg.): Zentralitätsforschung. Wege der Forschung 301. Darmstadt 1972

CARTER, H.: The Study of Urban Geography. London 1976 (2. Auflage). Übersetzung ins Deutsche von VETTER, F.: Einführung in die Stadtgeographie. Berlin–Stuttgart 1980

CLAVAL, P.: La logique des villes. Essai d'urbanologie. Paris 1981

FRIEDRICHS, J.: Stadtanalyse. Soziale und räumliche Organisation der Gesellschaft. Reinbek b. Hamburg 1977 (1. Auflage), 1981 (2. Auflage)

HOFMEISTER, B.: Stadtgeographie. Braunschweig 1980 (2. Auflage)

HOFMEISTER, B.: Die Stadtstruktur. Ihre Ausprägung in den verschiedenen Kulturkreisen der Erde. Darmstadt 1980

STEWIG, R.: Die Stadt in Industrie- und Entwicklungsländern. Zürich–Paderborn–München–Wien 1983 (UTB 1247)

BERRY, B. J. L.; HORTON, F. E. (Eds.): Geographic perspectives on Urban Systems, with Integrated Readings. Englewood Cliffs, New Jersey 1970

BERRY, B. J. L. (Ed.): Urbanization and Counterurbanization. Urban Affairs Annual Reviews 11 (1976)

NORBERG, K. (Ed.): Proceedings of the IGU Symposium on Urban Geography. Lund 1960. Lund Studies in Geography Ser. B, Human Geography 24 (1962)

Urban Core and Inner City. Proceedings of the internat. Study Week Amsterdam 1966, Leiden 1967.

Zitierte Literatur

ABU-LUGHOD, J.: Developments in North African Urbanism: The Process of Decolonization. In: BERRY, B. J. L. (Ed.): Urbanization and Counterurbanization. Urban Affairs Annual Reviews 11 (1976) 191–211

ADAMS, J. S.: Residential Structure of Midwestern Cities. Annals of the AAG 60 (1970) 37–62.

Akademie für Raumforschung (Hrsg.): Handwörterbuch der Raumforschung und Raumordnung (3 Bde.), Hannover, 1970 (2. Aufl.)

Akademie für Raumforschung (Hrsg.): Merkmale zur Abgrenzung und inneren Gliederung von Agglomerationsräumen. Beiträge der Akademie für Raumforschung Hannover 44 (1980)

Akademie für Raumforschung (Hrsg.): Studien zur Abgrenzung von Agglomerationen in Europa. Beiträge der Akademie für Raumforschung Hannover 58 (1982)

Akademie für Raumforschung (Hrsg.): Agglomerationsräume in der Bundesrepublik Deutschland. Ein Modell zur Abgrenzung und Gliederung. Forschungs- und Sitzungsberichte der Akademie für Raumforschung Hannover 157 (1984)

ALLPASS, J. et al.: Urban Centres and Changes in the Centre Structure. In: Urban Core and Inner City. Proceedings of the Int. Study Week Amsterdam 1966, Leiden 1967, 103–117

ALONSO, W.: Location and Land-Use. Towards a General Theory of Land Rent. Cambridge, Mass., 1964

BAHRENBERG, G.; GIESE, G.; NIPPER, J.: Statistische Methoden in der Geographie. Band 1: Univariate und bivariate Statistik. 2. Aufl. Stuttgart 1985 (Teubner Studienbücher der Geographie)

BARTELS, D.: Theorien nationaler Siedlungssysteme und Raumordnungspolitik. Geographische Zeitschrift 67/2 (1979) 110–146

BARTHOLOMEW, H.: Land Uses in American Cities. Cambridge, Mass., 1965

BASTIÉ, J.; DEZERT, B.: L'espace urbain. Paris 1980

BASTIÉ, J.: Géographie du Grand Paris. Paris 1984

BATER, J. H.: Soviet town planning: theory and practice in the 1970s. Progress in Human Geography 1 (1977) 177–207

BERRY, B. J. L.: The spatial organization of business land uses. In: GARRISON, W. L. et al.: Studies of highway development and geographic change. Seattle 1959, 62 ff.

BERRY, B. J. L.: Some relations of urbanization and basic patterns of economic development. In: PITTS, F. R. (Ed.): Urban systems and economic development. Eugene, Oregon, 1962

BERRY, B. J. L.: Commercial Structure and Commercial Blight. Univ. of Chicago, Dept. of Geography, Research Paper 85, 1963

BERRY, B. J. L.; SIMMONS, J. W.; TENNANT, R. J.: Urban Populations: Structure and Change. Geogr. Review 53 (1963) 389–405

BERRY, B. J. L. (Ed.): City Classification Handbook. Methods and Applications. London 1972

BOBEK, H.: Die Hauptstufen der Gesellschafts- und Wirtschaftsentfaltung in geographischer Sicht. Die Erde 90 (1959) 259–298

BOBEK, H.; FESL, M.: Das System der Zentralen Orte Österreichs. Wien–Graz–Köln 1978

BOBEK, H.; LICHTENBERGER, E.: Wien. Bauliche Gestalt und Entwicklung seit der Mitte des 19. Jahrhunderts. Wien–Graz–Köln 1966, 2. Auflage 1978

BOLLENS, J. C.; SCHMANDT, H. J.: The Metropolis. Its people, politics and economic life. New York 1965

BONCZEK, W.: Bodenwirtschaft in den Gemeinden. In: Akademie f. Raumforschung u. Landesplanung Hannover (Hrsg.): Handwörterbuch der Raumforschung und Raumordnung (2. Auflage 1970) Sp. 346–367

BORCHERDT, CHR.(Hrsg.): Geographische Landeskunde von Baden-Württemberg. Schriften zur politischen Landeskunde Baden-Württembergs 8. Stuttgart 1983

BOURNE, L. S.: The Geography of Housing. Scripta Series in Geography, London 1981

BOUSTEDT, O.: Die Stadtregion. Ein Beitrag zur Abgrenzung städtischer Agglomerationen. Allgem. statist. Archiv 37 (1953) 13–26

BOUSTEDT, O.: Stadtregionen. In: Akademie für Raumforschung u. Landesplanung Hannover (Hrsg.): Handwörterbuch d. Raumforschung u. Raumordnung (2. Auflage 1970) Sp. 3207–3237

BREITLING, P.: Die Untergliederung von Stadtteilen nach planerischen Gesichtspunkten. In: Die Gliederung des Stadtgebietes. Raum und Bevölkerung 7. Forschungs- und Sitzungsberichte Akademie für Raumforschung und Landesplanung Hannover 42 (1968) 41–74

BREITLING, P.: Siedlungselemente und ihre Größenordnungen. Stadtplanung 1, Forschungs- und Sitzungsberichte Akademie für Raumforschung und Landesplanung Hannover 85 (1974) 51–67

BUCHANAN Report: Traffic in Towns. The specially shortened edition of the BUCHANAN Report. Hammondsworth 1963

BURGESS, E. W.: The growth of the city: an introduction to a research project. In: PARK, R. E.; BURGESS, E. W. (Eds.): The City. Chicago 1925

CAROL, H.: The Hierarchy of Central Functions within the City. Annals of the AAG 50 (1960) 419–438

CARTER, H.: The Study of Urban Geography. 3. Aufl. London 1980

CHAPIN, F. ST.: Human activity patterns in the city. New York–London–Sydney–Toronto 1974

CHRISTALLER, W.: Die zentralen Orte in Süddeutschland. Eine ökonomisch-geographische Untersuchung über Gesetzmäßigkeiten der Verbreitung und Entwicklung von Siedlungen mit städtischen Funktionen. Jena 1933 (Wiederabdruck: Darmstadt 1968)

CLARK, C.: Urban Population Densities, J. Roy. Stat. Soc. A 114,4 (1951) 490–496

CONZEN, M. R. G.: Alnwick, Northumberland. A study in town plan analysis. Trans. Inst. Br. Geogr. 27 (1960)

CONZEN, M. R. G.: The Urban Landscape: Historical Development and Management. Papers ed. by J. W. R. WHITEHAND. Inst. Brit. Geogr. Spec. Publ. 13, 1981

DANIELS, P. W.: Office Location. An Urban and Regional Study, London 1975

DETTMANN, K.: Islamische und westliche Elemente im heutigen Damaskus. Geogr. Rundschau 21 (1969) 64–68

DETTMANN, K.: Damaskus. Eine orientalische Stadt zwischen Tradition und Moderne. Mitt. Fränk. Geogr. Ges. 15/16 (1969) 183–211

DOWNS, R. M.; STEA, D.: Image and environment. London, 1973

DRAKE, ST. C.; CAYTON, H. R.: Black Metropolis. A Study of Negro Life in a Northern City I. Harper Torchbooks 1086, New York–Evanston 1962

DREIER, P.: The tenants' movement in the United States. International Journal of Urban and Regional Research 8/2, London (1984) 255–279

DREWETT, R.; GODDARD, J.; SPENCE, N.: Urban Britain: Beyond Containment. In: Urbanization and Counterurbanization (ed. by B. J. L. BERRY). Urban Affairs Annual Reviews 11 (1976) 43–79

DUNCAN, O. D.; DUNCAN, B.: Residential distribution and occupational stratification. Am. J. Sociol. 60 (1950) 493–503

FASSMANN, H.: Mehrebenenanalyse – Fehlschlußproblem – Aggregierungsverzerrung. Geogr. Jahresber. aus Österr. 41 (1982, hrsg. 1984) 7–26

FAWCETT, C. B.: British Conurbations in 1921. Sociol. Rev. 14 (1922) 111–122

FEHL, G.: RODRIGUEZ-LORES, J.: Aufstieg und Fall der Zonenplanung. Bauwelt–Stadtbauwelt 73 (1982) 443–450

FISCHER, M. M.: Eine Methodologie der Regionaltaxonomie: Probleme und Verfahren der Klassifikation und Regionalisierung in der Geographie und Regionalforschung. Bremer Beitr. z. Geogr. u. Raumplanung 3 (1982)

FORST, H. TH.: Zur Klassifikation von Städten nach wirtschafts- und sozialstatistischen Strukturmerkmalen. Arbeiten zur angewandten Statistik 17, Würzburg 1974

GALLION, A. B.; EISNER, S.: The Urban Pattern. City Planning and Design. New York–Toronto–London 1963

GEIPEL, R.: Wahrnehmung und Bewertung sperriger Infrastruktur durch die Regionalplanung. Münchener Geogr. Hefte 47 (1982) 7–15.

GIESE, E.: Transformation of Islamic Cities in Soviet Middle Asia into Socialist Cities.In: FRENCH, R. A.; HAMILTON, F. E. I. (Eds.): The Socialist City. New York–Toronto 1979, 145–165

GIESE, E.: Aufbau, Entwicklung und Genese der islamisch-orientalischen Stadt in Sowjet-Mittelasien. Erdkunde 34 (1980) 46–60

GODDARD, J. B.: Multivariate analysis of office location patterns in the city centre: a London example. Regional Studies 2 (1968) 69–85

GORMSEN, E.: Changes in the Socio-Economic Pattern of Spanish-American Cities with Special Reference to Colonial Town Centres. In: Urbanization in the Americas. The Background in Comparative Perspective (Special Issue of Urban History Review). Ottawa 1980, 85–96

GRUBER, F. v.: Die neue Bauordnung der Außenstadt Frankfurt. Zeitschrift des Österreichischen Ingenieur- und Architektenvereins 45 (1892) 573–579; 46 (1892) 589–595; 47 (1892) 605–611

HADDEN, J. K. und BORGATTA, E. F.: American Cities. Their Social Characteristics. Chicago 1965

HÄGERSTRAND, T.: Innovation Diffusion as a Spatial Process. Chicago–London 1967

HÄGERSTRAND, T. et al.: Activity Organization and the Generation of Daily Travel: Two Future Alternatives. Econ. Geogr. 53 (1977) 126–152

HAIG, R. M.: Regional survey of New York. Major economic factors in metropolitan growth and arrangement. New York 1928

HAMILTON, F. E. I.: Spatial Structure in East European Cities. In: FRENCH, R. A.; HAMILTON, F. E. I. (Eds.): The Socialist City. New York–Toronto 1979, 195–261

HARD, G.: Problemwahrnehmung in der Stadt. Studien zum Thema Umweltwahrnehmung. Osnabrücker Studien zur Geogr. 4 (1981)

HARRIS, C. D.: A functional classification of cities in the United States. Geogr. Review 33 (1943) 86–99

HARRIS, C. D.; ULLMAN, E. L.: The nature of cities. Ann. Am. Acad. Pol. Sci. (1945) 7–17

HASSINGER, H.: Kunsthistorischer Atlas der Reichs- und Residenzstadt Wien. Österreichische Kunsttopographie 15, Wien 1916

HEINEBERG, H.; HEINRITZ, G. (Hrsg.): Beiträge zur empirischen Bürostandortforschung. Münchener Gg. Hefte 50 (1983)

HEINRITZ, G.: Zentralität und zentrale Orte. Teubner Studienbücher der Geographie. Stuttgart 1979

HEINRITZ, G.; LICHTENBERGER, E.: Wien und München – Ein stadtgeographischer Vergleich. Ber. z. deutschen Landeskunde 58/1 (1984) 55–95

HERBERT, D. T.; JOHNSTON R. J. (Eds.): Social Areas in Cities. Chichester–New York–Brisbane–Toronto 1978.

HOFFMEYER–ZLOTNIK, J.: Der Prozeß der Sukzession. Die Unterwanderung von Berlin-Kreuzberg. Diss. Univ. Hamburg 1975

HOWARD, E.: Garden Cities of Tomorrow. 1902. New Edition with foreword by OSBORN, F. J. and introduction by MUMFORD, L. London 1946

Hoyt, H.: The structure and growth of residential neighborhoods in American cities. Washington 1939

Isard, W.: Methods of regional analysis. New York 1960

Isenberg, G.: Die Ballungsgebiete in der Bundesrepublik. Institut für Raumforschung, Vorträge 6. Bad Godesberg 1957

Jakle, J. A.; Brunn, St.; Roseman, C. C.: Human Spatial Behavior. A Social Geography. North Scituate, Mass., 1976

Kant, E.: Zur Frage der inneren Gliederung der Stadt, insbesondere der Abgrenzung des Stadtkerns mit Hilfe der bevölkerungskartographischen Methoden. In: Proceedings of the IGU-Symposium in Urban Geography, Lund 1960. Lund Studies in Geography Ser.: B, 24. (1962) 321–381

Kirsten, E.: Die griechische Polis als historisch-geographisches Problem des Mittelmeerraumes. Colloquium Geographicum 5, Bonn 1956

Klingbeil, D.: Aktionsräume im Verdichtungsraum. Zeitpotentiale und ihre räumliche Nutzung. Münchener Geogr. Hefte 41 (1978)

Kreibich, B.: Stadtplanungsprobleme aus Schülersicht. Der Erdkundeunterricht Sh. 5 (1977)

Kreis, B.; Müller, B.: Stadtplanung in der Sowjetunion. Archiv für Kommunalwissenschaften 17/2 (1978) 299–316

Lammert, U. (Leiter des Autorenkollektives, Hrsg.): Städtebau. Grundsätze, Methoden, Beispiele, Richtwerte. Berlin 1979

Le Corbusier: The City of Tomorrow. The Architectural Press, London 1929

Lehmann, H.: Zitiert in: Künzler-Behnke, R.: Entstehung und Entwicklung fremdvölkischer Eigenviertel im Stadtorganismus. Frankfurter Geogr. Hefte 35 (1960)

Lehner, F.: Wechselbeziehungen zwischen Städtebau und Nahverkehr. Schriftenreihe f. Verkehr und Technik 29, Bielefeld (1966)

Leister, I.: Wachstum und Erneuerung britischer Industriegroßstädte. Wien–Graz–Köln 1970

Lichtenberger, E.: Die Geschäftsstraßen Wiens. Eine statistisch-physiognomische Analyse. Mitt. d. Österr. Geogr. Ges. 105 (1963) 463–504

Lichtenberger, E.: Die Differenzierung des Geschäftslebens im zentralörtlichen System am Beispiel der österreichischen Städte. 41. Deutscher Geographentag Bad Godesberg 1967. Tagungsber. u. wiss. Abh., Wiesbaden 1969, 229–242

Lichtenberger, E.: Entwicklungs- und Raumordnungsprobleme Wiens im 19. Jahrhundert. Forschungs- und Sitzungsberichte der Akademie für Raumforschung Hannover 39 (1967) 195–225

Lichtenberger, E.: Wirtschaftsfunktion und Sozialstruktur der Wiener Ringstraße. Die Wiener Ringstraße – Bild einer Epoche, 6. Köln–Wien 1970

Lichtenberger, E.: The Nature of European Urbanism. Geoforum 4 (1970) 45–62

Lichtenberger, E.: Die europäische Stadt – Wesen, Modelle, Probleme. Berichte zur Raumforschung und Raumplanung 16/1 (1972) 3–25

Lichtenberger, E.: Die Wiener City. Bauplan und jüngste Entwicklungstendenzen. Mitt. d. Österr. Geogr. Ges. 114/I (1972) 42–85

Lichtenberger, E.: Ökonomische und nichtökonomische Variablen kontinentaleuropäischer Citybildung. Die Erde 102 (1971, hrsg. 1972) 216–262

Lichtenberger, E.: Die Stadterneuerung in den USA. Berichte zur Raumforschung und Raumplanung 19/6 (1975) 3–16

Lichtenberger, E.: The Changing Nature of European Urbanization. In: Berry, B. J. L. (Ed.): Urbanization and Counterurbanization. Urban Affairs Annual Reviews 11 (1976) 81–107

Lichtenberger, E.: Die Wiener Altstadt. Von der mittelalterlichen Bürgerstadt zur City. Wien 1977

Lichtenberger, E.: Stadtgeographischer Führer Wien. Sammlung Geographischer Führer, 12. Stuttgart 1978

Lichtenberger, E.: Perspektiven der Stadtgeographie. 42. Deutscher Geographentag Göttingen 1979. Tagungsber. u. wiss. Abh., Wiesbaden 1980, 103–128

Lichtenberger, E.: Die Stellung der Zweitwohnungen im städtischen System – Das Wiener Beispiel. Berichte z. Raumforschung und Raumplanung 24/1 (1980) 3–14

Lichtenberger, E.: Die europäische und die nordamerikanische Stadt – ein interkultureller Vergleich. Österreich in Geschichte und Literatur 25, 4 (1981) 224–251

Lichtenberger, E.: Wien – Das sozialökologische Modell einer barocken Residenz um die Mitte des 18. Jahrhunderts. In: Rausch, W. (Hrsg.): Städtische Kultur in der Barockzeit. Linz 1982, 235–262

Lichtenberger, E.: Perspektiven der Stadtentwicklung. Geogr. Jahresber. a. Österr. 40 (1981, hrsg. 1983), 7–49

Lichtenberger, E.: Gastarbeiter – Leben in zwei Gesellschaften. Wien 1984

Lynch, K.: The Image of the City. Cambridge–London 1960. – Das Bild der Stadt. Braunschweig 1975

Malisz, B.: Die Schwellentheorie und ihre Bedeutung für die Stadtplanung. Bauwelt–Stadtbauwelt 19 (1968) 1416 ff.

Matilla, J. N.; Thompson, W. R.: The measurement of the economic base of the metropolitan area. Land Economics 31 (1955) 215–228

Matznetter, W.: Die Standortpolitik gemeinnütziger Wohnbauunternehmen in Wien. Eine Anwendung des „Urban Manager"-Ansatzes. Diss. Univ. Wien (in Arbeit)

Merlin, P.: New Towns. Regional Planning and Development. London 1971

Meschede, W.: Grenzen, Größenordnung und Intensitätsgefälle kommerziell-zentraler Einzugsgebiete. Erdkunde 25 (1971) 264–278

Morrill, R. L.: The Spatial Organization of Society. North Scituate, Mass., 2. Auflage 1974

Morrill, R. L.: The Negro Ghetto, Problems and Alternatives. In: Peach, C. (Ed.): Urban and Social Segregation. 1975, 155–173

Müller, W.: Städtebau. Technische Grundlagen. 3. Aufl. Stuttgart 1979

Murdie, R.: Factorial Ecology of Metropolitan Toronto (1951–1961). An Essay on the Social Geography of the City. Univ. of Chicago, Dept. of Geography, Research Paper 116 (1969)

Northam, R. M.: Urban Geography. New York 1976, 2. Auflage 1979

Österreichischer Ingenieur- und Architektenverein: Denkschrift. Wien 1877

Packard, V.: The Wastemakers. Panther Books, New York 1971

Paris, Ch.; Lambert, J.: Housing Problems and the State: The Case of Birmingham, England. In: Herbert, D. T.; Johnston, R. J. (Eds.): Geography and the Urban Environment. Progress in Research and Application II (1979) 227–258

Parkes, D. N.; Thrift, N. J.: Times, Spaces, and Places. A Chronogeographic Perspective. New York 1980

Perry, C. A.: The Neighborhood Unit 7. Neighborhood and Community Planning. Regional Survey of New York and Its Environs. New York 1929

Pfeil, E.: Großstadtforschung. Entwicklung und gegenwärtiger Stand. Hannover 1972

Pinchemel, Ph.: Géographie de la France II. Paris 1964

Rainer, R.: Planungskonzept Wien. Hrsg. vom Stadtbauamt der Stadt Wien gem. m. d. Institut für Städtebau an der Ak. f. Bildende Künste. Der Aufbau-Monographie 3. Wien 1963

RAPOPORT, A.: Aspects of Urban Form: Towards a Man-Environment Approach to Urban Form and Design. Oxford 1977

RICHARD, P.; COTTEN, M.: Les communs françaises d'aujourd'hui. Paris 1983

RICKERT, J. E.: House facades of the northeastern United States: a tool of geographical analysis. Ann. of the Ass. of Am. Geogr. 57 (1967) 211–238

SCHAECHTERLE, K.: Verkehrssysteme als Elemente der Siedlungsstruktur. Stadtplanung 1, Forschungs- und Sitzungsberichte Akademie f. Raumforschung u. Landesplanung Hannover 85 (1974) 197–253

SCHÖLLER, P.: Paradigma Berlin. Geogr. Rundschau 11 (1974) 425–434

SCHÖLLER, P.: Unterirdischer Zentrenausbau in japanischen Städten. Erdkunde 30 (1976) 108–125

SEGER, M.: Teheran. Eine stadtgeographische Studie. Wien–New York 1978

SHAW, D. J. B.: Recreation and the Soviet. City. In: FRENCH, R. A.; HAMILTON, F. E. I. (Eds.): The Socialist City. New York–Toronto 1979, 119–143

SITTE, C.: Der Städtebau nach seinen künstlerischen Grundsätzen. Nachdruck der 3. Auflage, Wien 1901, und des Originalmanuskripts aus dem Jahre 1889. Schriftenreihe d. Inst. f. Städtebau, Raumpl. u. Raumod. d. TU Wien 19 (1972)

SOMBART, W.: Der moderne Kapitalismus II. Leipzig 1902

STÖHR, W. B.: Interurban Systems and Regional Economic Development. Ass. of Am. Geogr., Resource Paper 26 (1974)

TAEUBER, K. E. und A. F.: Negroes in Cities. Residential Segregation and Neighborhood Change. Chicago 1966

ULLMAN, E. L.; DACEY, M. F.: The Minimum Requirements Approach to the Urban Economic Base. In: Proceedings of the IGU Symposium in Urban Geography, Lund 1960. Lund Studies in Geography, B, 24 (1962) 121–143

WAGNER, O.: Die Großstadt. Wien 1911

WEBER, A.: Über den Standort der Industrien, Teil I: Reine Theorie des Standorts. Tübingen 1909

WEBER, M.: Wirtschaft und Gesellschaft. 2. Hbd. Tübingen 1956. 8. Abschnitt: Die nichtlegitime Herrschaft (Typologie der Städte) 735–822

WENTZ, D. N.: A Survey of the Literature of Optimum City Size. Urban System Group Report, School of Engineering and Applied Science, University of Virginia, Charlottesville 1976

WESCHE, R.; KUGLER-GAGNON, M. (Eds.): Ottawa – Hull. Spatial Perspectives and Planning. Occ. Papers, Dept. of Geography, University of Ottawa 4 (1978)

WHITTICK, A. (Ed.): Encyclopedia of urban planning. New York 1974

WILSON, A. G.: Urban and Regional Models in Geography and Planning. London–New York 1974

WIRTH, E.: Zum Problem des Bazars (sūq, çarşi). Versuch einer Begriffsbestimmung und Theorie des traditionellen Wirtschaftszentrums der orientalisch-islamischen Stadt. Der Islam 51/2 (1974) 203–260; 52/1 (1975) 6–46

WIRTH, E.: Die orientalische Stadt. Ein Überblick aufgrund jüngerer Forschungen zur materiellen Kultur. Saeculum 26/1 (1975) 45–94

WIRTH, E.: Theoretische Geographie. Stuttgart 1979 (Teubner Studienbücher der Geographie)

WIRTH, E. (Ed.): Deutsche geographische Forschung im Orient – German geographical research in the Middle East – Recherche scientifique allemande de géographie en Orient. Erlanger Geogr. Arb., Sonderband 14, Erlangen/Beirut 1983

WOLKOWITSCH, M.: Géographie des transports. Paris 1973

Sachregister

Die kursiv gesetzten Seitenzahlen weisen auf Figuren und Tabellen hin. Aus Platzgründen wurde mit Rücksicht auf das tiefgestaffelte Inhaltsverzeichnis auf eine Hierarchisierung der Begriffe verzichtet.